高职高专国家示范性院校"十三五"规划教材
新形态资源课建设配套教材

单片机实用技术

主　编　钱　游　侯爱霞
副主编　万　军　陈国发　段　莉

西安电子科技大学出版社

内 容 简 介

本书以 AT89C51 系列单片机为基础，详细而全面地介绍了单片机的应用技术。

本书包含十个教学项目：单片机智能霓虹灯设计、单片机手动计数器设计、单片机旋转灯与报警器设计、单片机频率计设计、简易计算器设计制作、单片机温度采集系统设计、单片机门店招牌系统设计、电子密码锁系统设计、数字电压表设计、单片机简易万年历设计。每个项目后附有习题与思考题，同时每个项目配套有 Proteus 仿真实例、Flash 动画等立体化配套教学资源。

本书通俗易懂、实用性强，所选项目通过仿真软件可以看到程序的运行结果，也可以实际动手制作。本书以培养单片机技术能力为主线，体现了"教、学、做"一体化的教学思想。

本书可以作为高职高专院校和成人教育学院机电一体化技术、数控技术、电气自动化技术、生产过程自动化技术、电子信息工程、计算机应用以及智能仪器仪表等专业的教材，也可以供从事单片机的应用与产品开发等相关工作的工程技术人员参考使用。

图书在版编目(CIP)数据

单片机实用技术/钱游，侯爱霞主编. — 西安：西安电子科技大学出版社，2017.8
(高职高专国家示范性院校"十三五"规划教材)
ISBN 978-7-5606-4586-5

Ⅰ. ①单… Ⅱ. ①钱… ②侯… Ⅲ. ①单片微型计算机 Ⅳ. ① TP368.1

中国版本图书馆 CIP 数据核字(2017)第 181326 号

策划编辑　李惠萍
责任编辑　张　玮
出版发行　西安电子科技大学出版社(西安市太白南路 2 号)
电　　话　(029)88242885　88201467　　邮　编　710071
网　　址　www.xduph.com　　电子邮箱　wmcuit@cuit.edu.cn
经　　销　新华书店
印刷单位　陕西天意印务有限责任公司
版　　次　2017 年 8 月第 1 版　　2017 年 8 月第 1 次印刷
开　　本　787 毫米×1092 毫米　1/16　印　张　21.5
字　　数　514 千字
印　　数　1～3000 册
定　　价　42.00 元

ISBN 978-7-5606-4586-5 / TP
XDUP 4878001-1
***** 如有印装问题可调换 *****

前　言

在教育部新一轮职业教育教学改革进程中，来自高等职业院校教学工作一线的骨干教师和学科带头人，通过社会调研，对市场人才需求进行分析与研究，在企业相关人员的积极参与下，研发了电子信息工程专业人才培养方案，并制定了核心课程标准。本书是根据最新制定的"单片机原理及实践核心课程标准"编写而成的，是电子信息工程专业的专业核心课程教材。

本书是编者在多年的单片机教学研究和工程实践基础上参阅相关资料编写而成的。书中全面讲述了 AT89C51 单片机的硬件结构以及主要实用技术，并介绍了单片机应用系统设计的一般方法和步骤以及常用的开发工具。全书力求反映近年来单片机应用及教学领域的新发展和新趋势。

编者通过对目前单片机教学使用教材存在的主要问题进行分析，构建了新的项目式教材。新的项目式教材以突出高职教育实践为特点，以贴近市场、贴近教师、贴近学生为原则，以课程标准为依据，以工作过程为导向，以工作任务分析为前提，以职业能力培养为目标，具有鲜明的高职特色。本书的最大特色在于，作为一本项目式教材，通用性和移植性很强，没有强调依赖任何特定单片机开发平台，借助于 Proteus 仿真软件，介绍了十个由浅入深的项目，每个项目涉及了单片机原理相关知识，成功地将单片机相关知识分解到相关项目中。每个项目有配套电路和源码，便于学生可以搭建具体电路实现。

本书由重庆科创职业学院钱游、侯爱霞任主编，重庆科创职业学院段莉、万军及南京城市职业学院陈国发任副主编。项目一至项目三由段莉编写，项目四和项目五由侯爱霞编写，项目六由陈国发编写，项目七和项目八由万军编写，项目九和项目十由钱游编写。全书由钱游统稿。

本书可作为高职高专院校和成人教育计算机类及机电类相关专业的单片机教材，也可以供科研人员、工程技术人员和单片机爱好者参考阅读。

由于编者的水平有限，书中难免会出现不妥之处，恳请各位读者批评指正。

编　者

2017 年 3 月

目　录

项目一　单片机智能霓虹灯设计 1
　　任务一　单片机点亮LED 2
　　任务二　左移右移函数实现流水灯 29
　　任务三　任意花样霓虹灯设计 44

项目二　单片机手动计数器设计 51
　　任务一　独立按键识别检测 51
　　任务二　一位数码管驱动显示 56
　　任务三　6位数码管驱动显示 62
　　任务四　手动计数器实现 67

项目三　单片机旋转灯与报警器设计 76
　　任务一　外部中断的使用 76
　　任务二　蜂鸣器的使用 85
　　任务三　旋转灯与报警器设计 89

项目四　单片机频率计设计 96
　　任务一　方波信号的产生 96
　　任务二　单片机驱动液晶 107
　　任务三　单片机简易频率计设计 120

项目五　简易计算器设计制作 131
　　任务一　键盘接口概述及行列式扫描编程原理 131
　　任务二　线反转法 138
　　任务三　简易计算器的实现 144

项目六　单片机温度采集系统设计 160
　　任务一　用串口扩展IO口 160
　　任务二　单片机双机通信 173

任务三　PC与单片机通信 181
　　任务四　DS18B20温度采集系统 188

项目七　单片机门店招牌系统设计 204
　　任务一　8×8点阵的使用 204
　　任务二　16×16点阵的使用 216

项目八　电子密码锁系统设计 224
　　任务一　I^2C总线的模拟 224
　　任务二　电子密码锁设计实现 242

项目九　数字电压表设计 254
　　任务一　用ADC0808实现电压表 254
　　任务二　用PCF8591实现电压表 267

项目十　单片机简易万年历设计 276
　　任务一　DS1302时钟数码管显示 276
　　任务二　简易万年历设计 295

附录A　C51中的关键字 317
附录B　Proteus常用元件中英文对照表 319
附录C　ASCII编码对照表 320
教学检测答案 323

项目一　单片机智能霓虹灯设计

一、学习目标

1. 掌握单片机的概念、发展历程。
2. 了解单片机的特点及应用领域。
3. 熟悉单片机开发软件。
4. 掌握单片机点亮 LED 的基本原理。
5. 掌握单片机控制 LED 的任意闪烁花样。

项目一课件

二、学习任务

夜幕降临，城市中各式各样的霓虹灯、广告牌，看起来非常绚丽，为城市增添了不少亮丽色彩。其实这些闪烁的霓虹灯，其工作原理和单片机控制流水灯是一样的。

本项目的任务是实现流水灯闪烁。程序中只需更改流水花样数据表的流水数据就可以随意添加或改变流水花样，实现任意方式的流水。

单片机最小系统构成的流水灯控制器如图 1-1 所示，它主要由单片机、晶振和复位电路、开关输入电路以及输出显示电路四部分构成，缺一不可。

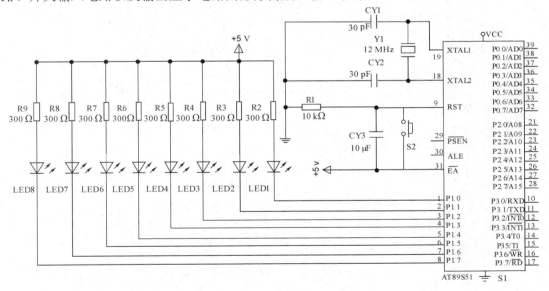

图 1-1　最小系统实现的流水灯控制器

根据硬件电路的连接方式，当 P1.0 口的电平变为低电平时，P1.0 口的 LED1 点亮；相反，如果要使 P1.0 口的 LED1 熄灭，需把 P1.0 口的电平变为高电平。同理，接在 P1.1～P1.7 口的其他 7 个 LED 的点亮和熄灭方法同 LED1。因此，要实现流水灯功能，我们只要将 LED1~LED8 依次点亮、熄灭，8 个 LED 便会一亮一暗地执行流水操作了。

三、任务分解

本项目可分解为以下三个学习任务：
(1) 单片机点亮 LED；
(2) 左移右移函数实现流水灯；
(3) 任意花样霓虹灯设计。

任务一 单片机点亮 LED

【任务描述】

如图 1-2 所示，用单片机 P1.0 引脚点亮一个 LED。

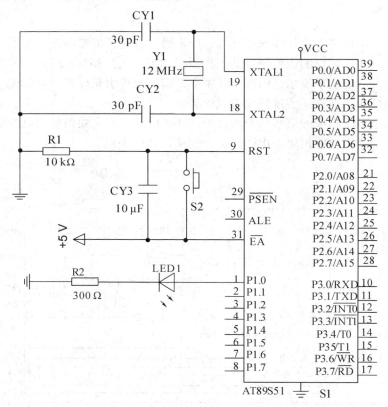

图 1-2 点亮 LED 电路图

【任务分析】

单片机怎样点亮 LED？怎样让 LED 对应的引脚 P1.0 的电平变"高"或变"低"呢？程序存放在哪里呢？

实际上，如果将单片机 P1.0 引脚设为低电平或高电平就能实现 LED 灯的点亮或者熄灭。

【相关知识】

一、单片机的概念

1946 年，第一台电子数字计算机(ENIAC)问世，标志着计算机时代的到来。匈牙利籍数学家冯·诺依曼提出的"程序存储"和"二进制运算"思想，构建了计算机的组成结构。计算机的基本结构包括：运算器、控制器、存储器、输入设备、输出设备，如图 1-3 所示。

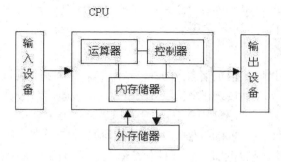

图 1-3 计算机的基本结构

单片机是一种采用超大规模集成电路技术把具有数据处理能力的中央处理器 CPU、随机存储器 RAM、只读存储器 ROM、多种 I/O 口和中断系统、定时器/计时器等(可能还包括显示驱动电路、脉宽调制电路、模拟多路转换器、A/D 转换器等电路)集成到一块硅片上构成的一个小而完善的计算机系统。此芯片称为单片微型计算机(Single Chip Microcomputer, SCM)，简称单片机。

单片机也被称为微控制器(Microcontroller)，因为它最早被用在工业控制领域。本系统中，核心控制器件是单片机。

1. 发展历程

单片机自从 20 世纪 70 年代问世以来，以其鲜明的特点得到迅猛的发展。单片机的发展经历了单片机探索、单片机完善发展、微控制器发展和全面发展 4 个阶段。

(1) 单片机的探索阶段(1976—1978 年)：以 Intel 公司的 MCS-48 为代表。

(2) 单片机的完善发展阶段(1978—1982 年)：以 Intel 公司推出的单片机系列 MCS-51 为典型代表。

(3) 微控制器发展阶段(1982—1990 年)：主要的技术方向是不断扩展满足系统要求的各种外围电路与接口电路，实现具有智能化的控制能力。

(4) 全面发展阶段(1990—)：单片机发展到这一阶段，已成为工业控制领域中普遍采用的智能化控制工具，小到工具、家电行业，大到车载、舰船电子系统，遍及计量测试、工业过程控制、机械电子、金融电子、商用电子、办公自动化、工业机器人、军事和航空等领域。为满足不同的要求，出现了高速、大寻址范围、强运算能力和多机通信能力的 8 位、

16 位、32 位通用型单片机，小型廉价型、外围系统集成的专用型单片机以及形形色色、各具特色的现代单片机。可以说，单片机的发展进入了百花齐放的时代，为用户的选择提供了更大的空间。

2. 单片机的特点

单片机自问世以来，发展速度很快，应用也非常广泛，因为单片机具有以下特点：

(1) 功能强、体积小。单片机能方便地嵌入到各种被控制的设备中。

(2) 面向控制。单片机指令系统中有丰富的转移指令、位操作指令、I/O 口的逻辑操作等指令，能满足高科技领域的控制要求。

(3) 价格低廉。由于单片机应用面广，因此很多公司都竞相生产，不断提高性能价格比。

(4) 低电压、低功耗。单片机大量用于便携式装置和家电产品，因此低电压、低功耗就显得非常重要。许多单片机已能在 1.2～0.9 V 电压下工作，功耗为微安级，一粒纽扣电池就能使单片机长期工作。

3. 应用领域

目前单片机渗透到我们生活的各个领域，几乎很难找到哪个领域没有单片机的踪迹。导弹的导航装置，飞机上各种仪表的控制，计算机的网络通信与数据传输，工业自动化过程的实时控制和数据处理，广泛使用的各种智能 IC 卡，民用豪华轿车的安全保障系统，录像机、摄像机、全自动洗衣机的控制，以及程控玩具、电子宠物等，这些都离不开单片机。更不用说自动控制领域的机器人、智能仪表、医疗器械了。因此，单片机的学习、开发与应用将造就一批计算机应用与智能化控制的科学家、工程师。

单片机广泛应用于仪器仪表、家用电器、医用设备、航空航天专用设备的智能化管理及过程控制等领域，大致可分为如下几个范畴：

(1) 在智能仪器仪表中的应用。单片机具有体积小、功耗低、控制功能强、扩展灵活、微型化和使用方便等优点，广泛应用于仪器仪表中，结合不同类型的传感器，可实现诸如电压、功率、频率、湿度、温度、流量、速度、厚度、角度、长度、硬度、元素、压力等物理量的测量。采用单片机控制使得仪器仪表数字化、智能化、微型化，且功能比起采用电子或数字电路更加强大，如功率计、示波器、各种分析仪等精密的测量设备。

(2) 在工业控制中的应用。用单片机可以构成形式多样的控制系统、数据采集系统，如工厂流水线的智能化管理芯片、电梯智能化控制、各种报警系统，还可以与计算机联网构成二级控制系统等。

(3) 在家用电器中的应用。可以这样说，现在的家用电器基本上都采用了单片机控制，从电饭煲、洗衣机、电冰箱、空调机、彩电、其他音响视频器材，再到电子称量设备，五花八门，无所不在。

(4) 在计算机网络和通信领域中的应用。现代的单片机普遍具备通信接口，可以很方便地与计算机进行数据通信，为在计算机网络和通信设备间的应用提供了极好的物质条件。现在的通信设备基本上都实现了单片机智能控制，如手机、电话机、小型程控交换机、楼宇自动通信呼叫系统、列车无线通信，以及日常工作中随处可见的移动电话、集群移动通信、无线电对讲机等。

(5) 单片机在医用设备领域中的应用。单片机在医用设备中的用途亦相当广泛，如医用呼吸机、各种分析仪、监护仪、超声诊断设备及病床呼叫系统等。

(6) 在各种大型电器中的模块化应用。某些专用单片机设计用于实现特定功能,从而在各种电路中进行模块化应用,而不要求使用人员了解其内部结构。如音乐集成单片机,看似简单的功能微缩在纯电子芯片中(有别于磁带机的原理),就需要复杂的类似于计算机的原理,比如音乐信号以数字的形式存于存储器(类似于 ROM)中,由微控制器读出,转化为模拟音乐电信号(类似于声卡)。

在大型电路中,这种模块化应用极大地缩小了体积,简化了电路,降低了损坏、错误率,也方便更换。

(7) 在汽车设备领域中的应用。单片机在汽车电子中的应用非常广泛,如汽车中的发动机控制器、基于 CAN 总线的汽车发动机智能电子控制器、GPS 导航系统、ABS 防抱死系统、制动系统等。

此外,单片机在工商、金融、科研、教育、国防、航空航天等领域都有着十分广泛的用途。

二、Keil C51 基础

Keil C51 是美国 Keil Software 公司(已被 ARM 公司收购)出品的 51 系列兼容单片机 C 语言软件开发系统,可用来编辑、编译、汇编、链接 C 语言程序和汇编程序,从而可以生成在单片机中进行烧录的 HEX 文件。

与汇编语言相比,C 语言在功能、结构性、可读性、可维护性上具有明显的优势,因而易学易用。Keil 提供了包括 C 编译器、宏汇编、链接器、库管理和一个功能强大的仿真调试器等在内的完整开发方案,通过一个集成开发环境(μVision)将这些部分组合在一起。以下 Keil C51 指的是 Keil μVision2~Keil μVision5 版本之一的集成开发环境。

相比而言,C 语言具有结构化和模块化的特点,更容易阅读和维护。用 C 语言编写的程序有很好的"可移植性",功能化的代码能够很方便地从一个工程移植到另外一个工程,从而减少了开发时间。

用 C 语言编写程序比汇编程序更符合人们的思考习惯,开发者可以更专心地考虑算法而不是一些细节问题,这样减少了开发和调试的时间。

1. 文件包含

要想点亮一个发光二极管,只要使对应的引脚输出低电平即可,发光二极管正偏导通,而输出高电平对应的发光二极管会因零偏而截止。根据任务要求,编写程序如下:

```
#include <reg51.h>          //引入头文件
sbit   LED = P1^0;          //P1.0 引脚定义为变量 LED
main()                      //主程序开始
{
    LED = 1;                //点亮 LED
}
```

程序的第一行是一个"文件包含"处理。所谓"文件包含",是指一个文件将另外一个文件的内容全部包含进来,如同将被包含的内容全部录入当前文件中一样。程序中包含的 reg51.h 文件是一个独立的文件，Keil C51 编译器提供了多个这样的文件(实际称为头文件)，它们可以在 Keil 软件的安装目录中找到。头文件的扩展名总是".h"。头文件 reg51.h 中的内容可以双击 reg51.h 显示。

在 reg51.h 头文件中使用了"str"和"sbit"两个关键字，定义了 89C51 单片机中所有的特殊功能寄存器和一些可寻址位的地址。头文件 reg51.h 的作用是通知编译器，程序中所写的 P1 口是 AT89C51 单片机的 P1 端口，而不是其他变量。同样地，其他特殊功能寄存器也可以直接使用。

(1)"sfr"关键字：用于定义特殊功能寄存器。其格式如下：

  str 特殊功能寄存器名 = 特殊功能寄存器地址；

例如，头文件中有：

  sfr P1 = 0x90;

即定义端口 P1 与地址 0x90 对应，P1 口的地址就是 0x90。注意：用 sfr 语句定义的 P1 口为大写字母，不能用小写的 p1，因为 C51 是区分大小写的。

(2)"sbit"关键字：用于定义一些特殊功能。其格式为

  sbit 位名称 = 位地址

例如：

  sbit CY = 0xD7;

  sbit AC = 0xD6;

  sbit F0 = 0xD5;

也可以写成

  sbit CY = 0xd0^7;

  sbit AC = 0xD0^6;

如果前面已经定义了特殊功能寄存器 PSW，那么上面的定义也可以写成

  sbit CY = PSW^7;

  sbit AC = PSW^6;

在 C51 程序中，编程者可以直接在自己的程序中利用关键字 sfr 和 sbit 来定义这些特殊功能寄存器和特殊位。显然，当程序中用到的特殊功能寄存器较多时会很麻烦。所以，后面所写的 C51 程序，第一行都是将头文件 reg51.h 包含进来，包含文件也可以写成 #include "reg51.h" 的形式。

2. 函数简介

函数是 C51 程序的核心，它是一段独立的程序代码，完成特定的功能，并被指定了名称。C51 程序是由函数构成的，一个 C51 程序有且只有一个名为 main() 的函数，也可以包含其他函数。

3. 常量

在程序运行过程中，其值不能被改变的量称为"常量"，如第四行语句"P1 = 0x0F;"中的 0x0F 是一个常量。该语句的功能是将 0x0f 这个数据输出到单片机的 P1 口。

除了上面提到的可以在代码中直接使用的"数值常量"外，还可以使用"符号常量"。语句"#define LIGHT0 0xfe"将定义一个符号常量，给语句创建一个名为 LIGHT0 值为

0xfe 的符号常量，以后程序中所有出现 LIGHT0 的地方都会用 0xfe 来替代。使用符号常量，程序可以写为

```
#inlcue "reg51.h"
#define LIGHT0 0xfe;
main(){
    P1 = LIGHT0;
}
```

"define"为"预处理命令"，它本身不产生任何操作，是在编译之前进行处理的。使用关键字 define 可以将一个标识符替换为一个常量或其他字符，如"#define PI 3.14"表示用符号 PI 代替 3.14，则后面的程序中所有用到 3.14 的地方都可以书写为 PI。

4. 有关规则

(1) C51 程序书写的格式较自由，可以在一行写多个语句，也可以把一个语句写在多行；没有行号，书写的缩进没有要求。

(2) 每个可以执行语句均规定 CPU 进行某些操作，后面必须以分号结尾，分号是 C 语言的必要组成部分。以"#"开头的预处理命令不是可执行语句，后面没有";"号。

(3) "注释"可以用"//"引导，"//"后面的内容是注释，注意这种格式的注释只是对本行有效；也可以用 /*……*/ 的形式为 C51 程序的任何一部分作注释，在"/*"开始后，一直到"*/"为至的中间任何内容都被认为是注释。

注释是对程序或语句的简要说明，便于程序阅读和维护，不参与单片机的操作。许多初学者可能会觉得注释是多余的，随着学习的深入，代码会越来越长，或者几个月后需要对程序进行后续开发和维护，此时注释便显得尤为重要。

三、Keil μVision4 软件的使用

1. Keil μVision4 新建工程

(1) 在桌面上找到 Keil μVision4 软件的图标，如图 1-4 所示，双击该图标即可打开软件。

图 1-4　Keil μVision4 软件的打开

(2) 新建工程，选择目录并输入工程名，如图 1-5 和图 1-6 所示。

图 1-5 新建工程　　　　　　图 1-6 新建工程的命名

工程文件应保存在自己需要的磁盘目录下，例如这里保存在"D:\单片机实用技术"目录下，如图 1-7 所示。

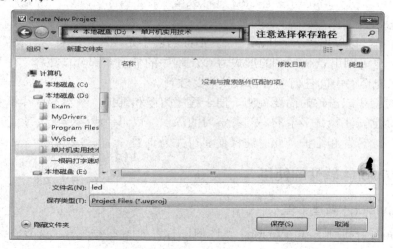

图 1-7 保存工程

在弹出的对话框中，选择 Atmel 公司的芯片，即点击 Atmel 前面的加号，如图 1-8 所示。

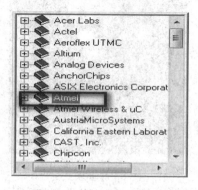

图 1-8 选中 Atmel 芯片

点开"+"号以后，在下拉菜单中选择 AT89C51 芯片，如图 1-9 所示。

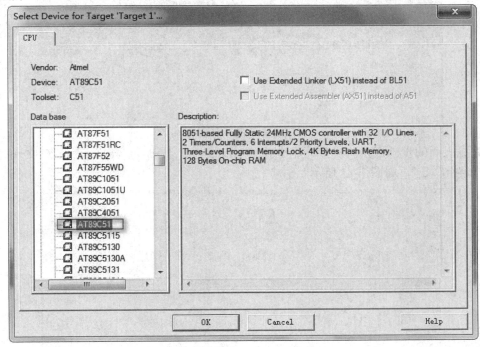

图 1-9 选择 AT89C51 芯片

完成上面的步骤后，将会产生两个文件"led.plg"和"led. uvproj"，如图 1-10 所示。

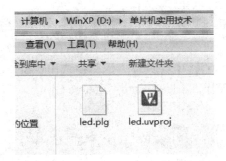

图 1-10 新建工程后产生的工程文件

(3) 新建和保存 C 文件，如图 1-11 和图 1-12 所示。

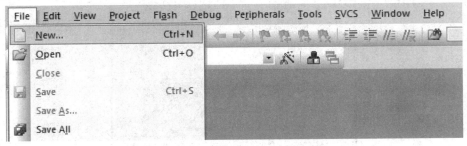

图 1-11 新建 C 文件

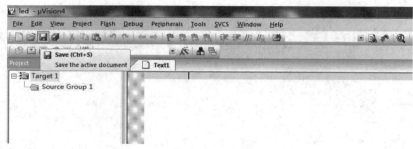

图 1-12　保存 C 文件

完成上面的步骤后,将产生两个文件"led.plg"和"led.uvproj"。命名 C 文件时,必须加扩展名".c",如图 1-13 所示。

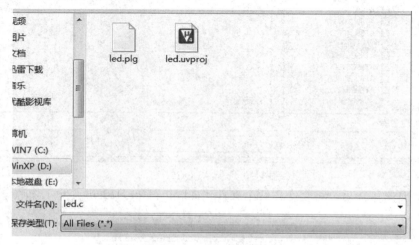

图 1-13　输入工程名并保存

将 C 语言源文件添加到工程中,具体方法是:选中"Source Group 1"菜单,再单击右键,在弹出的对话框中选择"Add Files to 'Source Group 1'",表示准备添加源文件到工程中,如图 1-14 所示。

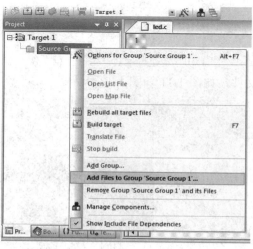

图 1-14　将源文件添加到工程

在弹出的"Add Files to Group 'Source Group1'"对话框中,选择一个 C 文件,如"led.c",单击"Add"按钮,只需点击一次即可,否则会报错,如图 1-15 所示。

图 1-15　添加 led.c 到工程中

(5) 编译 C 文件。在"Target"上单击鼠标右键,在下拉菜单中选择"Options for Target 'Target 1'",如图 1-16 所示。

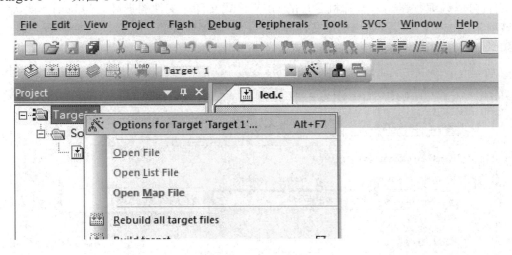

图 1-16　编译设置

单击菜单栏上的"Project->Options for Target 'Target 1'...",选项在弹出的对话框中修改 Xtal (MHz)中的内容,以运行 Simulator(软件模拟),可以填入 24 MHz、12 MHz 等。该数值与最终产生的目标代码无关,仅用于软件模拟调试时显示程序的执行时间。正确设置该数值可使显示时间与实际所用时间一致,一般将其设置成与硬件所用晶振频率相同,如果没必要了解程序执行的时间,也可以不设。这里设置为 24 MHz,如图 1-17 所示。

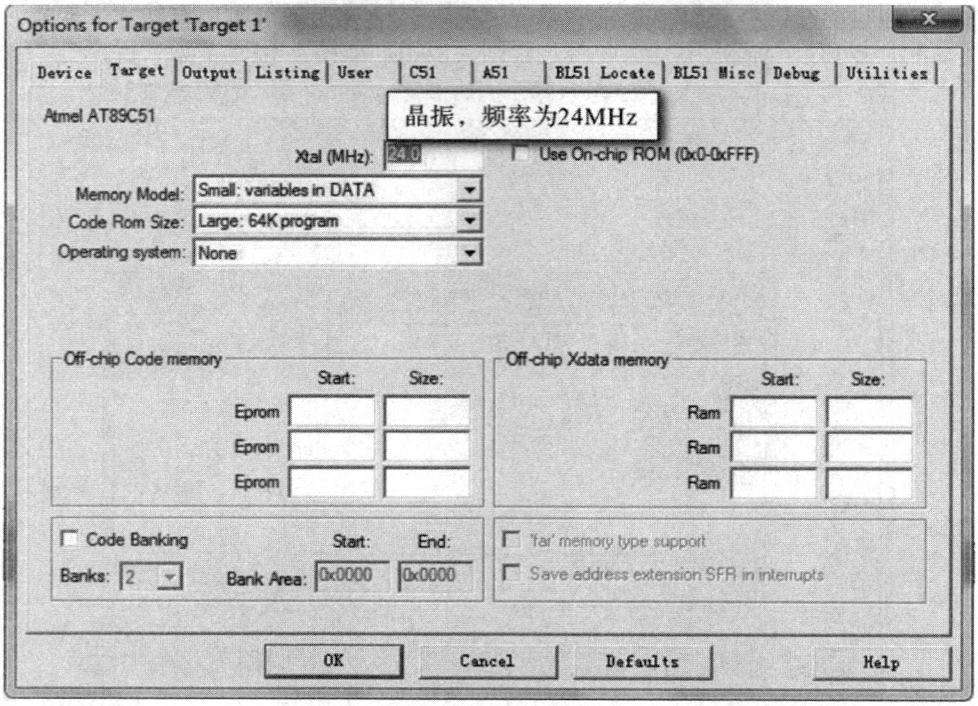

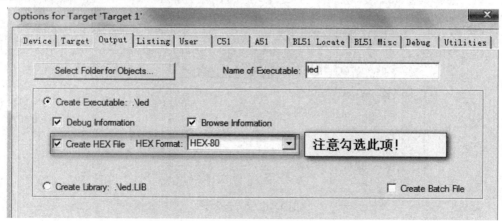

图 1-17 设置晶振

在"Output"选项中必须选择"Create HEX File",如图 1-18 所示,用于生成可执行代码文件(可以用编程器写入单片机芯片的 HEX 格式文件,文件的扩展名为.hex)。默认情况下该项未被选中,如果要把 HEX 文件写入芯片中做硬件实验,就必须选中该项,这一点是初学者易疏忽的,在此特别提醒注意。

图 1-18 勾选生成 HEX 文件

选中"Debug Information"将会产生调试信息,如果需要对程序进行调试,应当选中该项。

"Browse Information"用于产生浏览信息,该信息可以通过菜单"View->Browse"来查看,这里取默认值。

按钮"Select Folder for Objects"用来选择最终的目标文件所在的文件夹,默认与工程文件在同一个文件夹中。

"Name of Executable"用于指定最终生成的目标文件名字,默认与工程的名字相同,这两项一般不需要更改。

在"Debug"选项中,选中"Use Simulator"即可,如图 1-19 所示。

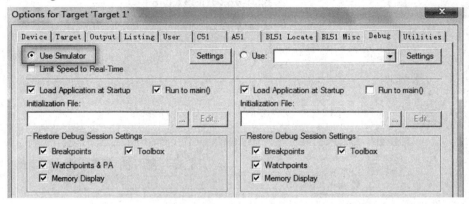

图 1-19　选择 Keil 自带的仿真器

接下来可以开始在源文件中书写代码了。首先在空白的源文件中导入工程所需的头文件,具体方法是:在空白的源文件上单击鼠标右键,在弹出的对话框中选择"Insert ' #include <REGX51.H>'",如图 1-20 所示。

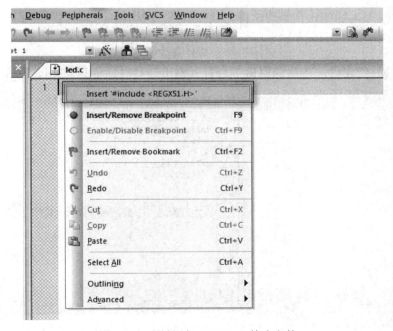

图 1-20　右键添加 AT89C51 的头文件

在 led.c 中输入代码,注意源文件 led.c 后面带了一个"*"号,提示需要保存,如图 1-21 所示。

文件保存以后,就可以点击图上的编译选项,或者按下快捷键 F7,如图 1-22 所示。

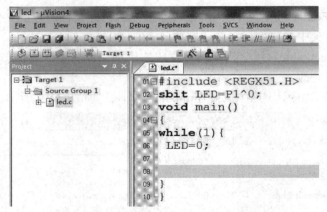

图 1-21　文件名后有*表示 C 文件需保存

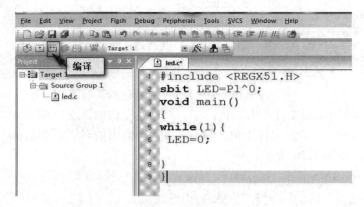

图 1-22　编译会话窗口

完成上面的步骤后，在信息窗口中会看到输出一些对话信息，如图 1-23 所示。

图 1-23　错误提示窗口

在工程所在的文件夹下会看到生成有 .hex 文件，如图 1-24 所示。

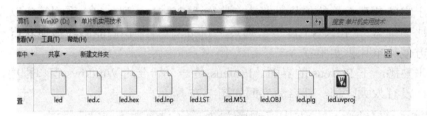

1-1 新建工程

图 1-24　编译后工程目录生成 HEX 文件

(6) Keil 仿真设置。如果要使用 Keil 的软件仿真功能，就需要进一步的设置，单击 图标，出现图 1-25 所示的情况，表示启动了 Keil 的软件仿真。

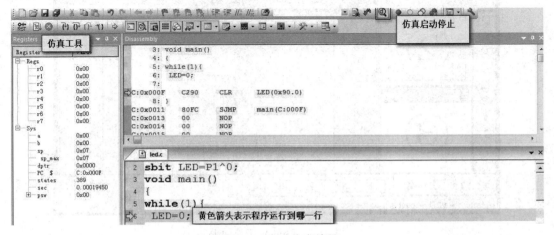

图 1-25　启动仿真结果

为进一步方便查看结果，往往还需要执行菜单 "Peripherals"，可以选中 "Interrup"（中断）、"I/O-Ports"（I/O 端口）、"Serial"（串口）、"Timer"（定时器）等菜单进行查看，如图 1-26 所示。

1-2　keil 中打印输出

图 1-26　查看仿真结果

四、Proteus 软件的基本使用

Proteus 软件是 Labcenter Electronics 公司推出的一款电路设计与仿真软件，它包括 ARES、ISIS 等软件模块。ARES 模块主要用来完成 PCB 的设计，而 ISIS 模块用来完成电

路原理图的布图与仿真。Proteus 的软件仿真基于 VSM 技术，它与其他软件最大的不同也是最大的优势就在于它能仿真大量的单片机芯片，比如 MCS-51 系列、PIC 系列等，以及单片机外围电路，比如键盘、LED、LCD 等。通过 Proteus 软件，我们能够轻易地获得一个功能齐全、实用方便的单片机实验室。

下面我们首先来熟悉一下 Proteus 的界面。Proteus 是一个标准的 Windows 窗口程序，和大多数程序一样，没有太大区别，其启动界面如图 1-27 所示。

图 1-27　Proteus 工作面板

图 1-27 中，区域①为菜单及工具栏，区域②为预览区，区域③为元器件浏览区，区域④为编辑窗口，区域⑤为对象拾取区，区域⑥为元器件调整工具栏，区域⑦为运行工具条。

下面就以建立一个与在 Keil 简介中所讲的工程项目相配套的 Proteus 工程为例来详细讲述 Proteus 的操作方法以及注意事项。

首先单击启动界面区域③中的"P"按钮(Pick Devices，拾取元器件)来打开"Pick Devices"(拾取元器件)对话框，并从元件库中拾取所需的元器件，如图 1-28 所示。

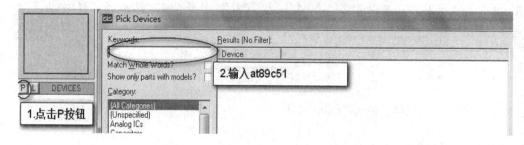

图 1-28　查找元件

在对话框中的"Keywords"框内输入我们要检索的元器件的关键词。例如要选择项目中使用的 AT89C51，就可以直接输入。输入以后我们能够在中间的"Results"结果栏里面看到搜索元器件的结果。在对话框的右侧，还能看到所选元器件的仿真模型、引脚以及 PCB

参数等，如图 1-29 所示。

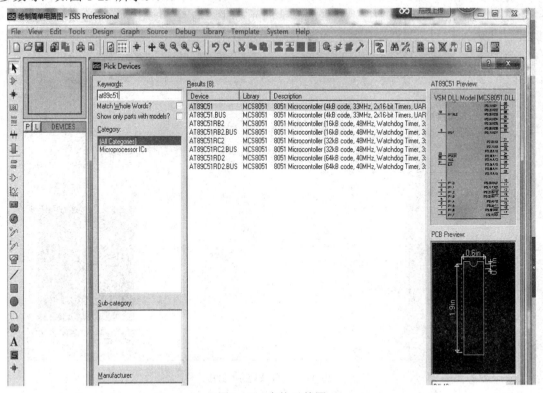

图 1-29 查找元件图

查找常用的元件可以参阅表 1-1，其他不常用的元件请参阅本书附录。

表 1-1 Proteus 常用元件名称

电容	CAP(CAPACITOR)	三极管	PNP，NPN
有极性电容	CAPACITOR POL	触发开关	BUTTON
时钟信号源	CLOCK	按钮	SWITCH
电阻	RES	蜂鸣器	BUZZER
可变电阻	POT	数码管	7SEG-
马达	MOTOR	7 段 LED	DPY_7-SEG_DP
排阻	RESPACK	扬声器	SPEAKER
发光二极管	LED-	液晶	LMO16L
晶体振荡器	CRYSTAL	点阵	matrix

这里需要注意，可能有时候我们选择的元器件并没有仿真模型，对话框将在仿真模型和引脚一栏中显示"No Simulator Model"(无仿真模型)，那么就不能用该元器件进行仿真了。这时可以只做该元器件的 PCB 板，也可以选择其他与其功能类似而且具有仿真模型的元器件。

搜索到所需的元器件以后,可以双击元器件名来将相应的元器件加入到我们的文档中,还可以用相同的方法来搜索并加入其他的元器件。输入"RES",单击"OK"按钮,此元件便进入到了元器件浏览区,如图 1-30 所示。

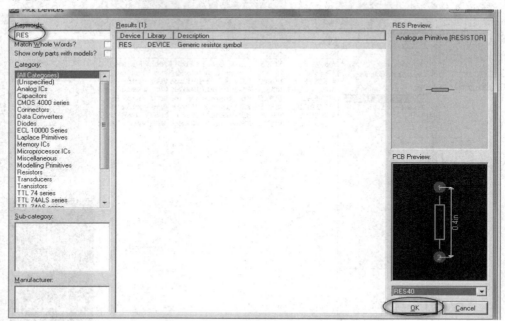

图 1-30　查找电阻元件

接下来查找 LED,单击 P 按钮,输入关键字"LED-",如图 1-31 所示。

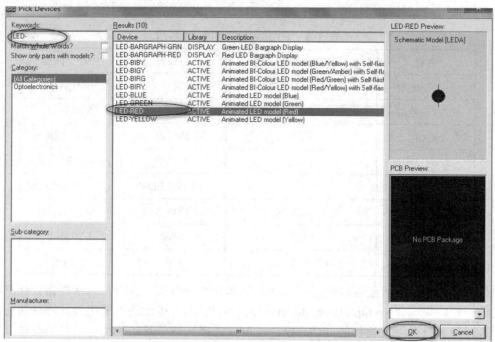

图 1-31　查找发光二极管 LED

当我们已经将所需的元器件全部加入到文档中时，可以单击"OK"按钮来完成元器件的添加。

添加好元器件以后，下面所需要做的就是将元器件按照需要连接成电路。首先在元器件浏览区中点击需要添加到文档中的元器件，这时可以在浏览区看到所选元器件的形状与方向。如果其方向不符合我们的要求，则可以通过点击元器件调整工具栏中的工具来任意进行调整，调整完成之后在文档中单击并选定好需要放置的位置即可。例如，放入单片机时，在元器件浏览区(P 按钮之下的区域)中，选中 AT89C51，在编辑窗口想要放置单片机的位置处单击，便可出现一单片机图标，如图 1-32 和图 1-33 所示。

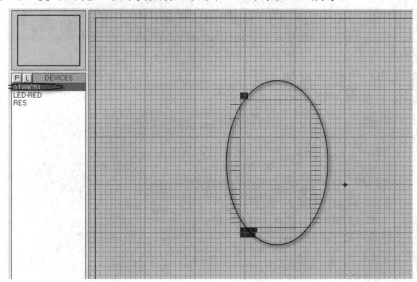

图 1-32　在绘图区域中放置单片机(一)

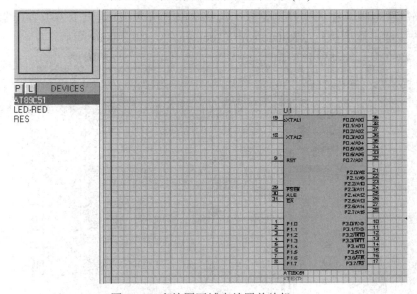

图 1-33　在绘图区域中放置单片机(二)

接下来放置 LED，选中 LED-RED，在靠近 AT89C51 的 P1.0 引脚处放置 LED，如图

1-34 所示。

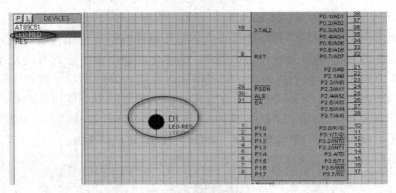

图 1-34 在绘图区域中放置 LED

需要将 LED 的位置旋转一下时，在 LED 上右键单击，然后执行"Rotate Anti-Clockwise"，如图 1-35 所示。

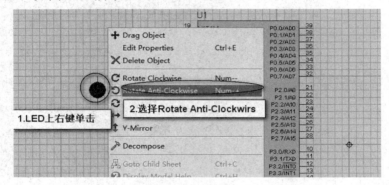

图 1-35 LED 放置位置的旋转

接下来放置电阻，在元器件浏览区上选择 RES，在 LED 垂直上方放置电阻，在电阻 RES 上单击右键，然后执行"Rotate Anti-Clockwise"，如图 1-36 所示。

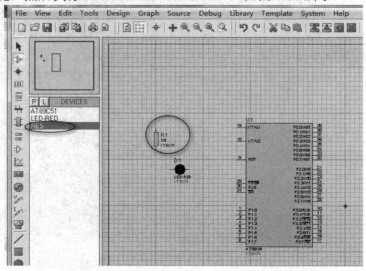

图 1-36 绘图区域中放置电阻

如果电阻不合适，可以在电阻 R1 上双击，弹出一对话框，在"Resistance"栏中可以修改电阻值，在"Component Reference"栏中可以修改元件的名字，如图 1-37 所示。

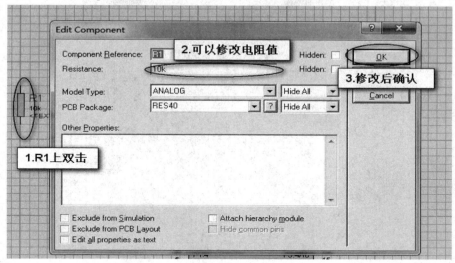

图 1-37　绘图区域中修改元件参数方法

下面我们来添加电源。先说明一点，Proteus 中单片机芯片默认已经添加电源与地，所以可以省略。在添加电源与地以前，先来看一下图 1-27 中区域⑤的对象拾取区，这里只说明本文中可能会用得到的以及比较重要的工具。

　：选择模式(Selection Mode)，通常情况下都需要选中它，比如布局时和布线时。

　：组件模式(Component Mode)，点击该按钮，能够显示出区域③中的元器件，以便我们选择。

　：线路标签模式(Wire Label Mode)，选中它并单击文档区电路连线能够为连线添加标签，经常与总线配合使用。

　：文本模式(Text Script Mode)，选中它能够为文档添加文本。

　：总线模式(Buses Mode)，选中它能够在电路中画总线。关于总线画法的详细步骤与注意事项将在下文中进行专门讲解。

　：终端模式(Terminals Mode)，选中它能够为电路添加各种终端，如输入、输出、电源、地等。

　：虚拟仪器模式(Virtual Instruments Mode)，选中它就可以在区域③中看到很多虚拟仪器，如示波器、电压表、电流表等。具体用法会在后面相应的章节中详细讲述。

下面我们就来添加电源。首先点击 　，选择终端模式，其次在元器件浏览区中点击 POWER(电源)来选中电源，再通过区域⑥中的元器件调整工具进行适当的调整，然后就可以在文档区中单击放置电源了，如图 1-38 所示。

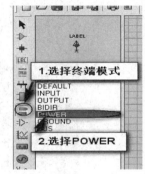

图 1-38　在绘图区域中放置电源

在图 1-39 所示的位置放置电源。

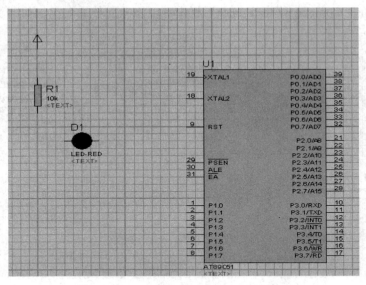

图 1-39　绘图区域中的元件放置位置

如果发现元件位置不太恰当，则可以用框选再拖移的方法进行修改，如图 1-40 所示。

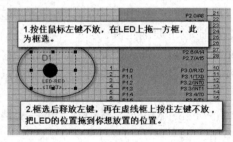

图 1-40　绘图区域中元件位置移动

元件位置调整好后的效果，如图 1-41 所示。

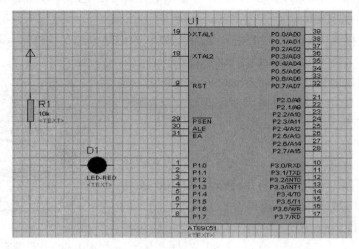

图 1-41　绘图区域中元件位置移动好后的效果图

在 Proteus 仿真单片机的时候，可以不加复位电路和时钟电路，但在实际电路中必须要加上，由于是仿真图，故在图中予以忽略，请大家注意。除此以外，可能还发现单片机系统没有晶振，这一点也需要注意。事实上在 Proteus 中单片机的晶振可以省略，系统默认为 12 MHz，而且很多时候，当然也为了方便，只需要取默认值就可以了。

接下来是连线。布线时只需要单击起点，比如我们要连线电源和电阻，那么鼠标在电源引脚上划过，出现小红方框，点击鼠标左键，便形成了导线，如图 1-42 所示。

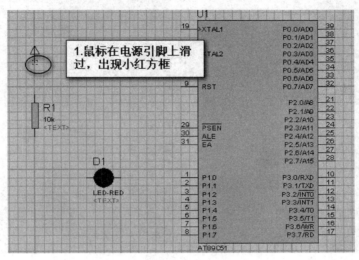

图 1-42　绘图区域导线连接方法(一)

然后在导线需要转弯的地方单击，按照所需走线的方向移动鼠标到线的终点单击即可，具体步骤如图 1-43 所示。

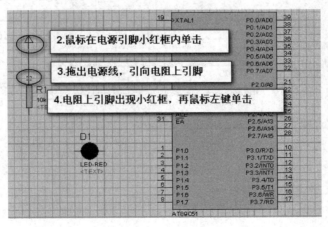

图 1-43　绘图区域导线连接方法(二)

连好线的电路图如图 1-44 所示。连接好电路图以后有时还需要做一些修改。由图 1-44 可以看出，图中的 R1 电阻值为 10 kΩ，这个电阻作为限流电阻显然太大，将使发光二极管 D1 亮度很低或者根本就不亮，影响仿真结果，所以要进行修改。修改方法如下：首先双击电阻图标，这时软件将弹出"Edit Component"对话框，对话框中的"Component Reference"是组件标签之意，可以随便填写，也可以取默认，但要注意在同一文档中不能有两个组件标签相同;"Resistance"就是电阻值了,我们可以在其后的框中根据需要填入相应的电阻值。填写时需注意其格式,如果直接填写数字,则单位默认为Ω;如果在数字后面加上K或者k,则表示kΩ之意。这里我们填入270,表示270 Ω,如图1-45所示。

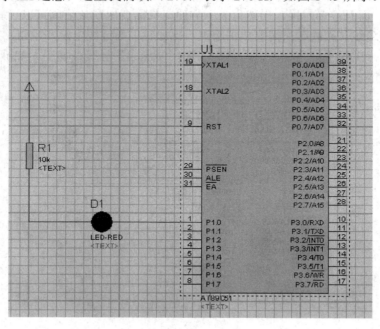

图1-44 连好线的电路图

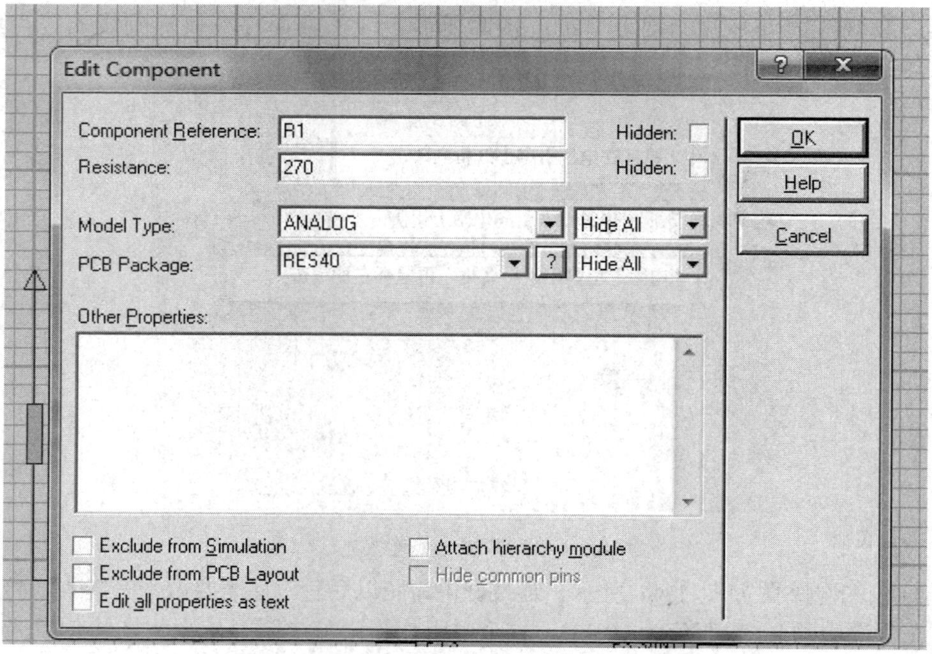

图1-45 修改电阻值

修改好各组件的属性后就要将程序(HEX文件)载入单片机了。首先双击单片机图标,系统同样会弹出"Edit Component"对话框,如图1-46所示。在这个对话框中点击"Program files"框右侧的图标，打开选择程序代码窗口，选中相应的 HEX 文件后返回。这时，按钮左侧的框中就填入了相应的 HEX 文件，单击对话框的"OK"按钮，回到文档，程序文件就添加完毕了。

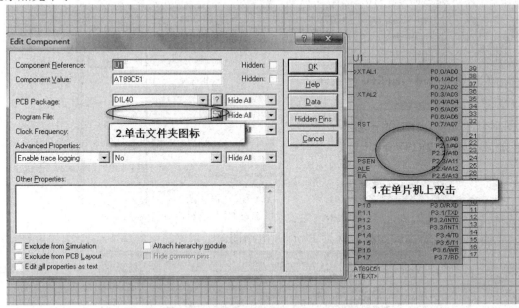

图 1-46 为单片机绑定 hex 文件(一)

单击文件夹图标后，出现图 1-47 所示的对话框，选择当前电路所需要的 HEX 文件，如果并非当前所需要的 HEX 文件，则可以选择计算机进行浏览，找到 Keil 建立的工程磁盘和目录。

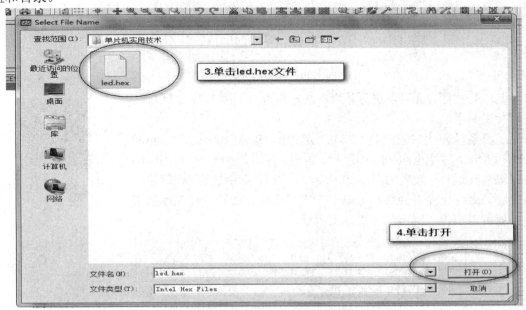

图 1-47 为单片机绑定 HEX 文件(二)

单击"OK"按钮，再保存整个 Proteus 仿真电路图，如图 1-48 所示。

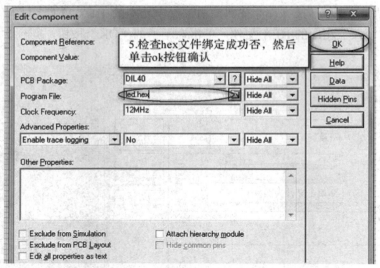

图 1-48 为单片机绑定 HEX 文件(三)

单击图 1-49 所示的图标，保存 Proteus 电路图。

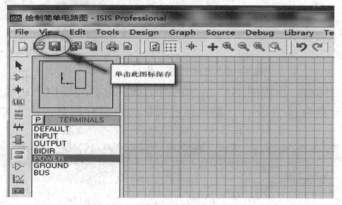

图 1-49 Proteus 电路图保存

装载好程序，就可以进行仿真。首先熟悉一下图 1-27 中区域⑦的运行工具条。

工具条从左到右依次是"Play"(运行)、"Step"(单步)、"Pause"(暂停)、"Stop"(停止)按钮，即运行、步进、暂停、停止。单击"Play"按钮来仿真运行，效果如图 1-50 所示，可以看到系统按照程序正在运行着，而且还能看到其高低电平的实时变化。如果已经观察到了结果就可以单击"Stop"按钮停止运行。

1-3 Keil 与 Proteus 联合调试

图 1-50 Proteus 软件的运行暂停以及停止

实际中，Keil 与 Proteus 是可以实现联合调试的。

五、单片机如何控制 LED 的亮灭状态

发光二极管具有单向导电性。当发光二极管导通时，发光二极管的管压降为 1.8～2.2 V，流过二极管的电流 I = 3～10 mA，所以限流电阻：

$$R \geqslant \frac{5-2}{10 \times 10^{-3}} = 300\,\Omega$$

可以在 Proteus 中画出该电路图，如图 1-51 所示，经测试，会发现只有多路开关接地时 LED 灯会亮，此时电流流经分流电阻，再流经 LED 到地，如果多路开关接+5 V 电源，LED 两端都为高电平，LED 就会熄灭。如果把多路开关换成单片机某个引脚，让单片机通过这个引脚输出高电平或低电平，从而实现 LED 的亮灭，可不可以呢？显然，答案是可以的。

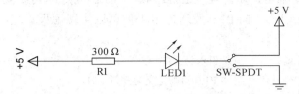

图 1-51 驱动 LED 电路

下面给出单片机驱动单只 LED 电路图，如图 1-52 所示。

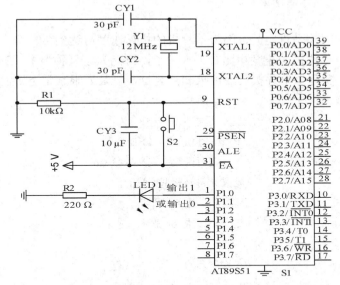

图 1-52 单片机驱动 LED 原理图

当单片机的 P1.0 输出高电平，发光二极管 LED1 就会导通发亮；否则，不亮。由于单片机 P1 口的 8 个引脚可以同时输出不同的电平，所以可以控制不同的发光二极管 LED1～LED8 同时亮灭。

1-4 Proteus 中绘制最小系统

【任务实施】

在 Proteus 软件中按图 1-52 所示的电路绘制电路图。在 Keil C51 中新建工程，命名任

务 1-1，输入下面的程序并调试运行：

```c
#include <reg51.h>          //引入头文件
sbit    LED = P1^0;         //P1.0 引脚定义为变量 LED
main()                       //主程序开始
{
    LED = 1;                //点亮 LED
}
```

【进阶提高】

在点亮 LED 的基础上，如何实现 LED 闪烁？LED 闪烁的实质就是实现一亮一灭，前面的任务实现了点亮 LED，向 P1.0 发送低电平便可以实现熄灭。代码该如何写呢？我们可以试着写一下：

```c
#include <reg51.h>          //引入头文件
sbit LED = P1^0;            // P1.0 引脚定义为变量 LED
void main(){                //主程序开始，void 表示为无须返回值
    LED = 1;                //点亮 LED
    LED = 0;                //熄灭 LED
}
```

这样写有没有问题呢？回答是肯定的，因为单片机的执行速度可达到微秒级，而人眼的反应速度却只有毫秒级，单片机的速度相比之下太快了，可能大家只看到了 LED 亮或者灭，根本没有发现闪烁。实际上单片机已经熄灭和点亮过，只是人眼察觉不到而已，应该如何修改上述程序呢？

```c
#include <reg51.h>                      //引入头文件
sbit LED = P1^0;                        // P1.0 引脚定义为 LED 变量
void mydelayms(unsigned int xms){       //定义延时函数；定义形参 xms
    unsigned int i, j;                  //定义无符号整型变量 i, j
    for(i = 0; i<xms; i++)              //定义第一重 for 循环
    for(j = 0; j<120; j++);             //定义第二重 for 循环
}
void main()                             //主程序开始
{
    while(1){                           //一直循环执行下面两条指令
        LED = 1;                        //点亮 LED
        mydelayms(5);
        LED = 0;                        //熄灭 LED
        mydelayms(5);
    }
}
```

1-5 延时程序延时估算

任务二 左移右移函数实现流水灯

【引入任务】

任务一实现了单片机点亮 LED，并实现了闪烁，那么如何实现单片机控制 8 个 LED 按顺序依次点亮，不断循环往复，即实现"流水灯"的效果呢？电路使用图 1-1。

【分析任务】

本任务要实现流水灯依次点亮，实际上就是先点亮 LED1，加延时程序，让这个状态保持，再熄灭，然后再点亮 LED2，加延时程序，之后再熄灭掉，接着再点亮 LED3……一直到 LED8，最后不断循环这个过程。

【相关知识】

一、单片机硬件结构

AT89C51 是美国 ATMEL 公司生产的 AT89 系列单片机中的一种，它是一种低电压、高性能 CMOS 8 位单片机，与 MCS-51 系列的许多机种都具有兼容性，并具有广泛的代表性。下面，我们先来了解一下 AT89C51 的硬件结构和 CPU 的工作原理。

AT89C51 系列单片机在内部结构上基本相同，其中不同型号的单片机只不过在个别模块和功能方面有些区别。AT89C51 单片机内部硬件结构框图如图 1-53 所示。它由一个 8 位中央处理器(CPU)、一个 256 B 片内 RAM 及 4 KB Flash ROM、4 个 8 位并行 I/O 口、两个 16 位定时器/计数器、一个串行 I/O 口以及中断系统等部分组成，各功能部件通过片内单一总线连成一个整体，集成在一块芯片上。

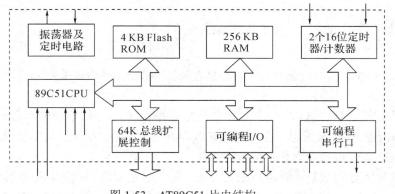

图 1-53 AT89C51 片内结构

1-6 内部结构

1. CPU

CPU 是单片机的核心部件，它由运算器和控制器等部件组成。

1) 运算器

运算器由算术逻辑运算部件 ALU、累加器 ACC、寄存器 B、程序状态字寄存器 PSW、暂存器、布尔处理器等组成。

运算器的功能是进行算术运算和逻辑运算，可以对半字节(4 位)、单字节等数据进行操作。例如能完成加、减、乘、除、加 1、减 1、BCD 码十进制调整、比较等算术运算和与、或、异或、求补、循环等逻辑操作，并将操作结果的状态信息发送至状态寄存器。

AT89C51 运算器中的布尔处理器，用来进行位操作。它是以进位标志位 C 为累加器的，可执行置位、复位、取反、等于 1 转移、等于 0 转移、等于 1 转移且清零以及进位标志位与其他可寻址的位之间进行数据传送等位操作，也可在进位标志位与其他可位寻址的位之间进行逻辑与、或操作。

2) 控制器

控制器是单片机内部按一定时序协调工作的控制核心，是分析和执行指令的部件。控制器主要由程序计数器 PC、指令寄存器 IR、指令译码器 ID、数据指针 DPTR、堆栈指针 SP、缓冲器等组成。

(1) 程序计数器 PC：用来存放即将要执行的指令地址，共 16 位，可对 64 K 程序存储器直接寻址。执行指令时，PC 内的低 8 位经 P0 口输出，高 8 位经 P2 口输出。

(2) 指令寄存器 IR：用来存放指令代码。从程序存储器中读取的指令代码送入指令寄存器，经译码后再由定时与控制电路发出相应的控制信号，以控制 CPU 完成指令功能。

(3) 指令译码器 ID：用来对 IR 中的指令进行译码。

(4) 数据指针 DPTR：16 位专用地址指针寄存器。

2. 定时器/计数器

AT89C51 单片机内部有两个 16 位的定时器/计数器，用于实现定时或计数功能。

3. 中断系统

AT89C51 单片机具有中断功能，它共有 5 个中断源，即两个外部中断、两个定时器/计数器中断源和一个串口中断。

4. 时钟电路

时钟电路为单片机产生脉冲序列，用于协调和控制其工作。

5. 存储器

存储器是用来存放程序和数据的部件，分为数据存储器和程序存储器，在单片机中程序存储器和数据存储器是分开寻址的。

AT89C51 单片机的程序存储器和数据存储器空间是互相独立的，物理结构也不同。程序存储器为只读存储器(ROM)。数据存储器为随机存取存储器(RAM)。单片机的存储器编址方式采用与工作寄存器、I/O 口锁存器统一编址的方式。

AT89C51 存储器与常见的微型计算机的配置方式不同，它把程序存储器和数据存储器分开，各有自己的寻址系统，用于控制信号和功能。程序存储器用来存放程序和始终要保留的常数及表格等。数据存储器通常用来存放程序运行中所需要的常数或变量。例如：做加法时的加数和被加数、做乘法时的乘数和被乘数、模/数转换时实时记录的数据等。

1) 程序存储器

程序存储器用来存放程序和表格常数。程序存储器以程序计数器 PC 作地址指针，通过 16 位地址总线，可寻址的地址空间为 64 KB。片内、片外统一编址。

当开发的单片机系统较复杂，片内程序存储器的存储空间不够用时，可外扩展程序存储器，扩展容量由两个条件决定：一是程序容量大小，二是扩展芯片容量大小。64 KB 总容量减去内部容量 4 KB 即为外部能扩展的最大容量，最大可以扩展到 64 KB。AT89C51 单片机的程序存储器地址空间如图 1-54 所示。

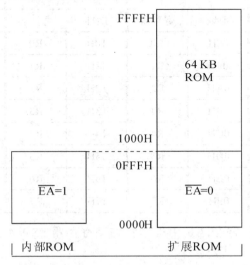

图 1-54　AT89C51 单片机的程序存储器地址空间

2) 数据存储器

(1) 内部数据存储器。

单片机的数据存储器无论在物理上或逻辑上都分为两个地址空间：一个为内部数据存储器，大小为 256 B；另一个为外部数据存储器，一般需要外部扩展时才使用，最大可以外扩到 64 KB，地址为 0000H～FFFFH。

内部数据存储器又分为高 128 字节和低 128 字节，低 128 字节为真正的 RAM 区，地址范围是 00H～7FH，分成工作寄存器区(00H～1FH)、位寻址区(20H～2FH，位地址范围为 00H～7FH)、数据缓冲区(30H～7FH)三部分，如表 1-2 所示。高 128 字节(80H～FFH)为特殊功能寄存器区。

表 1-2　内部 RAM 存储器结构

数据缓冲区	地址范围(30H～7FH)
位寻址区(位地址 00～7F)	20H～2FH
工作寄存器 3 (R0～R7)	18H～1FH
工作寄存器 2 (R0～R7)	10H～17H
工作寄存器 1 (R0～R7)	08H～0FH
工作寄存器 0 (R0～R7)	00H～07H

① RAM 区。

地址范围在 00H~1FH 的 32 个字节，可分成 4 个工作寄存器组，每组占 8 个字节。每个工作寄存器组都有 8 个寄存器，它们分别称为 R0、R1、R2、R3、R4、R5、R6、R7。但在程序运行时，只允许有一个工作寄存器组工作。这组工作寄存器称为当前工作寄存器组。寄存器和 RAM 地址对照如表 1-3 所示。

表 1-3　寄存器和 RAM 地址对照表

0 区		1 区		2 区		3 区	
地址	寄存器	地址	寄存器	地址	寄存器	地址	寄存器
00H	R0	08H	R0	10H	R0	18H	R0
01H	R1	09H	R1	11H	R1	19H	R1
02H	R2	0AH	R2	12H	R2	1AH	R2
03H	R3	0BH	R3	13H	R3	1BH	R3
04H	R4	0CH	R4	14H	R4	1CH	R4
05H	R5	0DH	R5	15H	R5	1DH	R5
06H	R6	0EH	R6	16H	R6	1EH	R6
07H	R7	0FH	R7	17H	R7	1FH	R7

当前程序使用的工作寄存区是由程序状态字寄存器 PSW.4 以及 PSW.3 决定的，见表 1-4。

表 1-4　工作寄存器区选择

PSW.4 (RS1)	PSW.3 (RS0)	当前使用的工作寄存器区 R0~R7
0	0	0 区 (00~07H)
0	1	1 区 (00~07H)
1	0	2 区 (00~07H)
1	1	3 区 (00~07H)

第 0 区不设定，也叫默认值，这个特点使 AT89C51 具有快速现场保护功能。特别注意的是，如果不加设定，在同一段程序中 R0~R7 只能使用一次，若用两次程序便会出错。

如果用户程序不需要四个工作寄存器区，则不用的工作寄存器单元可以作一般的 RAM 使用。

内部 RAM 的 20H~2FH 为位寻址区(见表 1-5)。这 16 个单元和每一位都有一个位地址，位地址范围为 00H~7FH。位寻址区的每一位都可以视作软件触发器，由程序直接进行位处理。通常把各种程序状态标志、位控制变量设在位寻址区内。同样，位寻址区的 RAM 单元也可以作一般的数据缓冲器使用。

在一个实际的程序中，往往需要一个后进先出的 RAM 区，以保存 CPU 的现场，这种后进先出的缓冲器区称为堆栈，堆栈原则上可以设在内部 RAM 的任意区域内，但一般设在 30H~7FH 的范围内。栈顶的位置由栈指针 SP 指出。

位寻址区：片内 RAM 中的 20H～2FH 地址范围，共 16 个字节。该区的 16 个字节，既可作为一般的 RAM 使用，进行字节操作，也可以对单元中的每一位进行位操作。16 个字节共 128 位，每一位有位地址，地址范围是 00H～07H。位寻址区中的每一位地址有两种表示形式：一种是位地址形式，另一种是单元地址·位序形式。

通用 RAM 区：内 RAM 中，30H～7FH 的 80 个单元只能以存储单元的形式来使用，没有其他规定或限制。

表 1-5　位寻址区的 128 个位地址表

字节地址	MSB			位寻址				LSB
	D7	D6	D5	D4	D3	D2	D1	D0
2FH	7F	7E	7D	7C	7B	7A	79	78
2EH	77	76	75	74	73	72	71	70
2DH	6F	6E	6D	6C	6B	6A	69	68
2CH	67	66	65	64	63	62	61	60
2BH	5F	5E	5D	5C	5B	5A	59	58
2AH	57	56	55	54	53	52	51	50
29H	4F	4E	4D	4C	4B	4A	49	48
28H	47	46	45	44	43	42	41	40
27H	3F	3E	3D	3C	3B	3A	39	38
26H	37	36	35	34	33	32	31	30
25H	2F	2E	2D	2C	2B	2A	29	28
24H	27	26	25	24	23	22	21	20
23H	1F	1E	1D	1C	1B	1A	19	18
22H	17	16	15	14	13	12	11	10
21H	0F	0E	0D	0C	0B	0A	09	08
20H	07	06	05	04	03	02	01	00

② 特殊功能寄存器区。

特殊功能寄存器 SFR(专用寄存器)是专用于控制、选择、管理、存放单片机内部各部分的工作方式、条件、状态、结果的寄存器。不同的 SFR 管理不同的硬件模块，负责不同的功能。换言之，要让单片机实现预定的功能，必须有相应的硬件和软件，而软件中最重要的一项工作就是对 SFR 写命令(要求)。下面对程序状态字寄存器 PSW 等进行简要介绍。

• 程序状态字寄存器 PSW。

PSW 是一个 8 位寄存器。PSW 的全称是 Program Status Word，即程序状态字。各位的含义如表 1-6 所示。

表 1-6　PSW 各位的定义

位地址	D7	D6	D5	D4	D3	D2	D1	D0
含义	CY	AC	F0	RS1	RS0	OV	—	P

◊ 进位标志位(CY)。CY 的全称是 Carry，有时简写为一个字母 C。在使用加减乘除、左移或右移之类等操作时，这个标志位会受到影响。

因为 51 系列单片机一般只对 8 位数据进行操作，当数据的最高位(D7)进行诸如加法操作产生进位时，CY 就会置 1，否则 CY 等于 0；当进行 8 位数据的减法时，若运算结果有借位，则 CY = 1，否则 C = 0。可以把 CY 标志位理解为 8 位运算中的第 9 个数据位。

◊ 辅助进位标志位(AC)。AC 的全称是 Assistant Carry。

首先说明一下什么是低半字节和高半字节：一个字节有 8 位，低半字节就是第 0 位到第 3 位，高半字节就是第 4 位到第 7 位。

当进行 8 位加法运算时，如果低半字节的最高位(D3)有进位，则 AC = 1，否则 AC = 0；当进行 8 位减法运算时，如果 D3 有借位，则 AC = 1，否则 AC = 0，这个可以和 CY 标志位进行类比理解。

◊ 软件标志(F0)。这是用户定义的一个状态标志，可以通过软件对它置位或清零。

◊ 工作寄存器组选择位 RS1 和 RS0。可以在编程的时候置位或清零，以选择 4 个工作寄存器组中的一个进行工作。一个寄存器组有 8 字节，有 4 组寄存器，一共 32 字节，对应片内数据存储区中的 00H～1FH。

◊ 溢出标志(OV)。OV 的全称是 Overflow。当进行有符号(signed)数的加减法运算时，由硬件自动置位或清零。

当 OV = 1 时，表示一个数字已经超出了累加器以补码形式表示一个有符号数的范围，即超出了 −128～+127 的范围。在 8 位补码中，D7 一般用来表示符号位，D6～D0 用来表示二进制数字。所以，在加法时，如果最高位(D7)和次高位(D6)中有一个进位，或在减法时两个中有一个借位，OV 将被置位。执行乘法指令也会影响 OV 标志位，当乘积大于 255 时，OV = 1，否则 OV = 0。

执行除法指令时也会影响 OV 标志位。

◊ 奇偶标志位 P。

每执行一条汇编指令，单片机都能根据 A 中 1 的个数的奇偶自动令 P 置位或清零，奇为 1，偶为 0。

此标志位对串行通信的数据传输非常有用，通过就校验可以检验传输的可靠性。

• 累加器 ACC：8 位寄存器，通过暂存器与 ALU 相连。它是 CPU 中最繁忙的寄存器，在指令系统中的助记符为 A。

• B 寄存器：乘除运算中用来暂存数据乘法指令的两个操作数分别取自 A 和 B。16 位乘积的低 8 位存入 A 中，高 8 位存放于 B 中；除法指令中被除数取自 A，除数取自 B，结果商存于 A 中，余数存于 B 中。在其他指令中 B 可作为 RAM 中一个普通寄存器使用。

• 堆栈指针 SP：特殊的存储区，主要功能是暂时存放数据和地址，通常用来保护断点和现场。

• 端口 P0～P3：专用寄存器 P0～P3 分别是 I/O 口 P0～P3 的锁存器。AT89C51 单片机把 I/O 当作一般的专用寄存器来使用，不设操作指令，使用方便。当 I/O 端口的某一位用于输入信号时，对应的锁存器必须先置 1。

二、单片机封装以及并行输入/输出口

1. 封装类型

1) DIP(DualIn-line Package)双列直插式封装

DIP 是指采用双列直插式封装的集成电路芯片,绝大多数的中小规模集成电路(IC)均采用这种封装形式,其引脚数一般不超过 100 个。采用 DIP 封装的 CPU 芯片有两排引脚,需要插入到具有 DIP 结构的芯片插座上。当然,也可以直接插在有相同焊孔数和几何排列的电路板上进行焊接,如图 1-55(a)所示。

1-7 引脚

(a) DIP 封装　　　　　　　　(b) PLCC 封装

图 1-55　单片机常见封装

2) PLCC(Plastic Leaded Chip Carrier)带引线的塑料芯片封装

PLCC 是指带引线的塑料芯片封装载体,它是表面贴型封装之一,外形呈正方形,引脚从封装的四个侧面引出,呈丁字形,是塑料制品,外形尺寸比 DIP 封装小得多。PLCC 封装适合用 SMT 表面安装技术在 PCB 上安装布线,具有外形尺寸小、可靠性高的优点,如图 1-55(b)所示。

3) QFP(Quad Flat Package)塑料方型扁平式封装和 PFP(Plastic Flat Package)塑料扁平组件式封装

QFP 与 PFP 两者可统一为 PQFP(Plastic Quad Flat Package),QFP 封装的芯片引脚之间距离很小,引脚很细,一般大规模或超大规模集成电路都采用这种封装形式,其引脚数一般在 100 个以上。用这种形式封装的芯片必须采用 SMD(表面安装设备技术)将芯片与主板焊接起来。采用 SMD 安装的芯片不必在主板上打孔,一般在主板表面上有设计好的相应引脚的焊点。PFP 封装的芯片与 QFP 方式基本相同,它们唯一的区别是 QFP 一般为正方形,而 PFP 既可以是正方形,也可以是长方形,如图 1-56 所示。

图 1-56　PQFP 封装

1-8　存储空间分配

2. 引脚介绍

AT89C51 的 DIP 封装芯片共有 40 个引脚，采用引脚复用技术(即一个引脚可有两种功能，一个称为第一功能，另一个称为第二功能)，满足单片机引脚数目不够而功能较多的需要，如图 1-57 所示。

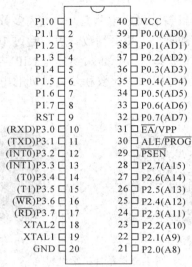

图 1-57　单片机引脚

图 1-57 为引脚排列图，40 条引脚说明如下：

(1) 主电源引脚 VCC 和 GND。

GND 接地引脚；VCC 正常操作时为 +5 V 电源。

(2) 外接晶振引脚 XTAL1 和 XTAL2。

XTAL1：内部振荡电路反相放大器的输入端，是外接晶体的一个引脚。当采用外部振荡器时，此引脚接地。

XTAL2：内部振荡电路反相放大器的输出端，是外接晶体的另一端。当采用外部振荡器时，此引脚接外部振荡源。

(3) 控制或与其他电源复用引脚 RST/VPD、$\overline{\text{ALE}}$/$\overline{\text{PROG}}$、$\overline{\text{PSEN}}$ 和 $\overline{\text{EA}}$/VPP。

RST/VPD：当振荡器运行时，在此引脚上出现两个机器周期的高电平(由低到高跳变)，将使单片机复位。在 VCC 掉电期间，此引脚可接上备用电源，由 VPD 向内部提供备用电源，以保持内部 RAM 中的数据。

$\overline{\text{ALE}}$/$\overline{\text{PROG}}$：正常操作时为 ALE 功能(允许地址锁存)，用来把地址的低字节锁存到外部锁存器，ALE 引脚以不变的频率(振荡器频率的 1/6)周期性地发出正脉冲信号。因此，它可用作对外输出的时钟，或用于定时目的。但要注意，每当访问外部数据存储器时，将跳过一个 ALE 脉冲，ALE 端可以驱动(吸收或输出电流)八个 LSTTL 电路。对于 EPROM 型单片机，在 EPROM 编程期间，此引脚接收编程脉冲($\overline{\text{PROG}}$ 功能)。

$\overline{\text{PSEN}}$：外部程序存储器读选通信号输出端，在从外部程序存取指令(或数据)期间，$\overline{\text{PSEN}}$ 在每个机器周期内两次有效。$\overline{\text{PSEN}}$ 同样可以驱动 8 个 LSTTL 输入。

$\overline{\text{EA}}$/VPP：为内部程序存储器和外部程序存储器选择端。当 $\overline{\text{EA}}$/VPP 为高电平时，访

问内部程序存储器，当 $\overline{EA}$/VPP 为低电平时，则访问外部程序存储器。

对于 EPROM 型单片机，在 EPROM 编程期间，此引脚上加 21 V 的 EPROM 编程电源(VPP)。

(4) 输入/输出口线。

AT89C51 共有四个 8 位的并行 I/O 口，分别是 P0、P1、P2、P3 口。每个口共有 8 个引脚，这样 I/O 口对应有 32 个引脚。

3. 并行输入/输出口工作原理

1) P0 口

P0 口(P0.0～P0.7、32～39 脚)的位结构包括：1 个输出锁存器，用于输出数据的锁存；2 个三态输入缓冲器，分别用于锁存器和引脚数据的输入缓冲；1 个多路开关 MUX，它的一个输入来自锁存器，另一个输入是地址/数据信号的反相输出。P0 口在控制信号的控制下能实现对锁存器输出端和地址/数据线之间的切换，由两只场效应管组成输出驱动电路。P0 口的位结构如图 1-58 所示。

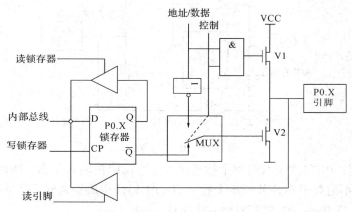

图 1-58　P0 口位结构

P0 口作一般 I/O 口使用时，多路开关 MUX 的位置由 CPU 发出的控制信号决定。当 P0 口作 I/O 端口时，CPU 内部发出控制电平"0"信号封锁与门，使输出上拉场效管 V1 截止，同时多路开关把输出锁存器 Q 端与输出场效应管 V2 的栅极接通。此时 P0 即作通用的 I/O 口使用。

当 P0 口作输出口时，内部数据总线上的信息由写脉冲锁存至输出锁存器，输入 D = 0 时，Q = 0 而 $\overline{Q}$ = 1，V2 导通，P0 口引脚输出"0"；D = 1 时，Q = 1 而 $\overline{Q}$ = 0，V2 截止，P0 口引脚输出"1"。输出驱动级是漏极开路电路，若要驱动 NMOS 或其他拉电流负载，则需外接上拉电阻。P0 口中的输出可以驱动 8 个 LSTTL 负载。

P0 口作输入口时，端口中有两个三态输入缓冲器用于读操作。其中输入缓冲器 2 的输入与端口引脚相连，故当执行一条读端口输入指令时，产生读引脚的选通将该三态门打开，端口引脚上的数据经缓冲器 2 读入内部数据总线。输入缓冲器 1 并不能直接读取端口引脚上的数据，而是读取输出锁存器 Q 端的数据。Q 端与引脚处的数据是一致的。结构上这样的安排是为了适应"读-修改-写"一类指令的需要。

端口进行输入操作前，应先向端口输出锁存器写入"1"，使 Q = 0，则输出级的两个

FET 管均截止,引脚处于悬空状态,变为高阻抗输入。这就是所谓的准双向 I/O 口。单片机的 P0~P3 都是准双向 I/O 口。

P0 口作地址/数据总线复用时,在扩展系统中,P0 端口作为地址/数据总线使用,此时可分为两种情况:一种是以 P0 口引脚输出地址数据信息;另一种是由 P0 口输入数据,此时输入的数据是从引脚通过输入缓冲器 2 进入内部总线。当 P0 口作地址/数据总线复用时,它就不能再作通用 I/O 口使用了。

2) P1 口

P1 口(P1.0~P1.7、1~8 脚)是一个准双向口,作通用输入/输出口使用。

P1 口的位结构包括:一个数据输出锁存器,用于输出数据的锁存;两个三态输入缓冲器,一个用于读锁存器,另一个用于读引脚;数据输出驱动电路,由场效应管和片内上拉电阻组成,如图 1-59 所示。

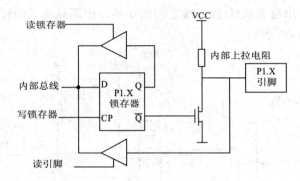

图 1-59 P1 口的位结构

P1 口的特点:P1 口由于有内部上拉电阻,没有高阻抗输入状态,所以称为准双向口。作为输出口时,不需要再在片外拉接上拉电阻;P1 口读引脚输入时,必须先向锁存器写入 1,其原理与 P0 口相同;P1 口能驱动 4 个 TTL 负载。

3) P2 口

P2 口(P2.0~P2.7,21~28 脚)是一个数据输出锁存器,用于输出数据的锁存。

P2 口的位结构包括:两个三态输入缓冲器,一个用于读锁存器,另一个用于读引脚;一个多路开关 MUX,它的一个输入来自锁存器的 Q 端,另一个输入来自内部地址的高 8 位;数据输出驱动电路,由非门、场效应管和片内上拉电阻组成,如图 1-60 所示。

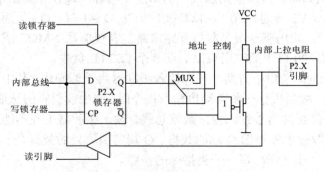

图 1-60 P2 口的位结构

P2 口的特点：P2 口作高 8 位地址输出线应用时，与 P0 口输出的低 8 位地址一起构成 16 位的地址总线，可以寻址 64 KB 地址空间；当 P2 口作高 8 位地址输出口时，其输出锁存器原锁存的内容保持不变；作通用 I/O 口使用时，P2 口为准双向口，功能与 P1 口一样；P2 口能驱动 4 个 TTL 负载。

4）P3 口

P3 口是一个多用途的端口，也是一个准双向口，作为第一功能使用时，其功能同 P1 口。

P3 口的位结构包括：一个数据输出锁存器，用于输出数据的锁存；3 个三态输入缓冲器，一个用于读锁存器，一个用于读引脚，右下方的三态输入缓冲器用于第二功能数据的缓冲输入；数据输出驱动电路，由与非门、场效应管和片内上拉电阻组成，如图 1-61 所示。

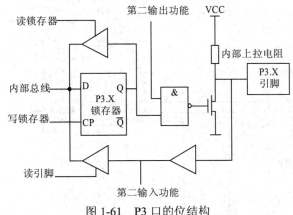

图 1-61　P3 口的位结构

当 P3 口作第二功能使用时，每一位的功能定义如表 1-6 所示。P3 口的第二功能实际上就是系统具有控制功能的控制线。此时相应的口线锁存器必须为"1"状态，与非门的输出由第二功能输出线的状态确定，从而 P3 口的状态取决于第二功能输出线的电平。在 P3 口的引脚信号输入通道中有两个三态缓冲器，第二功能的输入信号取自第一个缓冲器的输出端，第二个缓冲器仍是第一功能的读引脚信号缓冲器。P3 口可驱动 4 个 LSTTL 门电路。

表 1-6　P3 口的第二功能

端　口　功　能	第　二　功　能
P3.0	RXD：串行输入(数据接收)口
P3.1	TXD：串行输出(数据发送)口
P3.2	$\overline{INT0}$：外部中断 0 输入线
P3.3	$\overline{INT1}$：外部中断 1 输入线
P3.4	T0：定时器 0 外部输入
P3.5	T1：定时器 1 外部输入
P3.6	$\overline{WR}$：外部数据存储器写选通信号输出
P3.7	$\overline{RD}$：外部数据存储器读选通信号输入

三、单片机最小系统

单片机运行所必需的最基本电路称为单片机最小系统。单片机最小系统一般由电源电路、时钟电路、复位电路构成,如图 1-62 所示。

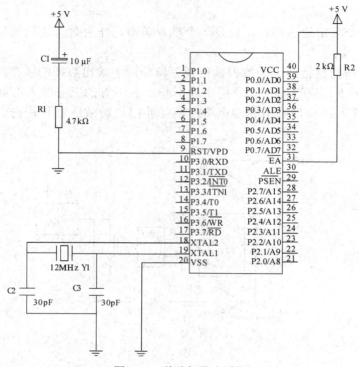

图 1-62 单片机最小系统

1. 电源电路

电源电路的作用是向单片机提供工作电源。

2. 单片机时钟电路

单片机工作的时间基准,决定了单片机的工作速度。AT89C51 单片机的时钟频率范围为 0~33 MHz。图 1-63 为单片机的时钟电路。

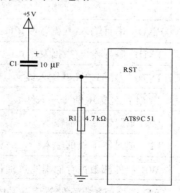

图 1-63 单片机时钟电路

XTAL1(19 脚)和 XTAL2(18 脚)之间连接一个晶振。晶振是石英晶体振荡器的简称,通常用来构成振荡电路,产生各种频率信号。电容 C1 和 C2 起稳定作用。

时钟电路振荡频率 fosc = 晶振频率

时钟电路振荡周期 = 1/fosc

单片机机器周期 = 振荡周期 × 12

例如:

晶振频率 = 12 MHz,振荡频率 = 12 MHz,振荡周期 = 1/12 μs,机器周期 = 1 μs

3. 复位电路

复位电路用于产生复位信号,使单片机从固定的起始状态开始工作,完成单片机的"启机"过程。AT89C51 单片机的复位信号是高电平有效,通过 RST/VPD(9 脚)输入。复位电路的连接方式有下列两种:

(1) 上电复位:单片机接通电源时产生复位信号,完成单片机启动,并确定单片机的初始工作状态,如图 1-64 所示。

(2) 手动复位:手动按键产生复位信号,完成单片机启动,并确定单片机的初始状态。通常在单片机工作出现混乱或"死机"时,使用手动复位可实现单片机"重启", 如图 1-65 所示。

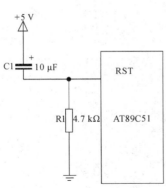
图 1-64 上电复位电路

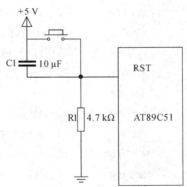
图 1-65 手动复位电路

【任务实施】

在 Proteus 软件中按图 1-1 绘制电路图。在 Keil C51 中新建工程,命名任务 1-2,输入程序并调试运行。

程序代码如下:

1-9 Proteus 流水灯电路

```
#include <reg51.h>    //包含单片机寄存器的头文件
sfr x = 0x90;    //P1 口在存储器中的地址是 90H,通过 sfr 可定义 8051 内核单片机的
                //所有内部 8 位特殊功能寄存器,对地址 x 的操作也就是对 P1 口的操作
/******************************
函数功能:延时一段时间
*******************************/
void delay(void)
```

```c
    {
        unsigned char i, j;
        for(i = 0; i < 250; i++)
            for(j = 0; j < 250; j++)
                ;       //利用循环等待若干机器周期,从而延时一段时间
    }
    /*******************************
    函数功能：主函数
    *******************************/
    void main(void)
    {   while(1)
        {   x = 0xfe;         //第一个灯亮
            delay();          //调用延时函数
            x = 0xfd;         //第二个灯亮
            delay();          //调用延时函数
            x = 0xfb;         //第三个灯亮
            delay();          //调用延时函数
            x = 0xf7;         //第四个灯亮
            delay();          //调用延时函数
            x = 0xef;         //第五个灯亮
            delay();          //调用延时函数
            x = 0xdf;         //第六个灯亮
            delay();          //调用延时函数
            x = 0xbf;         //第七个灯亮
            delay();          //调用延时函数
            x = 0x7f;         //第八个灯亮
            delay();          //调用延时函数
        }
    }
```

【进阶提高】

单片机实现霓虹灯也可以通过 Keil C51 的移位函数来完成。
_crol_和_cror_：将 char 型变量循环向左(右)移动指定位数后返回；
_iror_和_irol_：将 int 型变量循环向左(右)移动指定位数后返回；
_lrol_和_lror_：将 long 型变量循环向左(右)移动指定位数后返回。
下面举例说明：
    a = 10001000；
    a = _crol_(a, 1);   //左移一位//
程序执行后，a = 00010001。

又如：a = 10001000;

   a = _crol_(a, 2); //左移两位//

程序执行后，a = 00100010。

  再如：a = 10001000;

   a = _cror_(a, 1); //右移一位//

程序执行后，a = 01000100。

注意：在 C 语言中，先运算等号右边的式子，再将结果赋值给等号左边。下面举例来说明 _crol_ 函数的使用：

  #include <reg51.h>   //引入头文件
  #include<intrins.h>   //引入左移右移函数
  void main(){   //主程序开始
   unsigned int temp = 0x01; //定义无符号整型变量 temp，并赋初值为 00000001
   temp = _irol_(temp, 1); //将 temp 循环左移 1 位，值变为 00000010，即为 0x02;
   printf("%d/n", temp);   //打印出 temp 的值
  }

下面介绍 Keil C51 中如何打印输出：

(1) 编写好的程序需要进行编译，编译完毕没有错误后，即可进入调试模式，如图 1-66 所示。

图 1-66 调试模式设置图

(2) 进入调试模式后，点击菜单"Peripherals→Serial"，弹出图 1-67 所示的对话框，选中 TI 和 RI。

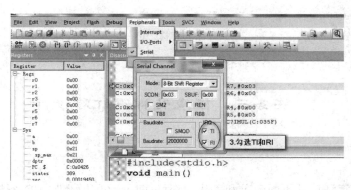

图 1-67 设置串口

(3) 点击"View→Serial Windows→UART #1"，然后点击全速运行(快捷键为 F5)即可查看运行结果，如图 1-68 所示。按下快捷键 F5 后，便可以输出结果，如图 1-69 所示。

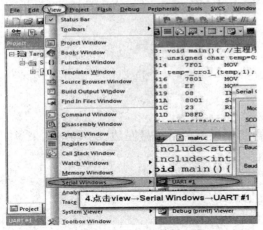

图 1-68 查看运行结果

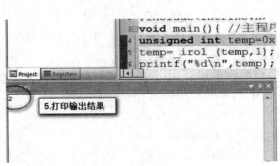

图 1-69 Keil 打印输出结果

用移位函数实现的流水灯代码如下：

```
#include<reg51.h>
#include<intrins.h>
#define uchar unsigned char        //宏定义，定义 uint 为无符号整型
#define uint unsigned int          //宏定义，定义 uint 为无符号整型
void delayms(uchar xms)            //延时函数
{
    uchar i, j;
    for(i = 0; i < xms; i++)
    for(j = 0; j < 120; j++);
}
void main(){
    uint a = 0xef;                 // a = 0xef;
    while(1){
        P1 = a;                    // P1 = 0xef;
        delayms(50);               //延时
        a = _cror_(a, 1);          // a 循环右移一位
    }
}
```

任务三 任意花样霓虹灯设计

【任务描述】

随着人们生活环境的不断改善和美化，在许多场合可以看到 LED 彩灯。LED 彩灯由于其丰富的灯光色彩、低廉的造价及控制简单等特点得到了广泛的应用，用彩灯来装饰街道和城市建筑物已经成为一种时尚。但目前市场上各式各样的 LED 彩灯控制器大多用全

硬件电路实现，电路结构复杂、功能单一，这样一旦制作成品只能按照固定的模式闪亮，不能根据不同场合、不同时间段的需要来调节亮灯时间、模式、闪烁频率等动态参数。现在我们在任务二的基础上，如何实现以任意方式点亮 LED 呢？

【任务分析】

前面项目中所运用的移位指令，是在有逻辑规则的前提下进行的。然而，实际应用中许多 LED 的变化并不存在规律，且随着显示花样的增多，如果继续沿用上述编程方法，当用户需要修改显示形式时，编程的工作量会越来越大。这里引入新的处理方法——"数组"，即将显示花样编入一个数组，想要改变显示的花样，只需修改显示数据区的数组元素值即可。

【相关知识】

单片机引脚驱动发光二极管时，有时是低电平点亮，有时是高电平点亮；有时 LED 点亮后比较亮，有时在 LED 数量较多的情况下便不够亮。上述现象涉及单片机引脚带负载能力问题。下面做一简要讨论。

单片机的引脚可以用程序来控制，输出高、低电平，作为单片机的输出电压。但是程序控制不了单片机的输出电流。单片机的输出电流在很大程度上取决于引脚上的外接器件。输出电流标志着单片机的带负载能力。

负载能力就是在一定的电压(0～5 V)下能够灌入或拉出的最大电流。拉电流和灌电流是衡量电路输出驱动能力的参数，这种说法一般用在数字电路中。

单片机输出低电平时，将允许外部器件向单片机引脚内灌入电流，这个电流称为"灌电流"，就是从负载流向输出端口。"灌进去"的电流一般是要吸收负载的电流，其吸收电流的数值叫"灌电流"。外部电路称为"灌电流负载"。单片机输出高电平时，允许外部器件从单片机的引脚拉出电流，就是从输出端口流向负载。"拉出来"的电流称为"拉电流"，外部电路称为"拉电流负载"。

这些电流一般是多少？最大限度是多少？这就是常见的单片机输出驱动能力的问题。单个引脚输出低电平时，允许外部电路向引脚灌入的最大电流为 10 mA；每个 8 位的接口 (P1、P2 以及 P3)允许向引脚灌入的总电流最大为 15 mA；而 P0 的能力强一些，允许向引脚灌入的最大总电流为 26 mA。全部的四个接口所允许的灌电流之和最大为 71 mA。当这些引脚"输出高电平"的时候，单片机的"拉电流"能力呢？可以说是太差了，竟然不到 1 mA。

结论就是：单片机输出低电平时，驱动能力尚可，而输出高电平时，就没有输出电流的能力。

下面我们分析一下拉电流负载和灌电流负载的区别，以图 1-70 为例进行说明。

左图是灌电流负载。单片机输出低电平时，LED 亮；输出高电平时，没有电流，此时就不产生额外的耗电。

右图是拉电流负载。单片机输出低电平时，LED 不亮，此时 VCC 通过 R2 把电流全部灌进单片机 IO 口，并且电流为 5 mA；单片机输出高电平时，VCC 通过 R2 将电流注入到

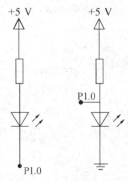

图 1-70 拉电流负载和灌电流负载图

LED 中，LED 亮。注意：LED 不发光的时候，经过上拉电阻的电流全部灌入单片机的引脚了。如果在一个 8 位的接口安装了 8 个 1 kΩ 的上拉电阻，当单片机都输出低电平时，就有 40 mA 的电流灌入这个 8 位的接口。如果 4 个 8 位接口都加上 1 kΩ 的上拉电阻，最大有可能出现 32×5 = 160 mA 的电流，都流入到单片机中。这个数值已经超过了单片机手册上给出的上限。此时单片机就会出现工作不稳定的现象。这些电流都是在负载处于无效的状态下出现的，它们都是完全没有用处的电流，只能引起发热、耗电大、电池消耗快等后果。

综上所述，灌电流负载是合理的；而"拉电流负载"和"上拉电阻"会产生很大的无效电流，并且功耗大。那么，把上拉电阻加大些，可以吗？

回答是：不行的，因为需要它为拉电流负载提供电流。对于 LED，如果加大电阻，将使电流过小，发光暗淡，就失去发光二极管的作用了。在右图中，假如单片机输出的高电平为 3 V，此时 R2 两端的电压差为 5 V − 3 V = 2 V。经过 R2 的电流 I = 2 V/1000 = 2 mA，这一部分电流将全部流入 LED。如果加大电阻，上拉电阻提供的电流将会减小。上拉电阻的大小一般选择在 1~10 kΩ 之间即可。

设计单片机的负载电路，应该采用"灌电流负载"的电路形式，以避免无谓的电流消耗。

【任务实施】

在 Proteus 软件中按图 1-1 绘制电路图。在 Keil C51 中新建工程，命名任务 4-3，输入程序并调试运行。

程序代码如下：

```c
#include "reg51.h"
#define uint unsigned int
#define uchar unsigned char
void delay(unsigned int xms)
{
    uint i, j;
    for(i = xms; i > 0; i--)
    for(j = 120; j > 0; j--);
}
void main()
{
    unsigned char i;
    unsigned char display[] = {0xe7, 0xdb, 0xbd, 0x7e};
    while(1){
        for(i = 0; i < 4; i++){
            P1 = display[i];        // 显示字送 P1 口
            delay(400);             //延时
        }
    }
}
```

【进阶提高】

如图 1-71 所示,单片机驱动 8 只数码管,以显示一个心形图案。该电路如何绘制?程序又该如何编制?

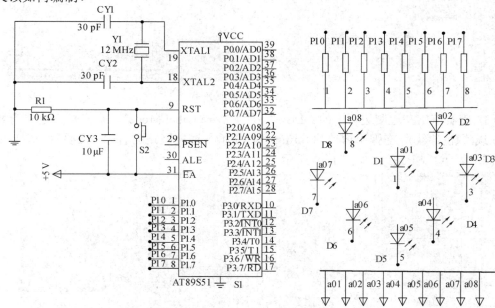

图 1-71 "心"形排列电路图

首先介绍电路图绘制的步骤:

(1) 放置好总线(蓝色的线),点击左侧边栏的"Buses Mode",按住 Ctrl 键来变换总线的方向操作,如图 1-72 所示。此时的总线尚未建立电路连接关系。

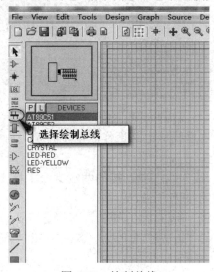

图 1-72 绘制总线

(2) 进入"箭头模式",把需要放到总线上的引脚连接到总线上,到这里依然还是没有建立电气连接关系,如图 1-73 所示。

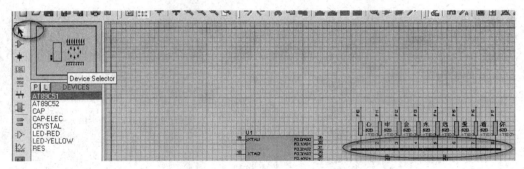

图 1-73 总线绘制效果

(3) 接着点击左边侧边栏上的"LBL",即"Wire Label Mode",点击刚刚建立的 Wire Label 线(绿色的线),在弹出窗口的 String 条框中输入连接网路的名称,只要两个端口的名号相同就表示互相连接,如图 1-74 所示。

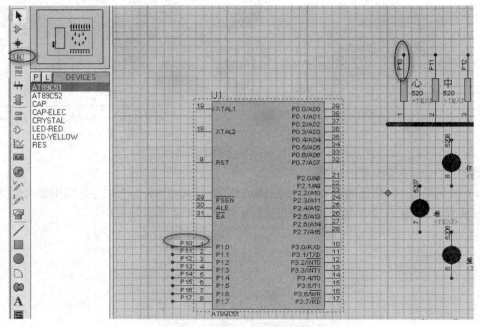

图 1-74 添加网络标签

其实,第一步放置的蓝色总线从电路工作原理上看是可有可无的,只是为了容易看出电路之间的关系才放置的。

标号是用 LBL 工具在总线支线上要连接的两端支线上标上同一标号。

如果有连续标注,可以用快捷方法。

例如,要在总线 2 端支线上标注 P00~P07,可以这样:点击快捷键 A,弹出"Propty Assignment Tool"对话框,在"string"里写入"NET = P0#",然后将鼠标移到需标注处,单击,依此类推,标注好 P1~P7。

对应的代码如下:

```
#include<reg51.h>            // 51 单片机头文件
#define uchar unsigned char  //将 unsigned char 定义为 uchar
```

```c
#define uint unsigned int       //将 unsigned char 定义为 uint
uchar code table[] = {0xfe, 0xfd, 0xfb, 0xf7,
0xef, 0xdf, 0xbf, 0x7f};        //定义8个灯的工作状态
void delay(uint time)           /*延时子程序*/
{
    while(--time);              //当 time 的值为非 0 时，执行空语句
}
void main()/*主程序*/
{
    uchar i;                    //定义一个无符号字符变量
    while(1)                    //实现一个死循环
    {
        /*流水灯从左向右快速流动*/
        for(i = 0; i < 8; i++)  // for 语句判断条，i < 8 成立时，执行大括号里的程序
        {
            P1 = table[i];      // P1 口对应取值，8个灯的状态
            delay(25000);       //延时子程序调用
        }
        /*流水灯从右向左快速流动*/
        for(i = 7; i > 0; i--)  // for 语句判断条，i > 0 成立时，执行大括号里面程序
        {
            P1 = table[i];      // P1 口对应取值，8个灯的状态
            delay(25000);       //延时子程序调用
        }
        /*流水灯间隔闪亮*/
        for(i = 10; i > 0; i--)
        {
            P1 = 0x55;          // 2、4、6、8 的 LED 亮
            delay(25000);       //延时子程序调用
            P1 = 0xaa;          // 1、3、5、7 的 LED 亮
            delay(25000);       //延时子程序调用
        }
        /*流水灯从左向右闪动*/
        for(i = 0; i < 8; i++)  // for 语句判断条件
        {
            P1 = table[i];      // P1 口对应取值，8个灯的状态
            delay(25000);       //延时子程序调用
            P1 = 0xff;           // 8个灯全亮
            delay(25000);       //延时子程序调用
```

```
            P1 = table[i];           // P1 口对应取值，8 个灯的状态
            delay(25000);            //延时子程序调用
        }
        /*流水灯从右向左闪动*/
        for(i = 7; i > 0; i--)       //for 语句判断条件
        {
            P1 = table[i];           // P1 口对应取值，8 个灯的状态
            delay(25000);            //延时子程序调用
            P1 = 0xff;               // 8 个灯全亮
            delay(25000);            //延时子程序调用
            P1 = table[i];           //P1 口对应取值，8 个灯的状态
            delay(25000);            //延时子程序调用
        }
    }
}
```

四、项目总结

本项目通过 3 个任务完成了单片机霓虹灯设计，介绍了单片机最小系统的构成、Keil C51 软件以及 Proteus 软件的基本使用。

五、教学检测

1-1 AT89C51 单片机内部包含哪些主要逻辑功能部件？

1-2 程序状态字寄存器 PSW 的作用是什么？其中状态标志有哪几位？它们的含义是什么？

1-3 开机复位后，CPU 使用的是哪组工作寄存器？它们的地址如何？CPU 如何指定和改变当前工作寄存器组？

1-4 AT89C51 的时钟周期、机器周期、指令周期是如何定义的？当振荡频率为 12 MHz 时，一个机器周期为多少微秒？

1-5 AT89C51 的 4 个 I/O 口作用是什么？AT89C51 的片外三总线是如何分配的？

1-6 注释是程序必要的组成部分吗？为何要使用注释？

1-7 指出下面程序段完成的功能。
    int a[];
    for(i = 10; i > 0; i--)
    a[i] = i;

项目二　单片机手动计数器设计

一、学习目标

1. 掌握 LED 数码管结构。
2. 掌握数码管字形编码。
3. 掌握数码管静态显示。
4. 掌握数码管动态显示。

项目二课件

二、学习任务

篮球比赛是根据运动队在规定的比赛时间里得分多少来决定胜负的，因此，篮球比赛的计时计分系统是一种得分类型的系统。篮球比赛的计时计分系统由计时器、计分器等多种电子设备组成，同时，根据目前高水平篮球比赛要求，完善的篮球比赛计时计分系统设备应能够与现场成绩处理、现场大屏幕、电视转播车等多种设备相连，以便实现高比赛现场感、表演娱乐观众等功能目标。由于单片机的集成度高、功能强、通用性好，特别是它具有体积小、重量轻、能耗低、价格便宜、可靠性高、抗干扰能力强和使用方便等独特的优点，使单片机迅速得到了推广应用，目前已经成为测量控制应用系统中的优选机种和新电子产品的关键部位。世界各大电气厂家、测控技术企业、机电行业，竞相把单片机应用于产品更新，作为实现数字化、智能化的核心部件。篮球计时计分器就是以单片机为核心的计时计分系统，由计时器、计分器、综合控制器等组成。本项目实现篮球计时计分器的手动计数功能，通过此项目我们可以更清楚详细地了解单片机程序设计的基本指令功能、编程步骤和技巧、单片机的结构和原理，以及基于单片机开发应用的相关芯片的工作原理，并且可以在将来的工作和学习中加以应用。

三、任务分解

本项目可分解为以下 4 个学习任务：
(1) 独立按键识别检测；
(2) 一位数码管驱动显示；
(3) 两位数码管驱动显示；
(4) 手动计数器实现。

任务一　独立按键识别检测

【任务描述】

单片机系统运行时，通常需要应用输入设备实现人工参与控制。键盘是由若干个按键组成的,是单片机最简单也是最常用的输入设备。操作人员通过键盘输入数据或命令,实现简单的人机对话。本任务要求设计 1 个独立按键,当按下该键时,对应的 LED 点亮。再一次按下,LED 熄灭,如此重复,电路如图 2-1 所示。

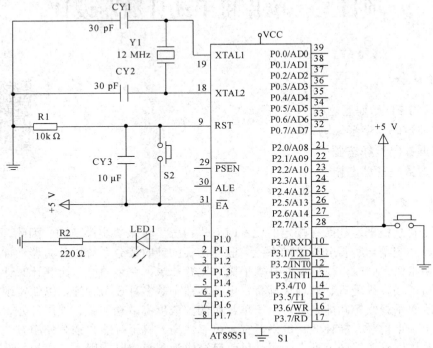

图 2-1 单键控制单灯电路图

【任务分析】

当按键被按下时,电平被拉成低电平,此电平作为单片机的输入,单片机接收到低电平时,认为产生了按键动作,执行相应的程序。

【相关知识】

如图 2-2 所示,按键的一端与电源地相连,另一端与单片机的 P1 口相连,这也就意味着当按键被按下时与按键相连的单片机的 IO 口将被拉低。换句话说,当单片机检测到

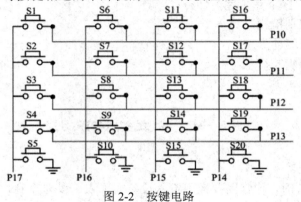

图 2-2 按键电路

与按键相连的 IO 口被拉低时证明此按键被按下,按键就是一个人机接口。然而,按键的操作并没有我们想象得"按下、松开"那样简单,在实际应用中,按键操作需要消抖。

通常的按键所用开关为机械弹性开关,当机械触点断开、闭合时,电压信号小。由于机械触点的弹性作用,一个按键开关在闭合时不会马上稳定地接通,在断开时也不会立刻断开。因而在闭合及断开的瞬间均伴随有一连串的抖动,如图 2-3 所示。抖动时间的长短由按键的机械特性决定,一般为 5~10 ms。这是一个很重要的时间参数,在很多场合都要用到。按键稳定闭合时间的长短则是由操作人员的按键动作决定的,一般为零点几秒至数秒。按键抖动会引起一次按键被误读多次。为确保 CPU 对按键的一次闭合仅作一次处理,必须去除按键抖动。在按键闭合稳定时读取按键的状态,并且必须判别到按键释放稳定后再作处理。按键的抖动,可用硬件或软件两种方法来处理。

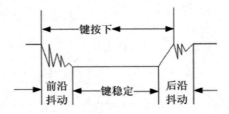

图 2-3　按键按下产生的波形图

图 2-4 中两个"与非"门构成一个 RS 触发器。当按键未按下时,输出为"1";当按键按下时,输出为"0"。此时用按键的机械性能,使按键因弹性抖动而产生瞬时断开(抖动跳开 B),只要按键不返回原始状态 A,双稳态电路的状态不改变,输出就保持为"0",不会产生抖动的波形。也就是说,即使 B 点的电压波形是抖动的,但经双稳态电路之后,其输出仍为正规的矩形波。这一点通过分析 RS 触发器的工作过程很容易得到验证。硬件去抖动更常用的方法是加电容去抖动,如图 2-5 所示。

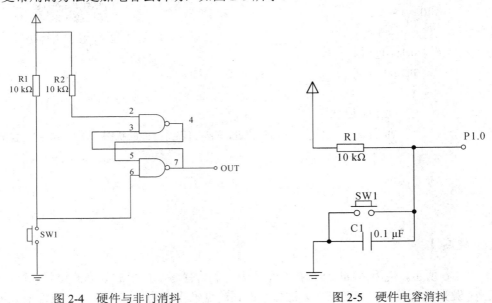

图 2-4　硬件与非门消抖　　　　　　　图 2-5　硬件电容消抖

如果按键较多,则可用软件方法去抖,即检测出按键闭合后执行一个延时程序,产生 10 ms 的延时，让前沿抖动消失后再一次检测键的状态，如果仍保持闭合状态电平，则确认为真正有键按下。当检测到按键释放后，也要给 10 ms 的延时，待后沿抖动消失后才能转入该键的处理程序。

【任务实施】

在 Proteus 软件中按图 2-1 绘制电路图。在 Keil C51 中新建工程，命名任务 2-1，输入程序并调试运行。

程序代码如下：

```c
#include <reg51.h>                    //包含头文件
#define uchar unsigned char
#define uint unsigned int
sbit LED = P1^0;
sbit key1 = P2^7;                     //按键定义
void delay10ms(void)
{
    uchar i, k;                       //变量定义
    for(i = 20; i > 0; i--)
    for(k = 250; k > 0; k--);
}
void main(void)                       //主函数
{
    while(1)
    {
        if(key1 == 0)
        {
            delay10ms();
            if(key1 == 0)             //去抖动
            {
                LED =~ LED;
                while(key1 == 0);     //未松开按键，就一直保持上面的状态，防止二次判定按键动作
            }
        }
    }
}
```

2-1 按键去抖动

【进阶提高】

如图 2-6 所示，使用 AT89C51 单片机设计一个具有 8 个按键的独立式键盘，每个按键对应一个发光二极管。功能要求：无键按下时，键盘输出全为"1"，发光二极管全部熄灭；有键按下时，发光二极管点亮。

项目二 单片机手动计数器设计

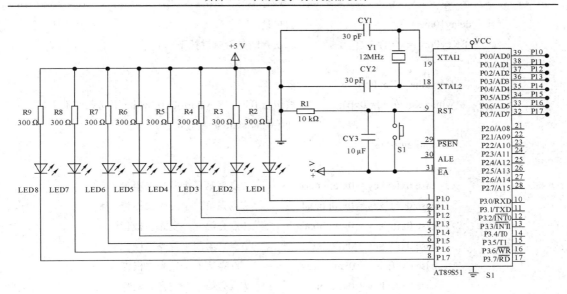

图 2-6 独立按键电路图

独立按键电路对应的程序代码如下:

```c
#include<reg52.h>          //包含头文件,一般情况不需要改动,头文件包含特殊功能寄存器的定义
#define uchar unsigned char    //宏定义
#define uint unsigned int
#define KeyPort P0             // P0 定义为 KeyPort
void delay10ms(void)           // 10ms 延时子程序
{
    uchar i, k;
    for(i = 20; i > 0; i--)
    for(k = 250; k > 0; k--);
}
unsigned char KeyScan(void)    //按键扫描程序
{
    unsigned char keyvalue, key;
    if(KeyPort != 0xff)        //判断是否有键按下
    {
```

```c
        delay10ms();                    //去抖动
        if(KeyPort != 0xff)             //二次判断是否有键按下
        {
            keyvalue = KeyPort;         //读按键状态
            while(KeyPort != 0xff);     //按键松开时，KeyPort=0xff, while 语句条件不满足，
                                        //开始执行 switch 语句
            switch(keyvalue)
            {
                case 0xfe: key = 0xfe; break;   //点亮第一个发光二极管
                case 0xfd: key = 0xfd; break;   //点亮第二个发光二极管
                case 0xfb: key = 0xfb; break;   //点亮第三个发光二极管
                case 0xf7: key = 0xf7; break;   //点亮第四个发光二极管
                case 0xef: key = 0xef; break;   //点亮第五个发光二极管
                case 0xdf: key = 0xdf; break;   //点亮第六个发光二极管
                case 0xbf: key = 0xbf; break;   //点亮第七个发光二极管
                case 0x7f: key = 0x7f; break;   //点亮第八个发光二极管
                default: key = 0xff; break;     //其他情况，熄灭发光二极管
            }
        }
    }
    if(key == 0)
    key = 0xff;
    return key;
}
void main()                             //主函数
{
    P1 = 0xff;                          //熄灭所有
    while(1)
    {
        P1 = KeyScan();                 //按键值送 P1 口
    }
}
```

任务二　一位数码管驱动显示

【任务描述】

AT89C51 的 P2 口驱动一位共阴数码管显示电路，如图 2-7 所示，显示出一个数字"5"。

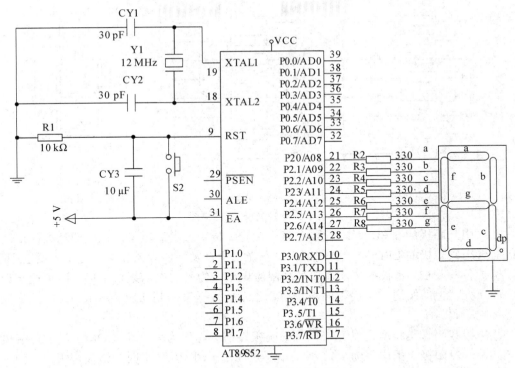

图 2-7 一位数码管显示电路

【任务分析】

学习如何用单片机驱动数码管,需要掌握数码管的硬件知识和数码管的驱动方法。

【相关知识】

一、LED 数码管原理简述

1. 数码管的结构和显示原理

LED 显示器有多种结构形式,单段的圆形或方形 LED 常用来显示设备的运行状态,8 段 LED 可以显示各种数字和字符,所以也称为 LED 数码管,其外观如图 2-8 所示。8 段 LED 在控制系统中应用得最为广泛,其接口电路也具有普遍借鉴性。因此,我们介绍 8 段 LED 数码管显示器。

(a) 单段   (b) 8 段

图 2-8 LED 显示器实物图

单片机应用系统常用的是 8 段 LED,如图 2-9 所示,它有共阴极和共阳极两种。

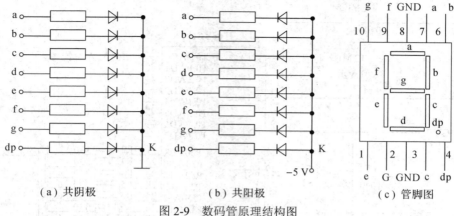

(a) 共阴极　　　　　(b) 共阳极　　　　　(c) 管脚图

图 2-9　数码管原理结构图

在选用共阴极的 LED 时，只要在某一发光二极管加上高电平，该段即点亮，反之则暗；而选用共阳极的 LED 时，要使某一段发光二极管发亮，则需加上低电平，反之则暗，为了保护各段 LED 不被损坏，需要外加限流电阻。为了要显示某个字形，应使此字形的相应段点亮，也即发送一个由不同电平组合表示的数据来控制 LED 显示字形，此数据称为字符的段码。

共阴极数码管是将所有发光二极管的阴极接在一起作为公共端 COM，当公共端接低电平，某一段阳极上的电平为"1"时，该段点亮；电平为"0"时，该段熄灭。

共阴极数码管是将所有发光二极管的阴极接在一起作为公共端 COM，当公共端接低电平，某一段阳极上的电平为"1"时，该段点亮；电平为"0"时，该段熄灭。共阴极数码管如图 2-10 所示。

共阳极数码管是将所有发光二极管的阳极接在一起作为公共端 COM，当公共端接高电平，某一段阴极上的电平为"0"时，该段点亮；电平为"1"时，该段熄灭。图 2-11 是共阳极数码管的连接原理图。

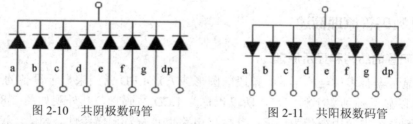

图 2-10　共阴极数码管　　　　　图 2-11　共阳极数码管

例如，要显示字符"5"，共阴极数码管应输出段码见表 2-1。

表 2-1　数码管应输出段码推算表

段名	dp	g	f	e	d	c	b	a	10010010
"5"的共阳极段码	1	0	0	1	0	0	1	0	即为 92H
"5"的共阴极段码	0	1	1	0	1	1	0	1	1101101 即为 6DH

可见，共阳极数码管和共阴极数码管的段码是互为补码的。

练一练：请推一下数字 9 的共阳极和共阴极段码，填入下表：

段名	dp	g	f	e	d	c	b	a
"9"的共阳极段码								
"9"的共阴极段码								

表 2-2 给出了共阴极和共阳极数码管的八段编码表。

表 2-2　数码管字形编码表

字型	共阳极代码	共阴极代码	字型	共阳极代码	共阴极代码	字型	共阳极代码	共阴极代码
0	C0H	3FH	6	82H	7DH	C	C6H	39H
1	F9H	06H	7	F8H	07H	D	A1H	5EH
2	A4H	5BH	8	80H	7FH	E	86H	79H
3	B0H	4FH	9	90H	6FH	F	8EH	71H
4	99H	66H	A	88H	77H	灭	FFH	00H
5	92H	6DH	B	83H	7CH			

二、数码管常用的驱动方式

数码管要正常显示，就要用驱动电路来驱动数码管的各个段码，从而显示出我们要的数字。因此根据数码管驱动方式的不同，可以分为静态式和动态式两类。本任务介绍静态显示驱动。

静态驱动也称直流驱动。图 2-12 即为单片机静态驱动数码管显示电路。静态驱动是指每个数码管的每一个段码都由一个单片机的 I/O 端口进行驱动，或者使用如 BCD 码二-十进制译码器进行驱动。静态驱动的优点是编程简单、显示亮度高，缺点是占用 I/O 端口多，如驱动 5 个数码管静态显示则需要 5×8=40 根 I/O 端口来驱动。一个 AT89C51 单片机可用的 I/O 端口只有 32 个，实际应用时必须增加译码驱动器进行驱动，故增加了硬件电路的复杂性。

2-2　数码管静态显示

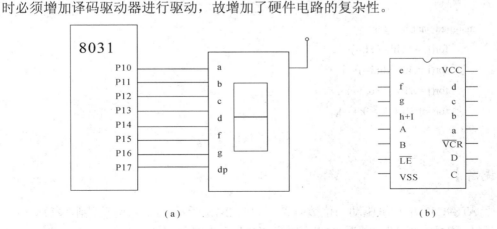

图 2-12　单片机静态驱动数码管显示电路

显示单个数字的源程序如下：

```c
#include <reg51.h>
void main()
{
    while(1)
    {
        P1 = 0x06;
    }
}
```

【任务实施】

在 Proteus 软件中按图 2-6 绘制电路图。在 Keil C51 中新建工程，命名任务 2-2，输入程序并调试运行。

程序代码如下：

```c
#include <reg51.h>
void delay1s();                //采用实现 1 s 延时子函数
void main()                    //主函数
{
    while(1)
    {
        P2 = 0x6d;             //"5"的共阴极段码
        delay1s();
    }
}
void delay1s(void)             //延时程序
{
    unsigned char h, i, j, k;
    for(h = 5; h > 0; h--)
    for(i = 4; i > 0; i--)
    for(j = 116; j > 0; j--)
    for(k = 214; k > 0; k--);
}
```

【进阶提高】

使用 AT89C51 单片机驱动一位数码管，如图 2-13 所示，P1 口驱动共阳极数码管，让该数码管轮流显示"H"、"E"、"L"、"L"、"O"五个字母。

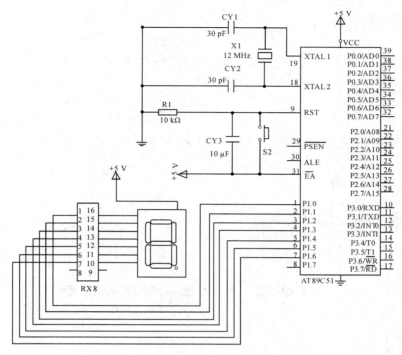

图 2-13　P1 口驱动共阳数码管显示电路

对应的程序代码如下：

```c
#include <reg51.h>
void delay1s(unsigned int ms);    //采用定时器1实现1 s 延时子函数
void disp1();                     //顺序显示字符"H"、"E"、"L"、"L"、"O"一次的子函数
void main()                       //主函数
{
    while(1)
    {
        disp1();
    }
}
//函数名：disp1
//函数功能：顺序显示字符"H"、"E"、"L"、"L"、"O"一次
//形式参数：无
//返回值：无
void disp1()
{
    unsigned char led[] = {0x89, 0x86, 0xc7, 0xc7, 0xc0};
    //定义数组led存放字符"H"、"E"、"L"、"L"、"O"的字型码
    unsigned char i;
```

```
        for(i = 0; i < 5; i++)
        {
            P1 = led[i];                    //字型显示码送段控制口 P1
            delay1s(1000);                  //延时 1 s
        }
    }
    void delay1s(unsigned int ms)           //若 ms = 1，则延时时间为 1 ms
    {
        unsigned int a, b;
        for(a = ms; a > 0; a--)
            for(b = 123; b > 0; b--);
    }
```

任务三 6 位数码管驱动显示

【任务描述】

用单片机驱动数码管的动态显示方法，如图 2-15 所示，在数码管上同时显示出 1～6 个数字。

【任务分析】

动态显示的特点是将所有位数码管的段选线并联在一起，由位选线控制是哪一位数码管有效。所谓动态扫描显示，即轮流向各位数码管送出字形码和相应的位选，利用发光管的余晖和人眼视觉暂留作用，使人感觉好像各位数码管同时都在显示。动态显示的亮度比静态显示要差一些，所以在选择限流电阻时应略小于静态显示电路中的阻值。

【相关知识】

一、动态扫描的概念

动态显示就是一位一位地轮流点亮各位显示器(扫描)，对于显示器的每一位而言，每隔一段时间点亮一次。在同一时刻只有一位显示器在工作(点亮)，利用人眼的视觉暂留效应和发光二极管熄灭时的余晖效应，看到的却是多个字符"同时"显示。

显示器亮度既与点亮时的导通电流有关，也与点亮时间和间隔时间的比例有关。调整电流和时间参数，可实现亮度较高较稳定的显示。

图 2-14 为一个 2 位动态 LED 显示电路。其中段选线占用一个 I/O 口，以控制各位 LED 显示器所显示的字形(称为段码或字形口)；位选线占用一个 I/O 口，以控制显示器公共端电位(称为位码或字位口)。

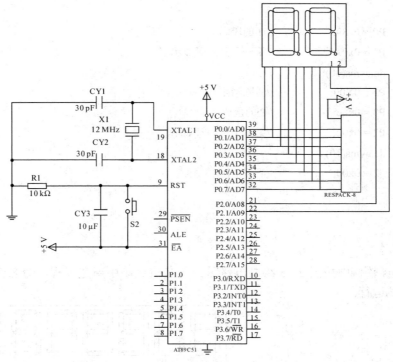

图 2-14　2 位动态 LED 显示电路

动态显示器的优点是节省硬件资源、成本较低。但在控制系统运行过程中，要保证显示器正常显示，CPU 必须每隔一段时间执行一次显示子程序，导致了占用 CPU 大量时间，降低了 CPU 的工作效率，同时显示亮度较静态显示器低。

二、单片机驱动数码管动态扫描方式举例

某系统用单片机的 I/O 口控制两个共阴极接法的 LED 显示器。试编写应用程序使得在 LED 显示器上显示"HP"两个字符。

```
#include "reg51.h"
#define uchar unsigned char
#define uint unsigned int
void delayms(uint t)//延时程序
{
    uint i, j;
    for(i = 0; i < t; i++)
        for(j = 0; j < 120; j++);
}
main()
{
    while(1)
```

```
    {
        P0 = 0x89;          //H 的段码
        P2 = 0x01;          //第一个数码管显示
        delayms(10);
        P2 = 0X00;          //清除消隐
        P0 = 0x8c;          //P 的段码
        P2 = 0x02;          //第二个数码管显示
        delayms(10);
        P2 = 0x00;          //清除消隐
    }
}
```

【任务实施】

在 Proteus 软件中按图 2-15 绘制电路图。在 Keil C51 中新建工程,命名任务 2-3,输入程序并调试运行。

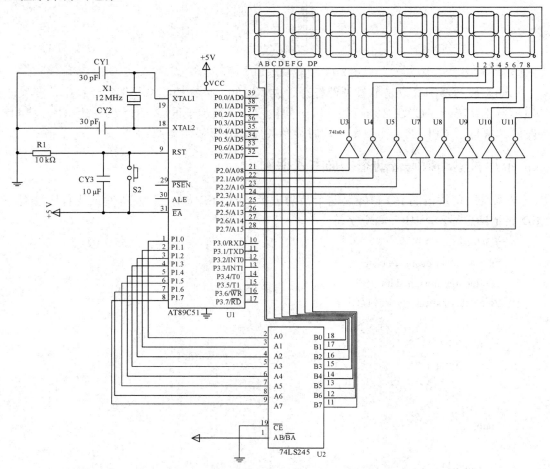

图 2-15 单片机驱动 8 位数码管显示电路

程序代码如下：

```c
#include <reg51.h>
#define uint unsigned int
void delayms(unsigned int xms)
{
    uint i, j;
    for(i = xms; i > 0; i--)
        for(j = 120; j > 0; j--);
}
void disp2()
{
    unsigned char led[] = {0xf9, 0Xa4, 0xb0, 0x99, 0x92, 0x82};   //设置数字"123456"的字
    unsigned char i, w;
    w = 0x01;                    //位选码初值为01H
    for(i = 0; i < 6; i++)
    {
        P2 =~ w;                 //位选码取反后送位控制口P2口
        w <<= 1;                 //位选码左移一位，选中下一位LED
        P1 = led[i];             //显示字型码送P1口
        delayms(9);              //延时10 ms
        P1 = 0XFF;               //必须加这句，清消隐
    }
}
main()                           //主函数
{
    while(1)
    {
        disp2();
    }
}
```

【进阶提高】

由 AT89C51 单片机驱动八位共阳数码管，如图 2-16 所示，以轮流显示数字 1~8，可使用_crol_函数实现。"_crol_" 与 "_cror_" 其实就是左、右循环代码，其具有程序代码简单执行效率高的优点。

左移右移函数在单片机 C 语言编程中经常用到，变量 =_crol_(变量名，移动位数)，例如：P0 = _crol_(P0，1)；P0 = 1100111，则执行 P0 = _crol_(P0，1)指令后，P0 = 1001111。这是循环左移，而_cror_的则是循环右移，与_crol_的用法相同。

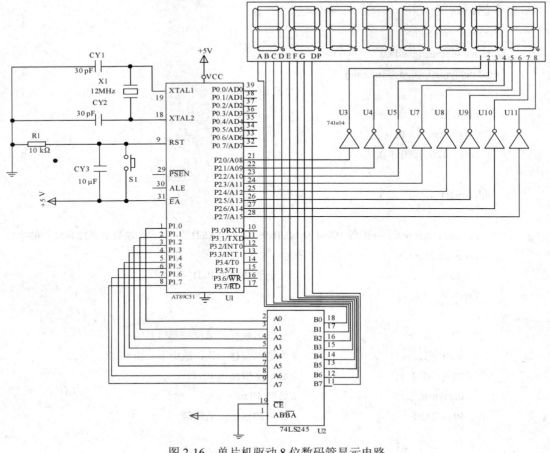

图 2-16 单片机驱动 8 位数码管显示电路

单片机驱动 8 位数码管显示电路对应的程序代码如下：

```
#include<reg52.h>
#include<intrins.h>
#define uchar unsigned char        //宏定义 uchar 替换 unsigned char 型
uchar code table[] = {0xc0, 0xf9, 0xa4, 0xb0, 0x99,    //定义 0, 1, 2……9, a, b, c, d, e, f 字符编码数组
0x92, 0x82, 0xd8, 0x80, 0x90, 0x88, 0x83, 0xc6, 0xa1, 0x86, 0x8e};
void delay(int z);                 //延时函数声明
/*主函数*/
void main()
{   int i;
    P2 = 0xfe;                     //开段选，打开第一位数码管
    while(1)                       //进入大循环，开始动态扫描
    {
        for(i = 0; i < 8; i++)     //依次扫描 8 位数码管
        {   P1 = table[i+1];       //给段选端 P0 送字型码
            delay(5000);
```

```
                P2 = _crol_(P2, 1);        //循环右移
            }
        }
    }
    /*定义延时函数*/
    void delay(int z)
    {   int x, y;
        for(x = z; x > 0; x--)
            for(y = 50; y > 0; y--);
    }
```

任务四 手动计数器实现

【任务描述】

如图 2-17 所示，单片机 P3.2 引脚接一按键，最开始显示全 0，按下一次按键加 1，把加得的和用 8 位数码管显示出来。

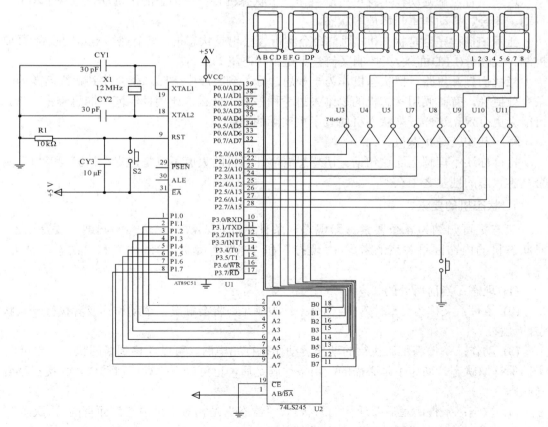

图 2-17 手动计数显示电路

【任务分析】

按键按下后，执行加1操作，把该和送数码管显示之前，分离出个位、十位、百位等。假若这个和是 n，可以用下面代码分离出个位、十位、百位：

    i = n/100;   /*分解出百位*/;   j = n/10%10; /*分解出十位*/；

    k = n%10;   /*分解出个位*/。

【相关知识】

实际上按键识别检测也可以用状态机来编程实现，使用状态机最节约系统资源，如：进行按键检测，只需要定时执行按键状态机程序即可。下面来看看状态机的基本概念。状态机是软件编程中的一个重要概念。比这个概念更重要的是对它的灵活应用。在一个思路清晰而且高效的程序中，必然有状态机的身影浮现。

比如说一个按键命令解析程序，就可以被看作是状态机：本来在 A 状态下，触发一个按键后切换到了 B 状态；再触发另一个键后切换到 C 状态，或者返回到 A 状态。这就是最简单的按键状态机例子。实际的按键解析程序会比这更复杂些，但这不影响我们对状态机的认识。

进一步看，击键动作本身也可以看作一个状态机。一个细小的击键动作包含了释放、抖动、闭合、抖动和重新释放等状态。

显示扫描程序也是状态机；通信命令解析程序也是状态机；甚至连继电器的吸合/释放控制、发光管(LED)的亮/灭控制又何尝不是个状态机？

当我们打开思路，把状态机作为一种思想导入到程序中去时，就会找到解决问题的一条有效捷径。有时候用状态机的思维去思考程序该干什么，比用控制流程的思维去思考，可能会更有效。这样一来状态机便有了更实际的功用。

程序其实就是状态机。

也许你还不理解上面这句话。请想想看，计算机的大厦不就是建立在"0"和"1"两个基本状态的地基之上么？

1. 状态机的要素

状态机可归纳为 4 个要素，即现态、条件、动作、次态。这样的归纳主要是出于对状态机的内在因果关系的考虑。"现态"和"条件"是因，"动作"和"次态"是果。详解如下：

(1) 现态：当前所处的状态。

(2) 条件：又称为"事件"。当一个条件被满足，将会触发一个动作，或者执行一次状态的迁移。

(3) 动作：条件满足后执行的动作。动作执行完毕后，可以迁移到新的状态，也可以仍旧保持原状态。动作不是必需的，当条件满足后，也可以不执行任何动作，直接迁移到新状态。

(4) 次态：条件满足后要迁往的新状态。"次态"是相对于"现态"而言的，"次态"一旦被激活，就转变成新的"现态"了。

如果我们进一步归纳，把"现态"和"次态"统一起来，而把"动作"忽略(降格处理)，则只剩下两个最关键的要素，即：状态、迁移条件。

2. 状态迁移图

状态迁移图(STD)是一种描述系统状态和相互转化关系的图形方式。状态迁移图的画法有许多种，不过一般都大同小异。我们结合一个例子来说明一下它的画法，如图2-18所示。

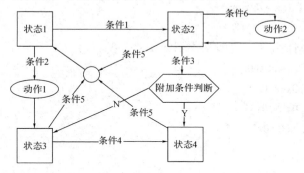

图 2-18　状态迁移图

(1) 状态框：用方框表示状态，包括所谓的"现态"和"次态"。
(2) 条件及迁移箭头：用箭头表示状态迁移的方向，并在该箭头上标注触发条件。
(3) 节点圆圈：当多个箭头指向一个状态时，可以用节点符号(小圆圈)连接汇总。
(4) 动作框：用椭圆框表示。
(5) 附加条件判断框：用六角菱形框表示。

状态迁移图和我们常见的流程图相比有着本质的区别，具体体现为：在流程图中，箭头代表了程序 PC 指针的跳转；而在状态迁移图中，箭头代表的是状态的改变。

不难发现，这种状态迁移图比普通程序流程图更简练、直观、易懂。这正是我们需要达到的目的。

【任务实施】

在 Proteus 软件中按图 2-17 绘制电路图。在 Keil C51 中新建工程，命名任务 2-4，输入程序并调试运行。

手动计数器任务对应的程序代码如下：

```
#include<reg52.h>
#define uchar unsigned char
#define uint unsigned int
sbit keyport = P3^2;
#define keystate0 0          //按键第一次按下状态
#define keystate1 1          //按键按下确认状态
#define keystate2 2
char keystate = 2;           //按键状态初始化为按键无动作状态
uint num1 = 0, num2 = 0;
uchar weixuan[8] = {0x7f, 0xbf, 0xdf, 0xef, 0xf7, 0xfb, 0xfd, 0xfe}; //位选代码
```

```c
uchar temp[8] = 0;              //从高位到低位对应数码管从左到右
void delayms(uint x)            //1 ms
{
    uint y, z;
    for(y = x; y > 0; y--)
        for(z = 111; z > 0; z--);
}
uchar code table[] = {          //共阳数码管
    0xc0, 0xf9, 0xa4, 0xb0,
    0x99, 0x92, 0x82, 0xf8,
    0x80, 0x90, 0x88, 0x83,
    0xc6, 0xa1, 0x86, 0x8e};
void smg()
{
    uchar i;
    for(i = 0; i < 8; i++){
        P2 = weixuan[i];
        P1 = table[temp[i]];
        delayms(1);
        P2 = 0xff;
    }
}
void proc()                     //分离出万位、千位、百位、十位以及个位等待显示
{
    temp[0] = num1%10;
    temp[1] = num1%100/10;
    temp[2] = num1%1000/100;
    temp[3] = num1/1000;
    temp[4] = num2%10;
    temp[5] = num2%100/10;
    temp[6] = num2%1000/100;
    temp[7] = num2/1000;
}
char keyscan()
{
    switch(keystate)
    {
        case keystate0:         //keystate0,第一次检测到按键按下状态,下一状态为 keystate1
                                //(按键按下确认状态)
```

```c
            keystate = keystate1;
            return 0;
        case keystate1:    //keystate1,按键按下确认状态,下一状态为keystate2(按键无动作状态)
            if(!keyport)
            {
                keystate = keystate2;
                while(!keyport);
                return 1;
            }
            else
                keystate = keystate2;
            return 0;
        case keystate2:         //keystate2,按键无动作状态,下一状态为keystate0
                                (第一次检测到按键按下状态)
            if(!keyport)
            {
                keystate = keystate0;
            }
            else
                keystate = keystate2;
            return 0;
    }
}
void main()
{   while(1)
    {
        if(keyscan())
        {
            num1++;
            if(num1 >= 10000)
            {
                num1 = 0;
                num2++;
                if(num2 >= 10000)
                {
                    num2 = 0;
                }
            }
            proc();
        }
        smg();
    }
}
```

【进阶提高】

如图 2-19 所示,单片机 P3.2 引脚接一按键,功能为加 1 按键,点一下加 1;单片机 P3.3 引脚接一按键,功能为减 1 按键,点一下减 1。在前面任务基础上,用状态机编程的方法实现点加 1 按键实现加 1,点减 1 按钮实现减 1。

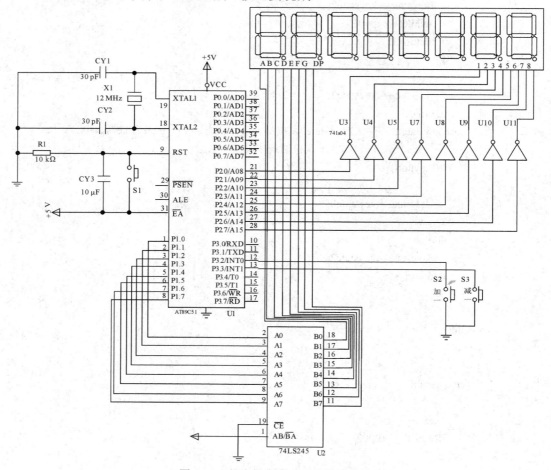

图 2-19 状态机实现手动计数器电路

状态机实现手动计数器电路对应的程序代码如下:

```
#include<reg52.h>
#define uchar unsigned char
#define uint unsigned int
#define KEY P3
#define keystate0 0            //按键无动作状态
#define keystate1 1            //按键按下状态
#define keystate2 2            //按键释放状态
char ucKeyStatus = 0;          //按键状态初始化为按键无动作状态
unsigned char keyvalue;
```

```c
uint num1 = 0, num2 = 0;
uchar weixuan[8] = {0x7f, 0xbf, 0xdf, 0xef, 0xf7, 0xfb, 0xfd, 0xfe};
uchar temp[8] = 0;                    //从高位到低位对应数码管从左到右
void delayms(uint x)                  // 1 ms
{
    uint y, z;
    for(y = x; y > 0; y--)
        for(z = 111; z > 0; z--);
}
uchar code table[] = {                //共阳数码管
    0xc0, 0xf9, 0xa4, 0xb0,
    0x99, 0x92, 0x82, 0xf8,
    0x80, 0x90, 0x88, 0x83,
    0xc6, 0xa1, 0x86, 0x8e};
    void smg()
{
    uchar i;
    for(i = 0; i < 8; i++){
        P2 = weixuan[i];              //位选
        P1 = table[temp[i]];          //送段码
        delayms(1);
        P2 = 0xff;                    //消隐
    }
}
void proc()                           //待显示数据的分离
{
    temp[0] = num1%10;
    temp[1] = num1%100/10;
    temp[2] = num1%1000/100;
    temp[3] = num1/1000;
    temp[4] = num2%10;
    temp[5] = num2%100/10;
    temp[6] = num2%1000/100;
    temp[7] = num2/1000;
}
uchar keyscan()                       //按键扫描程序
{ switch (ucKeyStatus)                //检测当前状态
    {
        case keystate0:               //无按键按下状态,有键按下则转 keystate1
```

```c
            if(KEY != 0xff)
                ucKeyStatus = keystate1;
            break;
        case keystate1:                    //当确定按键按下后，列举所有的按键情况
            if(KEY != 0xff)
            {
                keyvalue = 1;
                if(KEY == 0xfb){           //是加 1 键，则加 1
                    num1++;
                }else{
                    if(KEY == 0xf7&&num1 > 0)//是减 1 键，则减 1，同时注意只能减到 0
                        num1--;
                }
                ucKeyStatus = keystate2;   //进入按键释放状态
            }
            else
            {
                ucKeyStatus = keystate0;
            }
            break;
        case keystate2:                    //按键释放状态，
            if(KEY == 0xff)
                ucKeyStatus = keystate0;   //确认按键释放状态，则回到 keystate0
            break;
             default:
            break;
    }
    return keyvalue;
}
void main()
{
    uchar key;
    while(1)
    {   key = keyscan();    //调用按键扫描程序，实际中可以设置定时器定时 10 ms,
                            //在 10 ms 定时时间到才调用 keyscan()
        if(key)
        {
            if(num1 >= 10000)
            {
```

```
                num1 = 0;
                num2++;
                if(num2 >= 10000)
                {
                    num2 = 0;
                }
            }
            proc();      //待显示数据预处理
            keyvalue = 0;
        }
        smg();       //数码管显示
    }
}
```

四、项目总结

LED 数码管的结构、分类和技术参数；LED 数码管编码方法，显示数码转换为显示字段的编程方法；静、动态显示方法的结构原理特点；典型 LED 接口电路及程序编制。

五、教学检测

2-1 什么是按键抖动？去抖动有哪些方法？
2-2 去抖动用软件延时的方法，软件延时一般为多久？
2-3 在本项目的图 2-15 基础上，在 6 个数码管上分别显示自己学号的后 6 位数字。
2-4 请自己设计电路，在 4 个数码管上稳定显示出 "A"、"C"、"E"、"P" 四个字符。

2-3 数码管显示 "A"、"C"、"E"、"P"

项目三 单片机旋转灯与报警器设计

一、学习目标

1. 掌握中断的硬件结构。
2. 掌握蜂鸣器的使用。
3. 掌握中断的使用。

项目三课件

二、学习任务

报警器与旋转灯，是一种为防止或预防某事件发生所造成的后果，以声、光两种形式来提醒或警示我们应当采取某种行动的电子产品。随着科技的进步，机械式报警器越来越多地被先进的电子报警器代替，经常应用于系统故障、安全防范、交通运输、医疗救护、应急救灾、感应检测等领域，与社会生产密不可分。本项目的主要任务是设计采用单片机控制的报警器和旋转灯，要求通过外部中断 0 控制报警器和旋转灯。报警器接到 P3.7 引脚，8 个发光二极管分别接 P2 口。当接外部中断 0 的开关按下时，报警器响，8 个发光二极管顺时针方向旋转；当第二次按下开关时，报警器停止且发光二极管熄灭。

三、任务分解

本项目可分解为以下三个学习任务：
(1) 外部中断的使用；
(2) 蜂鸣器的使用；
(3) 单片机旋转灯与报警器设计。

任务一 外部中断的使用

【任务描述】

单片机具有实时处理能力，之所以能对外界发生的事件进行及时处理，就是依靠它的中断系统实现的。中断系统是计算机的重要组成部分。本任务要求利用按键模拟外部中断 0，当外部中断 0 有中断请求时，CPU 响应该中断请求，中断程序使 P1.0 引脚所接的 LED 点亮，再一次按下则熄灭，如图 3-1 所示。

【任务分析】

当按键被按下时，产生了外部中断 0 请求事件，单片机接收到这一中断请求时，去响应该中断，并执行响应的中断服务子程序，从而也实现了人机对话。

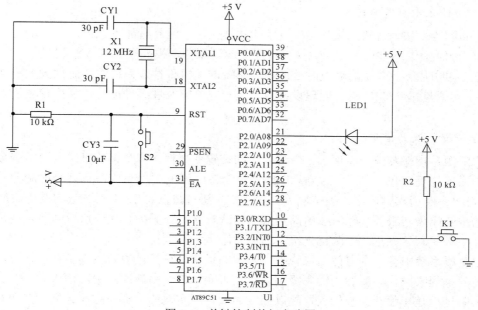

图 3-1　单键控制单灯电路图

【相关知识】

一、中断系统

1. 中断的基本概念

在现实生活中，往往会遇到这样的事情：你在看书——电话响了——接电话——从刚才停止的地方继续看书。这是一个典型的中断现象，如图 3-2 所示，为什么会出现此现象呢？就是因为当你正做一件事情(看书)时，突然出现了一个重要的事情要处理(接电话)，而一个人一般不能同时完成两个任务，那么就必须采取穿插着去做的方法来实现。

CPU 暂时中止其正在执行的程序，转去执行请求中断的那个外设或事件的服务程序，等处理完毕后再返回执行原来中止的程序，这一过程叫做中断。单片机中断过程示意图如图 3-3 所示。

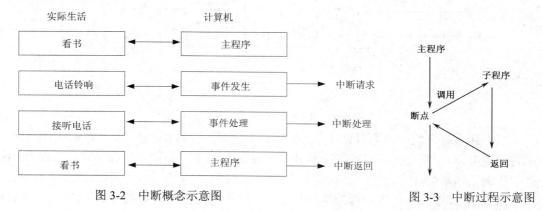

图 3-2　中断概念示意图　　　　　　　　　　　图 3-3　中断过程示意图

1) 为什么要使用中断

中断解决了快速主机与慢速 I/O 设备的数据传送，还具有如下优点：

(1) 分时操作：CPU 可以分时为多个 I/O 设备服务，提高了计算机的利用率；

(2) 实时响应：CPU 能够及时处理应用系统的随机事件，系统的实时性大大增强；

(3) 可靠性高：CPU 具有处理设备故障及掉电等突发性事件能力，从而使系统可靠性提高。

2) 中断源及其优先级

中断源是指能发出中断请求，引起中断的装置或事件。一个单片机系统通常有多个中断源，而单片机 CPU 在某一时刻只能响应一个中断源的中断请求，当多个中断源同时向 CPU 发出中断请求时，则必须按照"优先级别"进行排队，CPU 首先选定其中中断级别最高的中断源为其服务，然后按由高到低的排队顺序逐一服务，完毕后返回断点地址，继续执行主程序。这就是"中断优先级"的概念。

单片机系统中有一个专门用来管理中断源的机构，它就是中断控制寄存器，我们可以通过对其编程来设置中断源的优先级别以及是否允许某个中断源的中断请求等。

中断过程是在硬件的基础上再配以相应的软件而实现的，不同的计算机，其硬件结构和软件指令是不完全相同的，中断系统也是不同的。AT89C51 中断系统的结构示意图如图 3-4 所示。

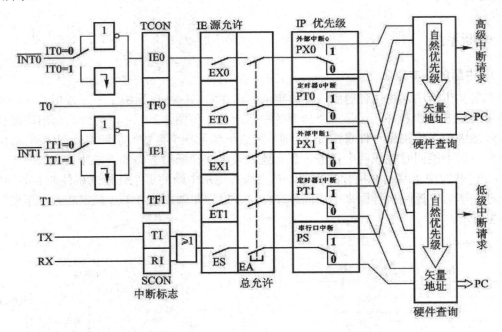

图 3-4　AT89C51 中断系统结构示意图

与中断系统有关的寄存器有 4 个，分别是中断源寄存器 TCON 和 SCON、中断允许控制寄存器 IE 和中断优先级控制寄存器 IP。中断源有 5 个，分别为外部中断 0 请求/INT0、外部中断 1 请求/INT1、定时器 0 溢出中断请求 TF0、定时器 1 溢出中断请求 1 和串行口中断请求 RI 和 TI。5 个中断源的排列顺序由中断优先级控制寄存器 IP 和顺序查询逻辑电路共同决定，5个中断源对应5个固定的中断入口地址。

2. 中断标志与中断控制相关寄存器

1) 定时器控制寄存器 TCON

TCON 为 8 位特殊功能寄存器，其结构、位名称、位地址及其功能如表 3-1 所示。

表 3-1 TCON 的结构、位名称、位地址

位	D7	D6	D5	D4	D3	D2	D1	D0
TCON	TF1	TR1	TF0	TR0	IE1	IT1	IE0	IT0
位地址	8FH	8EH	8DH	8CH	8BH	8AH	89H	88H

定时中断、外中断请求控制寄存器 TCON 的字节地址为 88H，位地址为 8FH~88H，与中断请求有关的各位含义如下：

IT0：INT0 的触发方式控制位。

若 IT = 0，则电平触发，低电平有效。

若 IT = 1，则下降沿触发，P3.2 引脚出现负跳变有效。

IE0：外部中断 0 的中断请求标志

若 IE = 0，则无中断请求。

若 IE = 1，则有中断请求。

IT1：INT1 的触发方式控制位。

IE1：外部中断 1 的中断请求标志。

TF0：定时/计数器(T0)溢出中断请求标志。

计数器计满产生溢出，由硬件置位，TF0 = 1 表示有中断请求，否则 TF0 = 0(硬件会自动清零，也可由软件清零)。

TF1：定时/计数器(T1)溢出中断请求标志。

若 TF1=0，无中断请求；若 TF1 = 1，有中断请求。

2) 串行口控制寄存器 SCON

SCON 为 8 位特殊功能寄存器，其结构、位名称、位地址及其功能如表 3-2 所示。

表 3-2 SCON 的结构、位名称、位地址

位	D7	D6	D5	D4	D3	D2	D1	D0
SCON							TI	RI
位地址							99H	98H

串行口控制寄存器 SCON 的字节地址为 98H，位地址为 9FH~98H，与中断请求有关的各位含义如下：

TI：串行口发送中断标志位，位地址为 99H。在串行口发送完一组数据时，TI 由硬件自动置位(TI = 1)，请求中断，当 CPU 响应中断进入中断服务程序后，TI 状态不能被硬件自动清除，而必须在中断程序中由软件来清除。

RI：串行口接收中断标志位，位地址为 98H。在串行口接收完一组串行数据时，RI 由硬件自动置位(RI = 1)，请求中断，当 CPU 响应中断进入中断服务程序后，也必须由软

件来清除 RI 标志。

3) 中断允许控制寄存器 IE

AT89C51 设有专门的开中断和关中断指令，中断的开放和关闭是通过中断允许寄存器 IE 各位的状态进行两级控制的。所谓两级控制是指所有中断允许的总控制位和各中断源允许的单独控制位，每位状态靠软件来设定。中断允许控制寄存器 IE 各位的定义及其功能等如表 3-3 所示。

表 3-3 IE 的结构、位名称、位地址

位	D7	D6	D5	D4	D3	D2	D1	D0
IE	EA			ES	ET1	EX1	ET0	EX0
位地址	AFH			ACH	ABH	AAH	A9H	A8H

EX0：INT0 中断允许位。
EX0 = 1，允许 INT0 中断；
EX0 = 0，禁止 INT0 中断。
ET0：T0 的溢出中断允许位。
ET0 = 1，允许 T0 中断；
ET0 = 0，禁止 T0 中断。
EX1：INT1 中断允许位。
EX1 = 1，允许 INT1 中断；
EX1 = 0，禁止 INT1 中断。
ET1：T1 的溢出中断允许位。
ET1 = 1，允许 T1 中断；
ET1 = 0，禁止 T1 中断。
ES：串行中断允许位。
ES = 1，允许串行中断；
ES = 0，禁止串行中断。
EA：中断开放标志位。
EA = 1，CPU 开放中断；
EA = 0，CPU 屏蔽所有的中断。

4) 中断优先级寄存器 IP

IP 为 8 位特殊功能寄存器，其结构、位名称、位地址及其功能如表 3-4 所示。

表 3-4 IP 的结构、位名称、位地址

位	D7	D6	D5	D4	D3	D2	D1	D0
IP				PS	PT1	PX1	PT0	PX0
位地址				BCH	BBH	BAH	B9H	B8H

IP 字节地址 B8H，位地址 BFH～BCH，与中断请求有关的各位含义如下：
PX0：外部中断 0 中断优先级控制位。

PX0 = 1，外部中断 0 定义为高优先级中断；
PX0 = 0，外部中断 0 定义为低优先级中断。
PT0：定时器 T0 中断优先级控制位。
PT0 = 1，定时器 T0 定义为高优先级中断；
PT0 = 0，定时器 T0 定义为低优先级中断。
PX1：外部中断 1 中断优先级控制位。
PX1 = 1，外部中断 1 定义为高优先级中断；
PX1 = 0，外部中断 1 定义为低优先级中断。
PT1：定时器 T1 中断优先级控制位。
PT1 = 1，定时器 T1 定义为高优先级中断；
PT1 = 0，定时器 T1 定义为低优先级中断。
PS：串行口中断优先级控制位。
PS = 1，串行口中断定义为高优先级中断；
PS = 0，串行口中断定义为低优先级中断。

如果同样优先级的请求同时接收到，则内部对中断源的查询次序决定先接收哪一个请求，表 3-5 列出了同级中断源的内部查询顺序。

表 3-5 中断源的入口地址和中断优先级

中 断 源	入口地址	
外部中断 0	0003H	最高
T0 溢出中断	000BH	↓
外部中断 1	0013H	
T1 溢出中断	001BH	
串行口中断	0023H	最低

中断优先级遵循以下三条原则：
(1) 同时收到几个中断时，响应优先级别最高的；
(2) 中断过程不能被同级、低优先级所中断；
(3) 低优先级中断服务，能被高优先级中断。

3. 中断的处理过程

中断处理过程大致可分为 4 步：中断请求、中断响应、中断处理、中断返回。

1) 中断请求

当中断源要求 CPU 为它服务时，必须发出一个中断请求信号。CPU 将相应的中断请求标志位置 "1"。为确保该中断得以实现，中断请求信号应保持到 CPU 响应该中断后才能取消。CPU 会不断及时地查询这些中断请求标志位，一旦查询到某个中断请求标志置位，CPU 就响应这个中断源的中断请求。

2) 中断响应

中断响应过程包括保护断点和将程序转向中断服务程序的入口地址。首先，保存断点，CPU 自动把断点压入堆栈进行保存；然后将对应的中断服务子程序入口地址装入程序计数器 PC(由硬件自动执行)，使程序转向该中断入口地址，执行中断服务程序。

同时满足以下 4 个条件时，才可能响应中断：
(1) 有中断请求；
(2) 对应中断允许位为 1；
(3) 开启中断(即 EA = 1)；
(4) 正在执行的指令不是 RETI 或是访问 IE、IP 的指令，否则必须再执行另外一条指令后才能响应。

单片机各中断源的入口地址由硬件事先设定，如表 3-5 所示。使用时，通常在这些中断入口地址处存放一条无条件转移指令，使程序跳转到用户安排的中断服务程序的起始地址。

中断响应(从标志置 1 到进入相应的中断服务)至少要 3 个完整的机器周期。

3) 中断处理

中断处理就是执行中断服务程序。中断服务程序从中断入口地址开始执行，到返回指令 RETI 为止。一般包括两部分内容：一是保护现场；二是完成中断源请求的服务。

通常，主程序和中断服务程序都会用到累加器 A、程序状态寄存器 PSW 及其他一些寄存器，当 CPU 进入中断服务程序用到上述寄存器时，会破坏原来存储在寄存器中的内容，一旦中断返回，将导致主程序混乱。因此，在进入中断服务程序后，一般要先保护现场，然后执行中断处理程序，在中断返回之前再恢复现场。编写中断服务程序时还需注意以下几点：

(1) 若要在执行当前中断程序时禁止其他更高优先级中断，需先用软件关闭 CPU 中断，或用软件禁止相应高优先级的中断，在中断返回前再开放中断。

(2) 在保护和恢复现场时，为了不使现场数据遭到破坏或造成混乱，一般规定此时 CPU 不再响应新的中断请求。因此，在编写中断服务程序时，要注意在保护现场前关中断，在保护现场后若允许高优先级中断，则应开中断。同样，在恢复现场前也应先关中断，恢复之后再开中断。

4) 中断返回

AT89C51 响应中断后，自动执行中断服务程序。在中断服务程序中，只要遇到 RETI 指令(不论在什么位置)，单片机就结束本次中断服务，返回原程序。

二、AT89C51 中断系统初始化

在使用中断前，必须进行中断系统初始化：
(1) 开放中断总开关 EA，置位对应中断源的中断允许位。
(2) 对于外部中断，应设置 TCON，选择中断触发方式是低电平触发还是下降沿触发。
(3) 对于多个中断源，应设定中断优先级，设置 IP 寄存器。

具体中断使用时候如何初始化，下面通过两个例子说明。

【例 3-1】 试根据要求设置 IP 寄存器。设 AT89C51 的片外中断为高优先级(INT0\INT1)，片内中断为低优先级。

(1) 用字节操作指令。

　　IP = 0x05;

(2) 用位操作指令。

```
PX0 = 1;        //置外部中断 0 为高优先级
PX1 = 1;        //置外部中断 1 为高优先级
PT0 = 0;        //置 T0 的溢出中断为低优先级
PT1 = 0;        //置 T1 溢出中断为低优先级
PS = 0;         //置串行口为低优先级
```

【例 3-2】 设 AT89C51 使用外部中断 0,中断触发方式为电平触发,试编制 AT89C51 中断系统的初始化程序。

```
void INT_init()   //初始化
{
    EA = 1;       //开启中断
    EX0 = 1;      //开启中断
    PX0 = 1;      //外部中断 0 分配高优先级
    IT0 = 0;      //设置为电平触发方式
}
```

CPU 响应中断处理结束后转移到中断服务程序的入口,从中断服务程序的第一条指令开始到返回指令为止。不同的中断服务的内容及要求各不相同,其处理过程也就有所区别。一般情况下,中断处理包括两部分内容:一是保护现场,二是为中断源服务。

中断服务程序格式如下:

```
void  函数名()interrupt n using m{
    函数体语句;
}
```

其中,中断函数只能用 void 说明,表示没有返回值,同时也表示没有形式参数,即不能传递参数。interrupt 后面的 n 是中断号,其值从 0 开始,以 AT89C51 单片机为例,编号为 0~4,分别对应外部中断 0、定时器/计数器 0 中断、外部中断 1、定时器/计数器 1 中断和串行口中断。关键字 using 后面的 n 是所选择的寄存器组,取值范围为 0~3。定义中断函数时,using 是一个选项,可以省略不用。如果不用则由编译器选择一个寄存器组作为绝对寄存器组。例如,定时器/计数器 1 中断源的编号是 3,语句如下:

```
void  timer()interrupt 3
{
    LED =~ LED;       //定时时间到,对 LED 取反
}
```

定义定时器/计数器 1 中断服务程序名字为 timer(),使用 interrupt 关键字,定时器/计数器 1 对应的中断号是 3 号。

【任务实施】

在 Proteus 软件中按图 3-5 绘制电路图。在 Keil C51 中新建工程,命名任务 3-1,输入程序并调试运行。

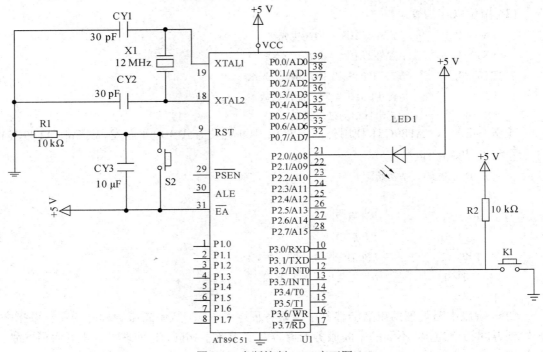

图 3-5 中断控制 LED 亮灭图

程序代码如下：

```c
#include "reg51.h"
#define uchar unsigned char
#define uint unsigned int
 sbit LED = P1^0;
void delayms(uint t)            //延时程序
{
    uint i, j;
        for(i = 0; i < t; i++)
            for(j = 0; j < 120; j++);
}
void int0_init()                //外部中断 0 初始化程序
{
    EA = 1;                     //开 CPU 总中断
    EX0 = 1;                    //允许外部中断 0 中断
    IT0 = 1;                    //设置下降沿触发
    while(1);                   //原地踏步，等待中断产生
}
void int0() interrupt 0         //外部中断 0 的中断服务程序名字取为 int0
{
    LED =~ LED;                 //进入中断，就对 P1.0 引脚电平取反
```

```
            }
            void main()              //主程序
            {
                int0_init();         //调用外部中断0初始化子程序
            }
```

【进阶提高】

中断程序的编写，也可以用查询方式来实现。让 CPU 不断查询是否产生外部中断，执行 if(IE0 == 1)到底为真还是为假，便可以知道有没有外部中断 0 事件产生。下面给出本任务对应的查询程序：

```
            #include "reg51.h"
            #define uchar unsigned char    //包含单片机寄存器的头文件
            #define uint unsigned int      //宏定义，定义 uint 为无符号整型
            sbit LED = P1^0;               // P1.0 引脚定义为 LED
            void main()
            {
                while(1){
                    EA = 1;                //开放中断
                    EX0 = 1;               //允许外部中断
                    IT0 = 1;               //外部中断 0 为边沿触发方式
                    if(IE0 == 1){          // IE0 = 则产生了外部中断 0 请求
                        LED =~ LED;        //上面条件为真，则 LED 取反
                        IE0 = 0;           //清除外部中断 0 标志，以便检测下一次中断
                    }
                }
            }
```

任务二 蜂鸣器的使用

【任务描述】

学习单片机驱动蜂鸣器的知识。通过 AT89C51 单片机 P2.7 引脚驱动一有源蜂鸣器，让蜂鸣器有规则地鸣响。

【任务分析】

本任务主要是掌握蜂鸣器的基本硬件结构，学习单片机驱动蜂鸣器的驱动方法。利用 AT89C51 单片机的 P2.7 引脚输出电位的变化，控制蜂鸣器的鸣叫，P2.7 引脚的电位变化可以通过指令来控制。蜂鸣器的发声原理是电流通过电磁线圈，使电磁圈产生磁场来驱动

振动膜发声的。因此需要一定的电流才能驱动它,而单片机 I/O 引脚输出的电压较小,单片机输出的 TTLK 电平基本驱动不了蜂鸣器,因需要增加一个放大电路。可以用三极管作为放大电路。

【相关知识】

蜂鸣器是一种一体化结构的电子讯响器,采用直流电压供电,广泛应用于计算机、打印机、复印机、报警器、电子玩具、汽车电子设备、电话机、定时器等电子产品中作发声器件。蜂鸣器主要分为压电式蜂鸣器和电磁式蜂鸣器两种类型。蜂鸣器在电路中用字母"H"或"HA"(旧标准用"FM"、"LB"、"JD"等)表示。

蜂鸣器还可分为有源蜂鸣器和无源蜂鸣器。判断有源蜂鸣器和无源蜂鸣器的方法,可以用万用表电阻挡 R×1 挡来测试:用黑表笔接蜂鸣器"+"引脚,红表笔在另一引脚上来回碰触,如果触发出"咔、咔"声且电阻只有 8 Ω(或 16 Ω)的就是无源蜂鸣器;如果能发出持续声音,且电阻在几百欧以上的就是有源蜂鸣器。

这里的"源"不是指电源,而是指振荡源。也就是说,有源蜂鸣器内部带振荡源,所以只要一通电就会鸣叫。而无源蜂鸣器内部不带振荡源,所以如果用直流信号无法令其鸣叫,必须用 2～5 kHz 的方波去驱动它。

有源蜂鸣器往往比无源蜂鸣器价格高,就是因为其中增加了振荡电路。

无源蜂鸣器的优点是:便宜;声音频率可控,可以做出"多来米发索拉西"的效果;在一些特例中,可以和 LED 复用一个控制口。有源蜂鸣器的优点是:程序控制方便。

由于蜂鸣器的工作电流一般比较大,以至于单片机的 I/O 口是无法直接驱动的,所以要利用放大电路来驱动,一般使用三极管来放大电流,如图 3-6 所示。这是 BUZZER 有源蜂鸣器的 Protues 连线图(FM 是电压探针,可以删除)。

有源蜂鸣器的设置参数如图 3-7 所示。

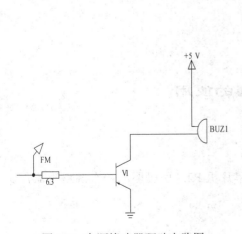
图 3-6 有源蜂鸣器驱动电路图

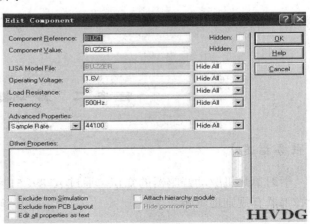
图 3-7 有源蜂鸣器参数设置

【任务实施】

在 Proteus 软件中按图 3-8 绘制电路图。在 Keil C51 中新建工程,命名任务 3-2,输入程序并调试运行。

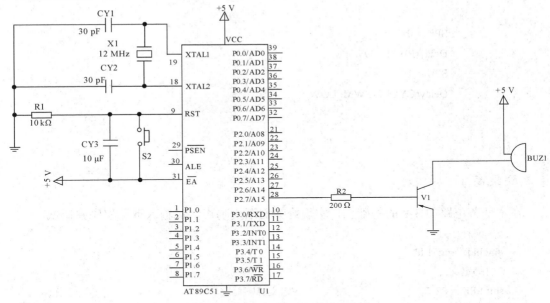

图 3-8 单片机驱动有源蜂鸣器电路

单片机驱动有源蜂鸣器电路对应的程序代码如下：

```c
#include <reg51.h>
#define uchar unsigned char
sbit SPK = P2^7;                              //定义蜂鸣器引脚
void Delay(uchar t)                           //延时函数
{
    for(; t > 0; t--);
}
void main(void)
{
    unsigned int CYCLE = 500, PWM_LOW = 0;    //定义周期并赋值
    while(1){
        SPK = 1;
        Delay(500);
        for(PWM_LOW = 1; PWM_LOW < CYCLE; PWM_LOW++)    //高低电平交替变化
        {
            SPK = 0;
            Delay(PWM_LOW);
            SPK = 1;
            Delay(CYCLE-PWM_LOW);
        }
        SPK = 0;
```

```c
        for(PWM_LOW = CYCLE-1; PWM_LOW > 0; PWM_LOW--)  //高低电平交替变化
        {
            SPK = 0;
            Delay(PWM_LOW);
            SPK = 1;
            Delay(CYCLE-PWM_LOW);
        }
    }
}
```

【进阶提高】

在本任务电路图 3-8 的基础上，实现蜂鸣器渐变鸣声，试输入下面程序并调试。

```c
//头文件:
#include "reg51.h"
//引脚定义:
sbit SPK = P2^7;                    //定义蜂鸣器
//函数定义:
void delay(unsigned int time);      //延时子函数
//主函数，C 语言的入口函数:
void main(void)
{
    unsigned int tt;                //作为延时量
    unsigned char i;

    while(1){                       //主程序循环
        tt = 60000;
        for(i = 0; i < 30; i++){    //循环 30 次输出，时间从长渐变到短
            SPK = 0;
            delay(tt);
            SPK = 1;
            delay(tt);
            tt- = 2000;             //每循环一次时间量减 2000
        }
        SPK = 1;                    //关闭蜂响器
        delay(50000);               //等待一会儿再开始循环
        delay(50000);
        delay(50000);
    }
}
//延时子函数
```

```
void delay(unsigned int time)
{
    while(time--);
}
```

任务三　旋转灯与报警器设计

【任务描述】

报警器与旋转灯是一种为防止或预防某事件发生所造成的后果，以声、光两种形式来提醒或警示我们应当采取某种行动的电子产品。随着科技的进步，机械式报警器越来越多地被先进的电子报警器代替，经常应用于系统故障、安全防范、交通运输、医疗救护、应急救灾、感应检测等领域，与社会生产密不可分。

设计一个简易的信号灯交替闪烁和喇叭不断示警的模型。接上电源，绿色 LED 灯亮，说明该产品处于运行状态，当有人按下按钮喇叭就会报警，红色 LED 灯闪烁，再按下时喇叭停止报警，红色 LED 灯不亮且不闪烁。

【任务分析】

按下按键时，产生了外部中断 0 事件，单片机检测到后，驱动蜂鸣器开始鸣叫和 LED 开始旋转点亮。在程序中设置了一个外部标志 flag，在外部中断 0 事件的中断服务程序里，对 flag 取反。在驱动蜂鸣器和 LED 开始旋转子程序里，读取 flag 标志，如果 flag 标志为真，就旋转点亮 LED 和驱动蜂鸣器，否则熄灭 LED 和停止蜂鸣器。

【相关知识】

外部中断会有抖动，如果不消除会导致读出数值的不准确。如果设置了边沿触发，进入中断以后要延时一段时间，大约 10 ms，然后再开始读取数据。读完数据以后，出中断。具体看一实例：

```
void inter0() interrupt 0 using 1
{
    EA = 0;                  //先关中断
    if(INT0Pin == 0){        //去抖动开始
        Delay_us(20);
        if(INT0Pin == 0)
        {                    //是真的按下就执行中断服务程序
            flag =~ flag;
        }
    EA = 1;                  //允许中断
}
```

【任务实施】

在 Proteus 软件中按图 3-9 绘制电路图。在 Keil C51 中新建工程，命名任务 3-3，输入程序并调试运行。

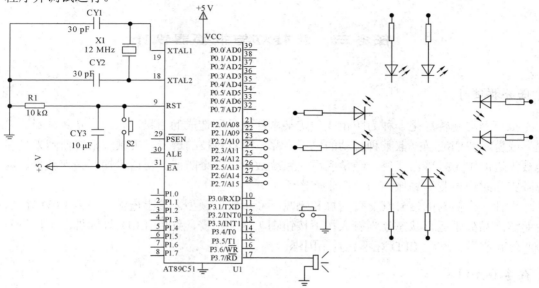

图 3-9 报警器与旋转灯电路

报警器与旋转灯电路对应的程序代码如下：

```c
#include "reg51.h"
#include "intrins.h"
#define uchar unsigned char
#define uint unsigned int
#define u8 unsigned char
 #define LED P2
uchar c = 0x01;
bit flag = 0;
sbit BEEP = P3^7;                              //定义喇叭端口
//蜂鸣器高低电平控制
code u8 alarm_tab[200] =
{
    210, 210, 210, 210, 210, 210, 219, 219, 219, 219,
    219, 218, 218, 218, 217, 217, 217, 216, 216, 215,
    215, 215, 214, 214, 213, 213, 212, 211, 211, 210,
    210, 209, 208, 208, 207, 206, 206, 205, 204, 204,
    203, 202, 201, 201, 200, 199, 198, 198, 197, 196,
    195, 195, 194, 193, 192, 192, 191, 190, 190, 189,
    188, 187, 187, 186, 185, 185, 184, 183, 183, 182,
```

181, 181, 180, 180, 179, 179, 178, 178, 177, 177,
176, 176, 176, 175, 175, 174, 174, 174, 174, 173,
173, 173, 173, 173, 172, 172, 172, 172, 172,
172, 172, 172, 172, 172, 172, 173, 173, 173, 173,
173, 174, 174, 174, 174, 175, 175, 175, 176, 176,
177, 177, 178, 178, 179, 179, 180, 180, 181, 181,
182, 183, 183, 184, 185, 185, 186, 187, 187, 188,
189, 189, 190, 191, 192, 192, 193, 194, 195, 195,
196, 197, 198, 198, 199, 200, 201, 201, 202, 203,
204, 204, 205, 206, 206, 207, 208, 208, 209, 210,
210, 211, 211, 212, 212, 213, 214, 214, 215, 215,
215, 216, 216, 217, 217, 217, 218, 218, 218, 219,
219, 219, 219, 219, 210, 210, 210, 210, 210, 210
};
void delayms(unsigned int xms){   //延时函数
    uint i, j;
    for(i = 0; i < xms; i++)
        for(j = 0; j < 120; j++);
}
void Delay_us(unsigned char t)
{
    while(--t);
}
void beep(bit x)   //蜂鸣器响或关闭子程序
{
    uint i;
    if(x){
        for (i = 0 ; i < 800; i++)
        {
            Delay_us(alarm_tab[i/4] - 18);
            BEEP = !BEEP;
        }
    }
    else{
        BEEP = 0;
    }
}
void xuanzhuan(bit x)   // LED 旋转子函数
{
```
```

```
        uint i;
        if(x)
        {
            for(i = 0; i < 8; i++)
            {
                LED = c;
                delayms(10);
                c = _crol_(c, 1);
            }
        }
        else{
            LED = 0x00;
        }
    }
    void main()
    {
        EA = 1;
        EX0 = 1;
        PX0 = 1;
        IT0 = 1;                              //外部中断 0 下降沿触发
        LED = 0x00;                           //熄灭灯
        while(1)
        {
            beep(flag);                       //调用蜂鸣器子程序
            xuanzhuan(flag);                  //调用旋转灯子程序
        };
    }
    void inter0() interrupt 0 using 1         //外部中断 0 中断服务子程序
    {
        flag =~ flag;
    }
```

【进阶提高】

把外部中断 0 扩展为 4 个外部中断使用,按下 KEY1 键,对应的 LED1 灯亮;按下 KEY2 键,对应的 LED2 灯亮;按下 KEY3 键,对应的 LED3 灯亮;按下 KEY4 键,对应的 LED4 灯亮。

在 Proteus 软件中按图 3-10 绘制电路图。在 Keil C 中新建工程,命名任务 3-3 进阶,输入程序并调试运行。

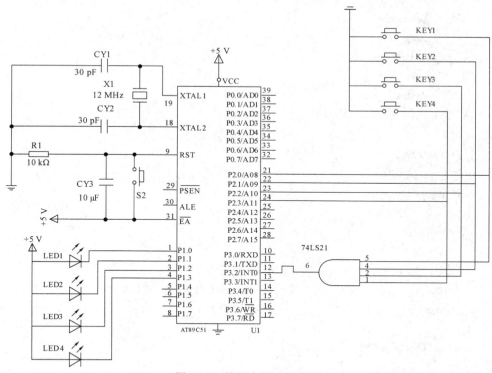

图 3-10 外部中断 0 的扩展

外部中断 0 的扩展对应的程序代码如下：

```
#include <AT89X52.H>       //包含 AT89X52.H 头文件
#define uchar unsigned char
#define uint unsigned int
uchar key, tmp;
/*10 ms 延时程序*/
  void delay10ms(void)
{
    uchar i, j;
    for(i = 20; i > 0; i--)
        for(j = 248; j > 0; j--);
}
uchar scan_key(void)       //键盘扫描子程序
{
    uchar key;
    switch(P2){
        case 0xfe:key = 0xfe;
        break;
        case 0xfd:key = 0xfd;
        break;
```

3-1 中断的扩展

```c
            case 0xfb:key = 0xfb;
            break;
            case 0xf7:key = 0xf7;
            break;
            default:key = 0;
            break;
        }
        return key;
    }
    void main()
    {
        P1 = 0xff;
        EA = 1;                    //开总中断
        EX0 = 1;                   //开外部中断 0 中断
        IT0 = 1;                   //设定外部中断 0 为边沿触发方式
        while(1);                  //等待外部中断 0 中断
    }
    void scan_key_led(void) interrupt 0
    {
        EA = 0;
        tmp = P2;                  //再次读键盘状态
        if(tmp != 0xff)
        {
            delay10ms();           //延时 10 ms 去抖
            if(P2 != 0xff){
                key = scan_key( ); //有键按下, 调用键盘扫描程序, 并把键值送 key
            }
            P1 = key;
        }
        EA = 1;
    }
```

四、项目总结

中断是指计算机暂时停止对原程序的执行转而为外部设备服务, 并在服务完成以后自动返回原程序执行的过程。

51 系列单片机是一个多中断源的单片机, 以 AT89C51 为例, 共 5 个中断源, 分别为外部中断 2 个、定时器中断 2 个和串行中断 1 个。外中断是由外部信号引起的, 共有 2 个外部中断源, 即外部中断 0 和外部中断 1。中断请求信号分别由引脚 INT0(P3.2)\INT1(P3.3) 引入。

中断过程分为三步, 即中断响应、执行中断服务程序和中断返回。在中断响应后, 计算机调用的子程序称为中断服务程序。这是专门为外部设备或其他内部部件中断源服务的程序段。

五、教学检测

3-1 简述中断、中断源、中断源的优先级及中断服务程序的含义。

3-2 51 系列单片机能提供几个中断源？它们的入口地址各是多少？

3-3 51 系列单片机各中断源的优先级如何确定？同一优先级中各个中断源的优先级又如何确定？

3-4 如图 3-11 所示，使用外中断 0 来控制，去实现下表中的功能。其中，K1 为按键，P1 口对应 8 个发光二极管的状态。

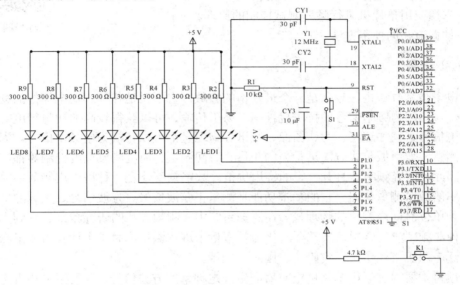

图 3-11 习题 3-4 图

	P1.0	P1.1	P1.2	P1.3	P1.4	P1.5	P1.6	P1.7
无按键按下	●	●	○	○	●	●	○	○
（循环）	●	●	●	●	○	○	●	●
有按键按下	●	●	●	●	○	○	○	○

3-5 单片机的 P0 和 P1 口各驱动两只共阳数码管，用外部中断 1 实现加计数功能，并将计数值输出到数码管上显示。

3-2 按键控制 8 个灯的状态

项目四　单片机频率计设计

一、学习目标

1. 了解定时/计数器的结构及其工作原理。
2. 掌握单片机的定时/计数器控制方式。
3. 掌握应用单片机进行频率测试控制的原理。
4. 掌握液晶的使用方法。

项目四课件

二、学习任务

在电子技术领域内，频率是一个最基本的参数，它不仅是各种强弱电信号的物质本质参数之一，还因为频率信号的抗干扰性强、易于传输、可以获得较高的测量精度等特点使各种非电信号，诸如速度、力、图像、音讯等物理量都可以转换为电频率信号。因此工程中很多测量，如用振弦式方法进行力的测量、时间测量、速度测量速度控制等都涉及频率测量。因此，研究频率计具有一定的实用价值。数字频率计是一种用十进制数字显示被测信号频率的数字测量仪器，它的基本功能是测量正弦波信号、方波信号、尖脉冲信号以及其他各种单位时间内变化的物理量。在测控系统中，测频方法的研究越来越受到大家的重视，多种非频率量的传感信号都要转化为频率量来进行测量，而频率计作为测量频率的仪器被广泛应用于工业生产、实验室、国防等领域。

本项目主要通过运用单片机定时器产生一定频率的方波信号，再利用单片机定时器的计数功能，计数 1 s 之内方波的个数，进而可以得到待测信号的频率。

三、任务分解

本项目可分解为以下 3 个学习任务：
(1) 方波信号的产生；
(2) 单片机驱动液晶；
(3) 单片机简易频率计设计。

任务一　方波信号的产生

【任务描述】

本任务采用 AT89C51 单片机，利用定时/计数器 T0 通过 P1.1 引脚输出周期为 500 Hz 的方波。

【任务分析】

从 P1.1 引脚输出周期为 500 Hz 的方波信号,实际就是要产生周期为 2 ms 的方波,只要每 1 ms 将信号的幅值由 0 变到 1 或由 1 变到 0 即可,可采用取反指令来实现。为了提高 CPU 的效率,可采用定时中断的方式,每 1 ms 产生一次中断,在中断服务程序中将输出信号取反即可。

【相关知识】

一、定时器硬件结构

可编程定时/计数器是为方便微机系统的设计和应用而研制的,它是硬件定时,又可以通过软件编程来确定定时时间、定时值及其范围。所以,可编程定时/计数器功能较强,使用灵活。AT89C51 单片机内部有两个 16 位的定时/计数器 T0 和 T1。它们都有定时和事件计数的功能,当定时时间到或计数值已满时有相应的输出信号,该信号可向 CPU 提出中断请求以便实现定时或计数控制。

1. 定时/计数器的结构与功能

如图 4-1 所示,AT89C51 单片机内有两个 16 位的定时/计数器:定时/计数器 0(T0)和定时/计数器 1(T1)。定时器 T0、T1 都是 16 位加 1 计数器定时/计数器,定时/计数器 T0 由特殊功能寄存器 TH0、TL0(字节地址分别为 8CH 和 8AH)构成,定时/计数器 T1 由特殊功能寄存器 TH1、TL1(字节地址分别为 8DH 和 8BH)构成。每个定时器都可由软件设置为定时工作方式或计数工作方式,这些功能由其内部一个 8 位的定时器方式寄存器 TMOD 和一个 8 位的定时器控制寄存器 TCON 来设置。这些寄存器之间是通过内部总线和控制逻辑电路连接起来的。

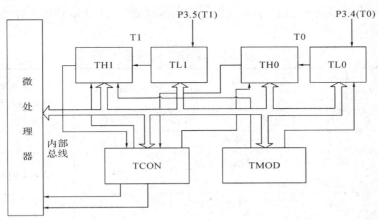

图 4-1 定时/计数器结构框图

TMOD 主要是用于选定定时器的工作方式,TCON 主要是用于控制定时器的启动和停止。当定时器工作在计数方式时,外部事件是通过引脚 T0(P3.4)和 T1(P3.5)输入的。

定时/计数器对内部的机器周期个数的计数实现了定时功能,对片外脉冲个数的计数实现了计数功能。在作定时器使用时，输入的时钟脉冲是由晶体振荡器的输出经 12 分频后得到的，所以定时器也可看做是单片机机器周期个数计数器，当晶体振荡器连接确定后，机器周期的时间也就确定了，这样就实现了定时功能。

在作计数器使用时，接相应的外部输入引脚 T0(P3.4)或 T1(P3.5)。在这种情况下，当检测到输入引脚上的高电平跳变到低电平时，计数器就加 1。每个机器周期的 S5P2 期间采样外部输入，当采样值在第一个机器周期为高，在第二个机器周期为低时，则在下一个机器周期的 S3P1 期间计数器加 1。由于确认一次负跳变要花 2 个机器周期，即 24 个振荡周期，因此外部输入的计数脉冲的最高频率为系统振荡频率的 1/24，这就要求输入信号的电平应在跳变后至少一个机器周期内保持不变，以保证在给定的电平再次变化前至少被采样一次。

2. 定时/计数器相关寄存器

AT89C51 系列单片机的定时/计数器是一种可编程序的部件，在定时/计数器开始工作之前，CPU 必须将一些命令(称为控制字)写入该定时/计数器，这个过程称为定时/计数器的初始化。在初始化程序中，要将工作方式控制字写入方式寄存器 TMOD，工作状态控制字(或相关位)写入控制寄存器 TCON。

1) 定时器的方式寄存器 TMOD

特殊功能寄存器 TMOD 为定时器的方式控制寄存器，占用的字节地址为 89H，不可以进行位寻址，如果要定义定时器的工作方式，需要采用字节操作指令赋值。该寄存器中每位的定义如表 4-1 所示。其中高 4 位用于定时器 T1，低 4 位用于定时器 T0。

表 4-1 工作方式控制寄存器 TMOD

位	D7	D6	D5	D4	D3	D2	D1	D0
含义	GTAE	C/$\overline{T}$	M1	M0	GATE	C/$\overline{T}$	M1	M0

M1 和 M0：方式选择位。可通过软件设置选择定时/计数器四种工作方式，如表 4-2 所示。

表 4-2 工作方式选择

M1M0	方式	说 明	最大计数次数	最大定时时间 $f_{osc} = 6$ MHz
0 0	0	13 位定时/计数器	$2^{13} = 8192$	$2^{13} \times 2\ \mu s = 16.384$ ms
0 1	1	16 位定时/计数器	$2^{16} = 65\ 536$	$2^{16} \times 2\ \mu s = 131.072$ ms
1 0	2	自动装入时间常数的 8 位定时/计数器	$2^8 = 256$	$2^8 \times 2\ \mu s = 0.512$ ms
1 1	3	对 T0 分为两个 8 位计数器；对 T1 在方式 3 时停止工作	$2^8 = 256$	$2^8 \times 2\ \mu s = 0.512$ ms

C/$\overline{T}$：功能选择位。该位为 0 时，设置为定时器工作方式；该位为 1 时，设置为计数器工作方式。

GATE：门控位。当 GATE = 0 时，软件控制位 TR0 或 TR1 置 1 即可启动定时器；当 GATE = 1 时，软件控制位 TR0 或 TR1 须置 1，同时还须 P3.2 或 P3.3 为高电平方可启动定时器，即允许外中断、启动定时器。

2) 定时器控制寄存器 TCON

TCON 的字节地址为 88H，可进行位寻址(位地址为 88H～8FH)，其具体各位定义如表 4-3 所示。

表 4-3 定时器控制寄存器 TCON

位	D7	D6	D5	D4	D3	D2	D1	D0
含义	TF1	TR1	TF0	TR0	IE1	IT1	IE0	IT0

其中低 4 位与外部中断有关，在前面项目中有详细的介绍，高 4 位的功能如下：

TF0、TF1：分别为定时器 T0、T1 的计数溢出标志位。

当计数器计数溢出时，该位置 1。编程在使用查询方式时，此位作为状态位供 CPU 查询，查询后由软件清零；使用中断方式时，此位作为中断请求标志位，中断响应后由硬件自动清零。

TR0、TR1：分别为定时器 T0、T1 的运行控制位，可由软件置 1 或清零。

(TR0)或(TR1) = 1，启动定时/计数器工作；

(TR0)或(TR1) = 0，停止定时/计数器工作。

二、定时器的四种工作方式及应用举例

定时/计数器可以通过特殊功能寄存器 TMOD 中控制位 C/T 的设置来选择定时器方式或计数器方式；通过 M1M0 两位的设置选择四种工作方式，分别为方式 0、方式 1、方式 2 和方式 3，现以定时/计数器 T0 为例。

1) 方式 0

当 M1M0 为 00 时，定时器选定为方式 0 工作。在这种方式下，16 位寄存器(由特殊功能寄存器 TL0 和 TH0 组成)只用了 13 位，TL0 的高 3 位未用，由 TH0 的 8 位和 TL0 的低 5 位组成一个 13 位的定时/计数器，其最大的计数次数应为 2^{13} 次。如果单片机采用 6 MHz 晶振，机器周期为 2 μs，则该定时器的最大定时时间为 2 μs。工作方式 0 的逻辑结构图如图 4-2 所示。

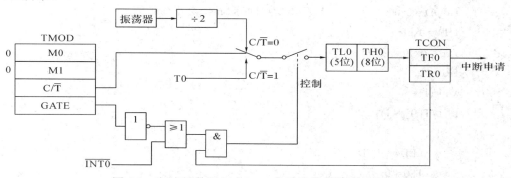

图 4-2 定时/计数器方式 0 (13 位计数器)逻辑结构框图

当(GATE) = 0 时，只要 TCON 中的启动控制位 TR0 为 1，由 TL0 和 TH0 组成的 13 位计数器就开始计数；当(GATE) = 1 时，此时仅仅(TR0) = 1 仍不能使计数器开始工作，还

需要 INT0 引脚为 1 才能使计数器工作,即当 INT0 由 0 变 1 时开始计数,由 1 变 0 时停止计数,这样可以用来测量在 INT0 端的脉冲高电平的宽度。

当 13 位计数器加 1 到全为 1 后,再加 1 就会产生溢出,溢出使 TCON 的溢出标志位 TF0 自动置 1,同时计数器 TH0(8 位)TL0(低 5 位)变为全 0,如果要循环定时,必须要用软件重新装入初值。

定时器工作于方式一时,其初值的设置方法:为使定时/计数器在规定的计数脉冲个数后向 CPU 发出溢出中断,先在 TH0、TL0 中设置初值 X,则从此初值计数到产生中断溢出时(产生中断溢出时就是方式 1 的最大计数值 = 2^{13} 计满时),需要的脉冲个数为 Y,即

$$Y = 2^{13} - X$$

定时的时间间隔为

$$T = Y \times 振荡周期 \times 12 = (2^{13} - X) \times 振荡周期 \times 12$$

【例 4-1】 若单片机的频率为 12 MHz,则计算 2 ms 所需要的定时器初值。

解:在频率为 12 MHz 时,每个计数脉冲的时间间隔为 0.001 ms,所以其计数脉冲个数为 2/0.001 = 1000 个。在方式 0 时,计数初值为

$$2^{13} - 2000 = 6192 = 11000001\ 10000B$$

即 (TH0) = 11000001B = 0xC1 (取初值 X 的高 8 位)

(TL0)=00010000B = 0x10(取初值 X 的低 5 位,TL0 寄存器在方式 0 下只用到低 5 位,高 3 位未使用,TH0 使用了 8 位,一共的计数位是 8 + 5 = 13 位)。

所以定时器的初值为(TH0) = 0xC1,(TL0) = 00010000B = 0x10H。

【例 4-2】 使 P1.0 输出一个周期为 4 ms 的方波。

要使 P1.0 输出一个周期为 4 ms 的方波,只需使 P1.0 每隔 2 ms 取反一次即可。可以由软件实现,也可以使用定时器来实现。其中定时器有两种实现方法:查询方式和中断方式。

方法 1:用定时器 T0 定时 2 ms,查询 TF0 的状态,使用查询方式实现。

确定工作方式为方式 0,计算初值 11000001 10000B,编制程序如下:

```
#include<reg51.h>
sbit LED = P1^0;
void main()
{   TMOD = 0x00;              //定时时间为 2 ms,使用查询方法
    TH0 = 0xc1;
    TL0 = 0x10;
    TR0 = 1;
    while(1)
    {   if(TF0 == 1)
        {
            LED =~ LED;
            TF0 = 0;
        }
    }
}
```

采用查询方式编程简单，但每当查询到 TF0 = 1 时，必须使用指令对其标志清零；而且查询方式下 CPU 的使用效率非常低(CPU 大部分工作时间用于查询)，采用中断方式，可以提高 CPU 的效率。

方法 2：用定时器 T0 定时 2 ms，使用中断方式实现。

```
#include<reg51.h>
sbit LED = P1^0;
void Timer0_isr(void) interrupt 1 using 0        //注意 interrupt 的拼写
{
    LED =~ LED;
}
void main()
{   TMOD = 0x00;                                 //定时时间为 2 ms，使用中断方式
    TH0 = 0xc1;
    TL0 = 0x10;
    EA = 1;
    ET0 = 1;
    TR0 = 1;
    while(1);
}
```

2) 方式 1

当 M1M0 为 01 时，定时器选定为方式 1 工作。在这种方式下，16 位寄存器由特殊功能寄存器 TL0 和 TH0 组成一个 16 位的定时/计数器，其最大的计数次数应为 216 次。如果单片机采用 6 MHz 晶振，则该定时器的最大定时时间为 2^{17} μs。工作方式 1 的逻辑结构图如图 4-3 所示。除了计数位数不同外，方式 1 与方式 0 的工作过程相同。

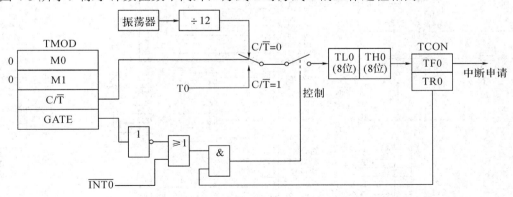

图 4-3　定时/计数器方式 1(16 位计数器)逻辑结构框图

3) 方式 2

方式 2 是自动重装初值的 8 位定时/计数器。方式 0 和方式 1 当计数溢出时，计数器变为全 0，因此再循环定时的时候，需要反复重新用软件给 TH 和 TL 寄存器赋初值，这样会影响定时精度，方式 2 就是针对此问题而设置的。

当 M1M0 为 10 时，定时器选定为方式 2 工作。在这种方式下，8 位寄存器 TL0 作为计数器，TL0 和 TH0 装入相同的初值，当计数溢出时，在置 1 溢出中断标志位 TF0 的同时，TH0 的初值自动重新装入 TL0。在这种工作方式下其最大的计数次数应为 2^8 次。如果单片机采用 6 MHz 晶振，则该定时器的最大定时时间为 2^9 μs。工作方式 2 的逻辑结构图如图 4-4 所示。

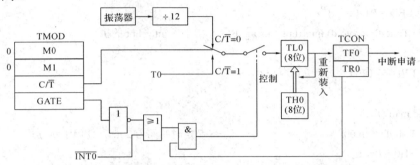

图 4-4 定时/计数器方式 2(8 位计数器)逻辑结构框图

对一次溢出而言，方式 2 的定时时间为

$$t = (2^8 - X) \times 晶振周期 \times 12$$

方式 2 的计数值范围为 1~256。由方式 2 的特点可知，如果需要更长的定时时间或更大的计数范围，实现起来将比方式 1 更为方便。

【例 4-3】 如图 4-5 所示，用定时/计数器 1 以工作方式 2 计数，送数码管显示。

TMOD 初始化：M1M0 = 10(方式 2)，C/T = 1(计数功能)，GATE = 0(TR1 启动和停止)，因此(TMOD) = 60H。

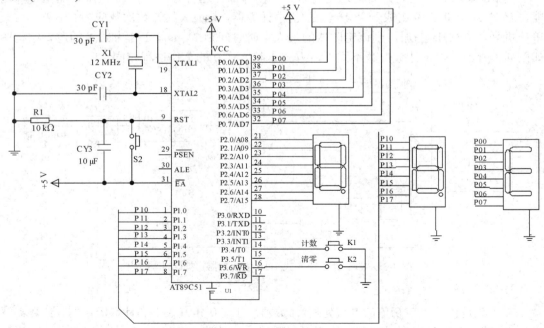

图 4-5 定时/计数器 1 以工作方式 2 计数显示电路

定时/计数器 1 以工作方式 2 计数显示电路对应的程序代码如下：

```c
#include<reg51.h>
#define uchar unsigned char
#define uint unsigned int                //头文件
uchar code DSY_CODE[] = {0x3f, 0x06, 0x5b, 0x4f, 0x66, 0x6d, 0x7d, 0x07, 0x7f, 0x6f, 0x00};
uchar DSY_Buffer[] = {0, 0, 0};
 uint Count_a = 0;
sbit Clear_Key = P3^6;
sbit   Timer0Pin = P3^4;
void Delay_us(unsigned char t)
{
    while(--t);
}
void Show_Count_ON_DSY()
{
    DSY_Buffer[2] = Count_a/100;          //获取 3 个数
    DSY_Buffer[1] = Count_a%100/10;
    DSY_Buffer[0] = Count_a%10;
    if(DSY_Buffer[2] == 0)                //高位为 0 时不显示
    {
        DSY_Buffer[2] = 0x0a;
        if(DSY_Buffer[1] == 0)            //高位为 0,若第二位为 0 同样不显示
        DSY_Buffer[1] = 0x0a;
    }
    P0 = DSY_CODE[DSY_Buffer[0]];
    P1 = DSY_CODE[DSY_Buffer[1]];
    P2 = DSY_CODE[DSY_Buffer[2]];
}
void main(void)
{
    P1 = 0xff;                            //关闭所有 LED
    TMOD = 0X06;                          //使用定时器 T0 的计数工作方式,工作于工作方式 2
    TH0 = 256-1;                          //定时器 T0 的高 8 位赋值,计数值为 1
    TL0 = 256-1;                          //定时器 T0 的低 8 位赋值
    ET0 = 1;                              //允许计数中断
    EA = 1;                               //开启总中断
    TR0 = 1;                              //启动计数方式工作
    while(1)
    {
        if(Clear_Key == 0) Count_a = 0;   //清零
```

```
            Show_Count_ON_DSY();
        }
    }
    //T0 计数中断服务函数
    void counter0(void) interrupt 1 using 0
    {
        EA = 0;                              //按键次数加 1
        if(Timer0Pin == 0)
        {
            Delay_us(20);
            if(Timer0Pin == 0)
            {
                Count_a = Count_a+1;
            }
        }
        EA = 1;
    }
```

4) 方式 3

当 M1M0 为 11 时，定时器选定为方式 3 工作。方式 3 只适用于定时/计数器 T0，定时/计数器 T1 不能工作在方式 3。

定时/计数器 T0 分为两个独立的 8 位计数器：TL0 和 TH0，其逻辑结构如图 4-6 所示。

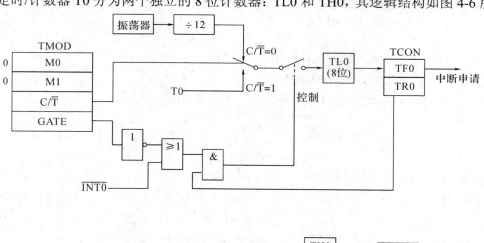

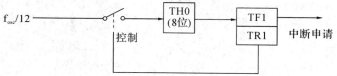

图 4-6 定时/计数器方式 3 逻辑结构框图

TL0 使用 T0 的状态控制位 C/T、GATE、TR0 及 INT0，而 TH0 被固定为一个 8 位定时器(不能作外部计数方式),并使用定时器 T1 的状态控制位 TR1 和 TF1,同时占用定时器 T1 的中断源。

一般情况下,只有当定时器 T1 用作串行口的波特率发生器时,定时/计数器 T0 才工作在方式 3。当定时器 T0 处于工作方式 3 时,定时/计数器 T1 可定为方式 0、方式 1 和方式 2,用于串行口的波特率发生器或不需要中断的场合。

【任务实施】

在 Proteus 软件中按图 4-7 绘制电路图。在 Keil C51 中新建工程,输入程序并调试运行。

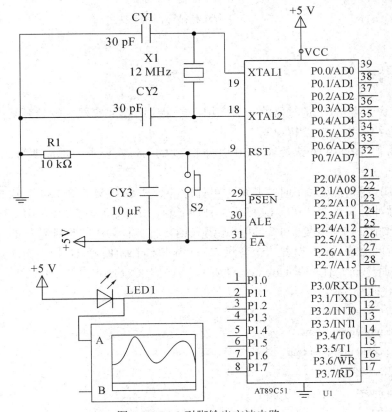

图 4-7 P1.0 引脚输出方波电路

P1.0 引脚输出方波电路对应的程序代码如下:

```
#include<reg51.h>          //定义头文件
sbit P1_1 = P1^1;
void timer0(void) interrupt 1    //定时器 0 中断服务程序
{
    TH0 = 0xE0;
    TL0 = 0x18;              //装入时间常数
    P1_1 =! P1_1;            // P1.1 取反
}
```

```
void main(void)
{
    TMOD = 0x00;            //定时器 0 方式 0
    TH0 = 0xE0;
    TL0 = 0x18;             //装入时间常数
    TR0 = 1;                //启动定时器
    TF0 = 0;
    EA = 1;                 //开启全局中断
    ET0 = 1;                //开启定时器 0 中断
    while(1) ;              //主程序死循环,空等待
}
```

【进阶提高】

前面我们已经熟悉了定时器的一般应用,如果定时器要实现比较长时间的定时,还能用我们之前介绍的方法予以解决吗?

使用定时器 T0 的中断来控制 P2.0 引脚 LED 的闪烁,要求闪烁周期为 2 s,即亮 1 s,灭 1 s。

定时器 T0 工作于方式 1 时,其最大可计脉冲数次数为 65 536,对于 12 MHz 的时钟频率,一个脉冲的宽度为 1.00 μs,则最大计时长度只有 1.00 × 65 536 = 65 536 μs,即大约 65 ms。所以要计时 1 s 或更长的时间,还需采用一种被称为"软件计数"的方法:假如我们设定定时时间为 50 ms,设置一个变量 Countor 来储存定时器 T0 的中断次数,即每产生 1 次 50 ms 定时中断,使变量 Countor 自加 1,那么当 Countor 自加 20 次时,所计时间就是 1 s。程序代码如下:

```
#include <reg51.h>
#define uint unsigned int
#define uchar unsigned char
sbit LED = P1^0;
uint Count = 0;
void main()
{
    TMOD = 0x01;            //设置定时器 0 为工作方式 1
    TH0 = 0x3C;
    TL0 = 0xB0;
    EA = 1;                 //开启总中断
    ET0 = 1;                //开启定时器 0 中断
    TR0 = 1;                //启动定时器 0
    while(1)
    {
```

```
            if(TF0 == 1)
            {
               TF0 = 0;
               TH0 = 0x3c;              // 1 次定时 100 ms，计数 10 次，就为 1 s
               TL0 = 0xb0;
            }
            if(Count ==20)
            {
              Count = 0;
              LED =~ LED;
            }
        }
    }
    void time0() interrupt 1
    {
        Count ++;
    }
```

任务二 单片机驱动液晶

【任务描述】

单片机驱动字符液晶 1602，能够将英文和数字显示出来。本任务要求设计字符液晶 1602 与单片机的接口电路，编写程序使字符液晶 1602 的第一行显示"OK"，第二行显示"AT89C51"。

【任务分析】

直接把要显示的内容写在数组里，程序对字符液晶 1602 进行初始化，写字符显示位置指令，满足其各种时序要求，通过 for 循环语句把待显示字符送液晶 LCD1602，这样就可以在指定位置显示所要显示的内容。

【相关知识】

一、字符液晶 1602 驱动方法

字符液晶1602通常有14条引脚或16条引脚，多出来的2条引脚是背光电源线 VCC(15 脚)和地线 GND(16 脚)，二者的控制原理完全一样，引脚定义如表 4-4 所示。

表 4-4 LCD1602 引脚

引脚号	引脚名	电平	输入输出	作用
1	V_{SS}			电源地
2	V_{CC}			电源(+5 V)
3	V_{EE}			对比调整电压
4	RS	0/1	输入	0：输入指令； 1：输出指令
5	R/W	0/1	输入	0：向 LCD 写入指令或数据 1：从 LCD 读取信息
6	E	1，1→0	输入	使能信号，1 时读取信息， 1→0(下降沿)执行指令
7	DB0	0/1	输入/输出	数据总线 line0(最低位)
8	DB1	0/1	输入/输出	数据总线 line1
9	DB2	0/1	输入/输出	数据总线 line2
10	DB3	0/1	输入/输出	数据总线 line3
11	DB4	0/1	输入/输出	数据总线 line4
12	DB5	0/1	输入/输出	数据总线 line5
13	DB6	0/1	输入/输出	数据总线 line6
14	DB7	0/1	输入/输出	数据总线 line7(最高位)
15	A	$+V_{CC}$		LCD 背光电源正极
16	K	接地		LCD 背光电源负极

市面上的字符液晶绝大多数是基于液晶芯片 HD44780 的，控制原理完全相同，因此 HD44780 的控制程序可以很方便地应用于市面上大部分的字符液晶。

HD44780 内置了 DDRAM、CGROM 和 CGRAM。DDRAM 就是显示数据 RAM，用来寄存待显示的字符代码，共 80 个字节，其地址和屏幕的对应关系如表 4-5 所示。

表 4-5 DDRAM 地址

	显示位置	1	2	3	4	5	6	7	……	40
DDRAM 地址	第一行	00H	01H	02H	03H	04H	05H	06H	……	27H
	第二行	40H	41H	42H	43H	44H	45H	46H	……	67H

也就是说想要在 LCD1602 屏幕的第一行第一列显示一个 "A" 字，只需向 DDRAM 的 00H 地址写入 "A" 字的代码(指 A 的字模代码，0x20～0x7F 为标准的 ASCII 码，通过这个代码，在 CGROM 中查找到相应的字符显示)即可。LCD1602 内置的模块控制都是 HD44780 或其兼容产品，1602 表示可以显示 2 行信息，而每行显示 16 位字符。DDRAM 地址与显示位置的对应关系如表 4-6 所示。

表 4-6　DDRAM 地址与显示位置的对应关系

00H	01H	02H	03H	04H	05H	06H	07H	08H	09H	0AH	0BH	0CH	0DH	0EH	0FH
40H	41H	42H	43H	44H	45H	46H	47H	48H	49H	4AH	4BH	4CH	4DH	4EH	4FH

事实上我们给 DDRAM 中的 00H 地址处传送一个数据，譬如 0x31(数字 1 的代码，见字模关系对照表)，并不能显示出 1 来。这是一个令初学者很容易出错的地方，原因就是：如果你要想在 DDRAM 的 00H 地址处显示数据，就必须将 00H 加上 80H，即 80H，若要在 DDRAM 的 01H 处显示数据，则必须将 01H 加上 80H 即 81H。依此类推。字符液晶 1602 内部的字符发生存储器(CGROM)已经存储了 160 个不同的点阵字符图形(无汉字)，如表 4-7 所示。这些字符包括：阿拉伯数字、英文字母的大小写、常用的符号和日文假名等。每一个字符都有一个固定的代码，比如大写的英文字母"A"的代码是 01000001B(41H)(其实是 1 个地址)，显示时模块把地址 41H 中的点阵字符图形显示出来，我们就能看到字母"A"。

表 4-7　CGROM 和 CGRAM 中字符代码与字符图形对应关系

表 4-7 中的字符代码与 PC 中的字符代码基本一致。因此我们在向 DDRAM 写 C51 字符代码程序时甚至可以直接用 P1 = 'A'这样的方法，PC 在编译时即可将"A"先转为 41H 代码。字符代码 0x00~0x0F 为用户自定义的字符图形 RAM(对于 5×8 点阵的字符，可存放 8 组；对于 5×10 点阵的字符，可存放 4 组)，也就是 CGRAM。0x20~0x7F 为标准的 ASCII 码，0xA0~0xFF 为日文字符和希腊文字符，其余字符码(0x10~0x1F 及 0x80~0x9F)没有定义。

那么如何对 DDRAM 的内容和地址进行具体操作呢？下面先讲解 HD44780 的指令集及其设置说明。该指令集共包含 11 条指令。

(1) 清屏指令，见表 4-8。

表 4-8 清 屏 指 令

指令功能	指令编码										执行时间/ms
	RS	R/W	DB7	DB6	DB5	DB4	DB3	DB2	DB1	DB0	
清屏	0	0	0	0	0	0	0	0	0	1	1.64

功能：
① 清除液晶显示器，即将 DDRAM 的内容全部填入"空白"的 ASCII 码 20H；
② 光标归位，即将光标撤回液晶显示屏的左上方；
③ 将地址计数器(AC)的值设为 0。

常用此命令 = 0x01

(2) 光标归位指令，见表 4-9。

表 4-9 光标归位指令

指令功能	指令编码										执行时间/ms
	RS	R/W	DB7	DB6	DB5	DB4	DB3	DB2	DB1	DB0	
光标归位	0	0	0	0	0	0	0	0	1	X	1.64

功能：
① 把光标撤回到显示器的左上方；
② 把地址计数器(AC)的值设置为 0；
③ 保持 DDRAM 的内容不变。

(3) 进入模式设置指令，见表 4-10。

表 4-10 进入模式设置指令

指令功能	指令编码										执行时间/μs
	RS	R/W	DB7	DB6	DB5	DB4	DB3	DB2	DB1	DB0	
进入模式设置	0	0	0	0	0	0	0	1	I/D	S	40

功能：设定每次写入 1 位数据后光标的移位方向，并设定每次写入的一个字符是否移动。参数设定的情况如下：

I/D：0 表示写入新数据后光标左移；1 表示写入新数据后光标右移。

S：0 表示写入新数据后显示屏不移动；1 表示写入新数据后显示屏整体右移 1 个字。
常用此命令 = 0x06

(4) 显示开关控制指令，见表 4-11。

表 4-11 显示开关控制指令

指令功能	指令编码										执行时间/μs
	RS	R/W	DB7	DB6	DB5	DB4	DB3	DB2	DB1	DB0	
显示开关控制	0	0	0	0	0	0	1	D	C	B	40

功能：控制显示器开/关、光标显示/关闭以及光标是否闪烁。参数设定的情况如下：

D：0 表示显示功能关；1 表示显示功能开。
C：0 表示无光标；1 表示有光标。
B：0 表示光标闪烁；1 表示光标不闪烁。
常用此命令 = 0x0c

(5) 设定显示屏或光标移动方向指令，见表 4-12。

表 4-12 设定显示屏或光标移动方向指令

指令功能	指令编码										执行时间/μs
	RS	R/W	DB7	DB6	DB5	DB4	DB3	DB2	DB1	DB0	
设定显示屏或光标移动方向	0	0	0	0	0	1	S/C	R/L	X	X	40

功能：使光标移位或使整个显示屏幕移位。参数设定的情况如下：

S/C	R/L	设定情况
0	0	光标左移 1 格，且 AC 值减 1。
0	1	光标右移 1 格，且 AC 值加 1。
1	0	显示器上字符全部左移一格，但光标不动。
1	1	显示器上字符全部右移一格，但光标不动。

(6) 功能设定指令，见表 4-13。

表 4-13 功能设定指令

指令功能	指令编码										执行时间/μs
	RS	R/W	DB7	DB6	DB5	DB4	DB3	DB2	DB1	DB0	
功能设定	0	0	0	0	1	DL	N	F	X	X	40

功能：设定数据总线位数、显示的行数及字型。参数设定的情况如下：

DL：0 表示数据总线为 4 位；1 表示数据总线为 8 位。
N：0 表示显示 1 行；1 表示显示 2 行。
F：0 表示 5×7 点阵/每字符；1 表示 5×10 点阵/每字符。
常用此命令 = 0x38。

(7) 设定 CGRAM 地址指令，见表 4-14。

表 4-14　设定 CGRAM 地址指令

指令功能	指令编码										执行时间 /μs
	RS	R/W	DB7	DB6	DB5	DB4	DB3	DB2	DB1	DB0	
设定 CGRAM	0	0	0	1	CGRAM 的地址(6 位)						40

功能：设定下一个要存入数据的 CGRAM 的地址。

(8) 设定 DDRAM 地址指令，见表 4-15。

表 4-15　设定 DDRAM 地址指令

指令功能	指令编码										执行时间 /μs
	RS	R/W	DB7	DB6	DB5	DB4	DB3	DB2	DB1	DB0	
设定 DDRAM	0	0	1	DDRAM 的地址(7 位)							40

功能：设定下一个要存入数据的 DDRAM 的地址。

注意：发送地址时应为 0x80+Address，这也是前面说到在写地址命令时要加上 0x80 的原因。

(9) 读取忙信号或 AC 地址指令，见表 4-16。

表 4-16　读取忙信号或 AC 地址指令

指令功能	指令编码										执行时间 /μs
	RS	R/W	DB7	DB6	DB5	DB4	DB3	DB2	DB1	DB0	
读取忙碌信号或 AC 地址	0	1	FB	AC 内容(7 位)							40

功能：

① 读取忙碌信号 BF(FB) 的内容，BF = 1 表示液晶显示器忙，暂时无法接收单片机送来的数据或指令；BF = 0 表示液晶显示器可以接收单片机送来的数据或指令。

② 读取地址计数器(AC)的内容。

(10) 数据写入 DDRAM 或 CGRAM 指令，见表 4-17。

表 4-17　数据写入 DDRAM 或 CGRAM 指令

指令功能	指令编码										执行时间 /μs
	RS	R/W	DB7	DB6	DB5	DB4	DB3	DB2	DB1	DB0	
数据写入到 DDRAM 或 CGRAM	1	0	要写入的数据 D7～D0								40

功能：
① 将字符码写入 DDRAM，以使液晶显示屏显示出相对应的字符；
② 将使用者自己设计的图形存入 CGRAM。
(11) 从 CGRAM 或 DDRAM 读出数据指令，见表 4-18。

表 4-18　从 CGRAM 或 DDRAM 读出数据指令

指令功能	指令编码										执行时间/μs
	RS	R/W	DB7	DB6	DB5	DB4	DB3	DB2	DB1	DB0	
从 CGRAM 或 DDRAM 读出数据	1	1	要读出的数据 D7～D0								40

功能：读取 DDRAM 或 CGRAM 中的内容。

二、单片机驱动字符液晶 1602 实例

下面介绍如何驱动字符液晶 1062，首先初始化代码：

4-1　JDH529(12864 液晶屏)指令集说明

```
void lcd_init()    //1602 初始化函数
{
    lcd_wcom(0x38); //8 位数据，双列，5*7 字形，来自命令(6)
    lcd_wcom(0x0c); //开启显示屏，关光标，光标不闪烁，来自命令(4)
    lcd_wcom(0x06); //显示地址递增，即写一个数据后，显示位置右移一位，来自命令(3)
    lcd_wcom(0x01); //清屏，来自命令(1)
}
```

其次按照字符液晶 1602 的时序要求写代码，操作时序中的 L 表示低电平 0，H 表示高电平 1。

基本操作时序：

读状态　　输入：RS = L，RW = H，E = H；
　　　　　输出：DB0～DB7 = 状态字。
写指令　　输入：RS = L，RW = L，E = 下降沿脉冲，DB0～DB7 = 指令码；
　　　　　输出：无。
读数据　　输入：RS = H，RW = H，E = H；
　　　　　输出：DB0～DB7 = 数据。
写数据　　输入：RS = H，RW = L，E = 下降沿脉冲，DB0～DB7 = 数据；
　　　　　输出：无。

定义字符液晶 1602 的三个控制引脚：

```
sbit rs = P3^5;        //1602 的数据/指令选择控制线
sbit rw = P3^6;        //1602 的读写控制线
sbit en = P3^7;        //1602 的使能控制线
```

接下来按照写操作时序图 4-8 及时序要求写出写指令函数。

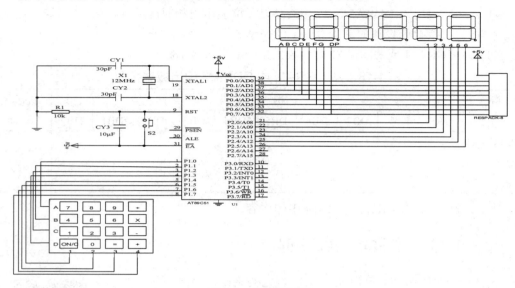

图 4-8 写操作时序

由图可知,写指令函数时序是:RS = L,RW = L,E = 下降沿脉冲,DB0~DB7 = 指令码

```
void lcd_wcom(uchar com)   //1602 写命令函数 (单片机给 1602 写命令)
{          //1602 接收到命令后,不用存储,直接由 HD44780 执行并产生相应动作
    rs = 0;        //选择指令寄存器
    rw = 0;        //选择写
    P2 = com;      //把命令字送入 P2
    delay(5);      //延时一小会儿,让 1602 准备接收数据
    en = 1;        //使能线电平变化,命令送入 1602 的 8 位数据口
    en = 0;
}
```

然后是写数据函数,时序要求为:RS = H,RW = L,E = 下降沿脉冲,DB0~DB7 = 数据。

```
void lcd_wdat(uchar dat)    //1602 写数据函数
{
    rs = 1;        //选择数据寄存器
    rw = 0;        //选择写
    P2 = dat;      //把要显示的数据送入 P2
    delay(5);      //延时一小会儿,让 1602 准备接收数据
    en = 1;        //使能线电平变化,数据送入 1602 的 8 位数据口
    en = 0;
}
```

至此,实现了驱动字符液晶 1602 的方法,具体完整代码参阅本任务的任务实施。

【任务实施】

在 Proteus 软件中按图 4-9 绘制电路图。在 Keil C51 中新建工程，命名任务 4-2，输入程序并调试运行。

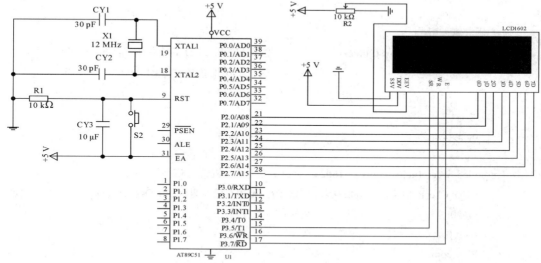

图 4-9 液晶 1602 驱动电路

程序代码如下：

```c
#include<reg51.h>
#include <intrins.h>
#define uint unsigned int            //预定义一下
#define uchar unsigned char
sbit rs = P3^5;                      // 1602 的数据/指令选择控制线
sbit rw = P3^6;                      // 1602 的读写控制线
sbit en = P3^7;                      // 1602 的使能控制线
#define DataPort P2
/*P2 口接 1602 的 D0～D7，注意不要接错了顺序 */
uchar code table[] = "OK?";                  //要显示的内容 1 放入数组 table
uchar code table1[] = "AT89C51";             //要显示的内容 2 放入数组 table1
void delay(uint n)                   //延时函数
{
    uint x, y;
    for(x = n; x > 0; x--)
        for(y = 110; y > 0; y--);
}
void LCD_Check_Busy(void)
{   while(1)
    {
```

```c
        DataPort = 0xff;
        rs = 0;
        rw = 1;
        en = 0;
        _nop_();
        en = 1;
        if(DataPort&0x80)break;    // 注意：仿真和实际 LCD1602 判忙是相反的，bit7 = 1 为忙，
                                   // bit7 = 0 为忙，不忙直接退出 while 语句，忙则等待
    }
    en = 0;
    delay(2);
}
void lcd_wcom(uchar com)    //1602 写命令函数 (单片机给 1602 写命令)
{   LCD_Check_Busy();  //1602 接收到命令后，不用存储，直接由 HD44780 执行并产生相应动作
    rs = 0;                    //选择指令寄存器
    rw = 0;                    //选择写
    P2 = com;                  //把命令字送入 P2
    en = 1;                    //使能线电平变化，命令送入 1602 的 8 位数据口
    en = 0;
}
void lcd_wdat(uchar dat)    // 1602 写数据函数
{   LCD_Check_Busy();
    rs = 1;                    //选择数据寄存器
    rw = 0;                    //选择写
    P2 = dat;                  //把要显示的数据送入 P2
    en = 1;                    //使能线电平变化，数据送入 1602 的 8 位数据口
    en = 0;
}
void lcd_init()             // 1602 初始化函数
{   lcd_wcom(0x38);            // 8 位数据，双列，5*7 字形
    lcd_wcom(0x0c);            //开启显示屏，关光标，光标不闪烁
    lcd_wcom(0x06);            //显示地址递增，即写一个数据后，显示位置右移一位
    lcd_wcom(0x01);            //清屏
}
void main()                  //主函数
{
    uchar n, m = 0;
    lcd_init();                //液晶初始化
    lcd_wcom(0x80);            //显示地址设为 80H(即 00H,)上排第一位(也是执行一条命令)
```

```
    for(m = 0; m < 4; m++)           //将table[]中的数据依次写入1602显示
    {
        lcd_wdat(table[m]);
        delay(200);
    }
    lcd_wcom(0x80+0x40);             //重新设定显示地址为0xc4,即下排第一位
    for(n = 0; n < 8; n++)           //将table1[]中的数据依次写入1602显示
    {
        lcd_wdat(table1[n]);
        delay(200);
    }
    while(1);                        //动态停机
}
```

【进阶提高】

在驱动字符液晶 1602 时，没有判断液晶显示器忙与否，而直接用延时函数实现了单片机与液晶的同步。下面讨论如何用判断是否忙的方法来驱动字符液晶 1602。

回到前面指令(9)的介绍，液晶显示器忙否的信息会写回到 DB7(BF)位，读取忙碌信号 BF 的内容，当 BF = 1 时，液晶显示器忙，暂时无法接收单片机送来的数据或指令；当 BF = 0 时，液晶显示器可以接收单片机送来的数据或指令。

如图 4-10 所示，LCD1602 读操作分两种情况：一种是读状态(主要是液晶忙闲等状态信息发送给单片机)，RS = L，RW = H，E = H；另一种是读数据(把 LCD1602 内部的存储器数据发送给单片机)，RS = H，RW = H，E = H。这里为了读 LCD1602 的忙信息，显然应该遵循 RS = L，RW = H，E = H 这个时序要求，据此写判忙函数。

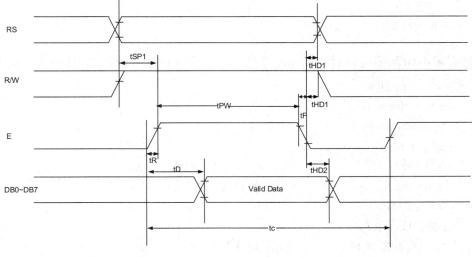

图 4-10　LCD1602 读操作时序

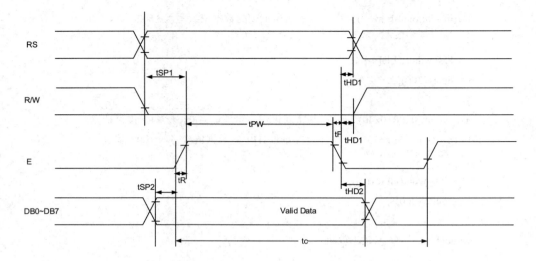

图 4-11　LCD1602 写操作时序

```
void LCD_Check_Busy(void)
{
    while(1)
    {   DataPort = 0xff;
        rs = 0;
        rw = 1;
        en = 0;
        _nop_();
        en = 1;
        if(DataPort&0x80)break;
    }
    en = 0;
    delay(2);
}
```

结合图 4-10 和图 4-11 就可以缩写用判忙方式来驱动液晶的程序。程序完整代码如下：

```
#include<reg51.h>
#include <intrins.h>
#define uint unsigned int          //预定义一下
#define uchar unsigned char
sbit rs = P3^5;                    // 1602 的数据/指令选择控制线
sbit rw = P3^6;                    //1602 的读写控制线
sbit en = P3^7;                    //1602 的使能控制线
#define DataPort P2
/*P2 口接 1602 的 D0～D7，注意不要接错了顺序 */
uchar code table[] = "1602 checkbusy?";   //要显示的内容 1 放入数组 table
```

项目四　单片机频率计设计

```c
uchar code table1[] = "study up";        //要显示的内容2放入数组table1
void delay(uint n)                        //延时函数
{
    uint x, y;
    for(x = n; x > 0; x--)
        for(y = 110; y > 0; y--);
}
void LCD_Check_Busy(void)
{
    while(1)
    {   DataPort = 0xff;
        rs = 0;
        rw = 1;
        en = 0;
        _nop_();
        en = 1;
        if(DataPort&0x80)break;
    }
    en = 0;
    delay(2);
}
void lcd_wcom(uchar com)    //1602写命令函数（单片机给1602写命令）
{
    LCD_Check_Busy(); //1602接收到命令后，不用存储，直接由HD44780执行并产生相应动作
    rs = 0;                     //选择指令寄存器
    rw = 0;                     //选择写
    P2 = com;                   //把命令字送入P2
    en = 1;                     //使能线电平变化，命令送入1602的8位数据口
    en = 0;
}
void lcd_wdat(uchar dat)        //1602写数据函数
{   LCD_Check_Busy();
    rs = 1;                     //选择数据寄存器
    rw = 0;                     //选择写
    P2 = dat;                   //把要显示的数据送入P2
    en = 1;                     //使能线电平变化，数据送入1602的8位数据口
    en = 0;
}
void lcd_init()                 //1602初始化函数
```

```
    {
        lcd_wcom(0x38);         //8位数据，双列，5×7字形
        lcd_wcom(0x0c);         //开启显示屏，关光标，光标不闪烁
        lcd_wcom(0x06);         //显示地址递增，即写一个数据后，显示位置右移一位
        lcd_wcom(0x01);         //清屏
    }
    void main()                 //主函数
    {
        uchar n, m = 0;
        lcd_init();             //液晶初始化
        lcd_wcom(0x80);         //显示地址设为80H(即00H,)上排第一位(也是执行一条命令)
        for(m = 0; m < 16; m++) //将table[]中的数据依次写入1602显示
        {
            lcd_wdat(table[m]);
            delay(200);
        }
        lcd_wcom(0x80+0x44);    //重新设定显示地址为0xc4，即下排第5位
        for(n = 0; n < 8; n++)  //将table1[]中的数据依次写入1602显示
        {
            lcd_wdat(table1[n]);
            delay(200);
        }
        while(1);               //动态停机
    }
```

任务三　单片机简易频率计设计

【任务描述】

根据图4-12所示的电路，用AT89C51设计一个数显频率计数器对0～300 kHz的方波信号进行测量，信号从P3.5引脚输入，从P1、P2口输出，再连接字符液晶1602。编写程序，测出从P3.5引脚输入的方波信号的频率并显示出来。

【任务分析】

在计数器工作方式下，当加至外部引脚的待测信号发生从1到0的跳变时，计数器加1。外部输入在每个机器周期被采样一次，这样检测一次从1到0的跳变至少需要2个机器周期(24个振荡周期)，所以最大计数速率为时钟频率的1/24(使用12 MHz时钟时，最大计数速率为500 kHz)。也就是说使用12 MHz时钟的AT89C51单片机设计的频率计数器系

统，所测的信号的频率不能大于 500 kHz，若大于则必须通过分频器分频才能测试，而本次任务的要求是对 0~300 kHz 的信号进行测量，所以可以直接进行。

利用 AT89C51 单片机的 T0、T1 的定时计数器功能，来完成对输入的信号进行频率计数。设置定时器 0 工作在定时方式 1，定时 1 s，并产生方波信号从 P1.1 引脚输出。设置定时器 1 工作在计数方式 1，对输入脉冲进行计数，溢出产生中断。将定时器 1 中断定义为优先。由于 16 位二进制加法计数器的最大计数值为 65 535，1 s 之内可能会产生多次溢出，所以需要在中断处理程序里对中断次数进行计数。1 s 到后，将中断次数和计数器里的计数值取出进行综合数据处理，处理后的数据送显示。

【相关知识】

频率计的计数原理：T1 工作在计数方式时最大的计数值为 2^{16}，若假设 1S 内溢出 C1 次，最后未溢出的计数值为 C2，则 $F = C1 \times 2^{16} + C2 = C1 \times 65\,536 + (TH1 \times 256 + TL1)$。

【任务实施】

在 Proteus 软件中按图 4-12 绘制电路图。在 Keil C51 中新建工程，命名任务 4-3 进阶，输入程序并调试运行。

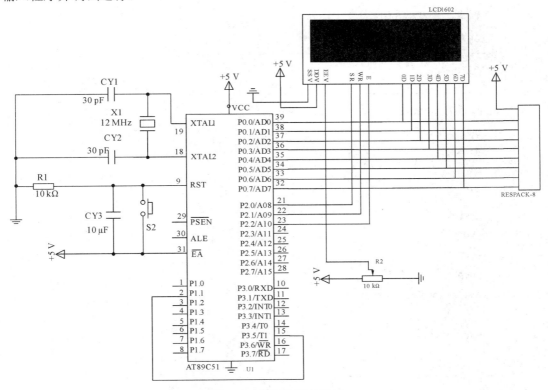

图 4-12 频率计液晶显示

本程序一共用了 2 个文件，即 LCD1602.c 和 main.c。这两个文件都要添加到工程中，然后再编译生成 HEX 文件。下面分别给出 LCD1602.c 和 main.c 的代码。

LCD1602.c 源文件如下：

```c
//------------------------------------------------------------
// 液晶控制与显示程序
//------------------------------------------------------------
#include <reg51.h>
#include <intrins.h>
#define uchar   unsigned char
#define uint unsigned int
sbit RS = P2^0;          //寄存器选择线
sbit RW = P2^1;          //读/写控制线
sbit EN = P2^2;          //使能控制线
//sbit BF = P0^7;        //LCD 忙标记
//------------------------------------------------------------
// 延时
//------------------------------------------------------------
void delay_ms(uint ms)
{
    uchar i; while(ms--) for(i = 0; i < 120; i++);
}
//------------------------------------------------------------
// 忙检查
//------------------------------------------------------------
bit LCD_Busy_Wait()
{   bit result;
    RS = 0;
    RW = 1;
    EN = 1;
    _nop_();
    _nop_();
    _nop_();
    _nop_();
    result = (bit)(P0 & 0x80);
    EN = 0;
    return result;
}
//------------------------------------------------------------
// 写 LCD 命令
//------------------------------------------------------------
void Write_LCD_Command(uchar cmd)
{
```

```c
    while(LCD_Busy_Wait()); //判断 LCD 是否忙碌
    RS = 0;
    RW = 0;
    EN = 0;
    _nop_();
    _nop_();
    P0 = cmd;
    _nop_();
    _nop_();
    _nop_();
    _nop_();
    EN = 1;
    _nop_();
    _nop_();
    _nop_();
    _nop_();
EN = 0;
    }
//--------------------------------------------------------------
// 发送数据
//--------------------------------------------------------------
void Write_LCD_Data(uchar dat)
{
    while(LCD_Busy_Wait());           //判断 LCD 是否忙碌
    RS = 1;
    RW = 0;
    EN = 0;
    P0 = dat;
    _nop_();
    _nop_();
    _nop_();
    _nop_();
    EN = 1;
    _nop_();
    _nop_();
    _nop_();
    _nop_();
    EN = 0;
}
```

```c
//--------------------------------------------------------------
// LCD 初始化
//--------------------------------------------------------------
void Initialize_LCD()
{
    Write_LCD_Command(0x38);
    delay_ms(10);
    Write_LCD_Command(0x0c);
    delay_ms(10);
    Write_LCD_Command(0x06);
    delay_ms(10);
    Write_LCD_Command(0x01);
    delay_ms(10);
}
void lcd_pos(unsigned char pos)         //写入显示控制位置命令
{
    Write_LCD_Command(pos | 0x80);
}
//--------------------------------------------------------------
```

main.c 源文件代码如下：

```c
#include <reg51.h>                      //包含51单片机寄存器定义的头文件
#define uchar  unsigned char
#define uint unsigned int
extern delay_ms(uint x);
extern void Initialize_LCD();
extern void Write_LCD_Command(uchar cmd);
extern void Write_LCD_Data(uchar dat);
extern void lcd_pos(uchar pos);
extern void LCD_ShowString(uchar, uchar, uchar *);
uchar OutputData[16] = {0};             //用于存放频率值的十六进制数组
uchar display_data[8] = {0, 0, 0, 0, 0, 0, 0, 0};  //定义数组存放显示数据的各位
uchar c1, b1;
sbit P1_1 = P1^1;
//延时程序
void DelayMS(uint ValMS)
{
    uint uiVal, ujVal;
    for(uiVal = 0; uiVal < ValMS; uiVal++)
        for(ujVal = 0; ujVal < 120; ujVal++);
```

```c
}
/***********************************************
函数功能： 将数组转成字符，适合 1602 显示
***********************************************/
void irwork()
{   uchar i;
    for(i = 0; i < 8; i++)
    {
        if((display_data[i]%16+'0') == 0x3a)    //频率值为 0，就对 OutputData[i]赋为 0，显示 0
            OutputData[i] = '0';
        else
        {
            OutputData[i] = display_data[i]%16+'0';   //如果是十进制数就转化为十六进制数显示
        }
    }
    OutputData[8] = 'H';
    OutputData[9] = 'z';
    OutputData[10] = '\0';
}
void convert()    //转换程序
{
    uchar i, f2;
    long f, f1, k;
    f = c1*65536+TH1*256+TL1 ;
    f1 = f-f%10;                    //此变量是为了让 8 位 LED 的高位为 0 时不显示而设置
    for(i = 7; i > 0; i--)          //此循环将计数值转换为显示数组，从高位到低位依次存放在
                                    //display_data[0]~display_data[7]中
    {
        display_data[i] = f%10;
        f = f/10;
    }
    display_data[0] = f;
    k = 1e7;         //从这里开始到本子程序结束的语句完成让 8 位 LED 的高位为 0 时不显示
    for(i = 0; i < 7; i++)
    {
        f2 = f1/k;
        if(f2 == 0)
        {
            display_data[i] = 10;
```

```c
                k = k/10;
            }
        }
    }
    void timer1(void) interrupt 3        //定时器 1 中断服务程序
    {
        c1++;
    }
    void timer0(void) interrupt 1        //定时器 0 中断服务程序
    {
        TH0 = 0xb1;                       //装入时间常数
        TL0 = 0xe0;
        P1_1 =! P1_1;            //P1.1 取反,从 P1.1 引脚输出 25 Hz 的方波信号,通过导线连接到
                                 // P3.5 引脚输入,以方便调试程序。若使用其他信号源,则去掉即可
        if (b1 == 49)
        {
            convert();
            c1 = 0;                       //将计数值清零
            b1 = 0;
            TH1 = 0;
            TL1 = 0;
        }
        else b1++;
    }
    /*********************************************
    函数功能:主函数
    **********************************************/
    main(void)
    {
        uint i;
        P1_1 = 0;
        c1 = 0;
        b1 = 0;
        TH1 = 0;
        TL1 = 0;
        TMOD = 0x51;
        TH0 = 0Xb1;
        TL0 = 0Xe0;
        IE = 0x8a;
```

```
TCON = 0x50;
Initialize_LCD();
while(1){
    irwork();
    DelayMS(10);
    lcd_pos(0x01);                          //设置显示位置在第一行
    i = 0;
    while(OutputData[i] != '\0')            //显示到字符结束
    {
        Write_LCD_Data(OutputData[i]);      //显示字符
        i++;
    }
}
}
```

【进阶提高】

综合运用单片机中断、定时器知识，设计一台 4 位数码管抽奖器，如图 4-13 所示。按动抽奖按钮时，抽奖器自动产生 4 位随机数，当再一次按抽奖按钮时，表示抽奖停止，产生中奖号码。

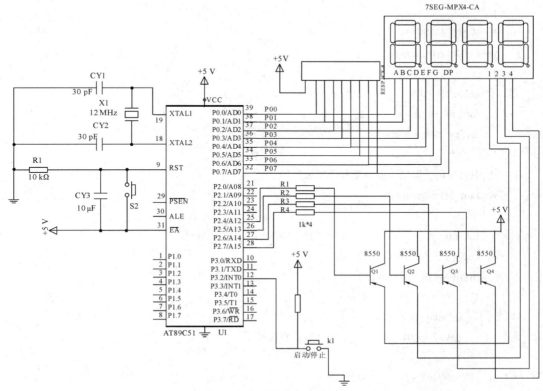

图 4-13 抽奖器电路

在 Proteus 软件中按图 4-13 绘制电路图。在 Keil C51 中新建工程，命名任务 4-3 进阶，输入程序并调试运行。

抽奖器电路对应的程序如下：

```c
#include "reg51.h"              /* 8051 单片机资源说明*/
#include <stdlib.h>             /* 包含 rand()函数*/
#define uchar unsigned char
#define uint  unsigned int
uchar code BitTab[] = {0x7F, 0xBF, 0xDF, 0xEF, 0xF7, 0xFB};
uchar code DispTab[] = {0xC0, 0xF9, 0xA4, 0xB0, 0x99,
0x92, 0x82, 0xF8, 0x80, 0x90};   /* 共阳极段码表*/
uint randvalue = 0, randtmp;     //随机值
uchar count;                     //按键统计
sbit key = P3^2;                 //按键定义
/* 中断初始化*/
void init()
{
    EA = 1;                     // CPU 开中断
    IT0 = 1;                    //外部中断 0 为边沿触发方式
    EX0 = 1;                    //开放外部中断 0
}
/* 毫秒延时程序*/
void mDelay(uint m)
{
    uchar c;
    for(; m > 0; m--)
    for(c = 124; c > 0; c--);
}
/* 中奖号码获取的中断函数*/
void int_0() interrupt 0
{
    EA = 0;                     //禁止中断
    key = 1;
    if(key == 0)
    {
        mDelay(10);             //去抖动
        if(key == 0)            //确认有键按下
        {
            TR0 = 1;
            count++;
```

4-2 单片机实现抽奖

```
            }
            if(count == 2)              //如是第 2 次按下，则停止产生随机数，立马产生幸运号
            {
                TR0 = 0;                //停止定时器
                count = 0;              //回到初始值
            }
        }
        EA = 1;                         //开放中断
}
void disp_led()
{
    uchar j, tmp, DispBuf[4];
    DispBuf[0] = randvalue/1000;        /*中奖号码千位*/
    DispBuf[1] = (randvalue%1000)/100;  /*中奖号码百位*/
    DispBuf[2] = (randvalue%100)/10;    /*中奖号码十位*/
    DispBuf[3] = randvalue%10;          /*中奖号码个位*/
    for(j = 0; j < 4; j++)              /*动态扫描*/
        {
            tmp = DispBuf[j];
            P0 = DispTab[tmp];
            P2 = BitTab[j];
            mDelay(1);
            P2 = 0xff;                  //熄灭数码管，消除相互干扰
        }
}
void timer0_init()                      //定时器 0 初开始
{
    TMOD = 0x01;                        //定时器相关初始化操作
    EA = 1;                             //开放中断
    ET0 = 1;                            //开放 T0 中断
    TH0 = 0x0C5;                        // 15 ms 变化一次
    TL0 = 0x68;
}
void timer0() interrupt 1
{
    randtmp = rand();
    if(randtmp >= 0&&randtmp < 10000)
        randvalue = randtmp;
    TH0 = 0x0C5;                        // 15 ms 变化一次
```

```
        TL0 = 0x68;
    }
    void main()
    {
        init();              //外部中断 0 初始化
        timer0_init();       //定时器 0 初始化
        while(1)
            disp_led();      //一直调用显示程序
    }
```

四、项目小结

本项目介绍了两个 16 位的定时器/计数器 T0 和 T1。T0 与 TH0 和 TL0 两个 8 位二进制加法计数器组成 16 位二进制加法计数器；T1 与 TH1 和 TL1 两个 8 位二进制加法计数器组成 16 位二进制加法计数器。

定时器方式可控制寄存器地址 89H，不可位寻址。TMOD 寄存器中的高 4 位定义 T1，低 4 位定义 T0。定时器控制寄存器 TCON 地址为 88H，可以位寻址。TCON 主要用于控制定时器的操作及中断控制。

五、教学检测

4-1 定时器/计数器各种方式有何区别？

4-2 编写定时器/计数器程序有何规律？

4-3 AT89C51 单片机内部有几个定时器/计数器？它由哪些特殊功能寄存器组成？

4-4 使用一个定时器，如何通过软硬结合方法实现较长时间的定时？

4-5 应用单片机内部定时器 T0 工作在方式 1 下，从 P1.0 输出周期为 2 ms 的方波脉冲信号，已知单片机的晶振频率为 6 MHz。

4-6 若 AT89C51 单片机的晶振频率为 6 MHz，请利用定时器 T0 定时中断的方法，使 P1.1 输出占空比为 75% 的矩形脉冲。

4-7 用 8 位数码管重新实现任务 3 的频率计。

4-3 输出占空比为 75% 的方波

项目五　简易计算器设计制作

一、学习目标

1. 了解矩阵键盘的结构。
2. 掌握行列式扫描编程原理。
3. 掌握线反转法编程原理。

项目五课件

二、学习任务

键盘是由若干个按键组成的,是单片机应用系统最简单也是最常用的输入设备。操作人员通过键盘输入数据或命令,可实现简单的人机对话。

三、任务分解

本项目可分解为以下 3 个学习任务:
(1) 键盘接口概述及行列式扫描编程原理;
(2) 线反转法编程原理;
(3) 简易计算器的实现。

任务一　键盘接口概述及行列式扫描编程原理

【任务描述】

了解 4×4 矩阵键盘,通过行列式扫描程序,检测到按键并通过显示器显示出来。

【任务分析】

当按键被按下时,按键所在引脚上的高电平被拉成低电平,此电平作为单片机的输入。单片机接收到低电平时,认为产生了按键动作,即可执行相应的程序。

【相关知识】

键盘是由若干个按键组成的开关电路,它是简单的单片机输入设备。操作员可以通过键盘输入数据或命令,实现简单的人机通信。键盘有独立式键盘和矩阵式键盘两种,独立式键盘在前面项目中已有介绍。若键盘闭合键的识别是由专用硬件实现的,则称为编码键盘;若键盘闭合键的识别是由软件实现的,则称为非编码键盘。

键盘接口应有以下功能:

(1) 键盘扫描功能，即检测是否有键闭合；
(2) 键识别功能，即确定被闭合键所在的行列位置；
(3) 产生相应的键的代码(键值)功能；
(4) 消除按键抖动及对应对多键串按(复键)的功能。

在单片机的运行过程中，执行键盘扫描和处理，可有以下 3 种情况：
(1) 随机方式：当 CPU 空闲时，执行键盘扫描程序；
(2) 中断方式：当有键闭合时，向 CPU 发出中断请求，中断响应后执行键盘扫描程序；
(3) 定时方式：每隔一定时间执行一次键盘扫描程序，定时可由单片机的定时器完成。

矩阵式键盘由行线和列线组成，按键位于行、列线的交叉点上，其结构如图 5-1 所示。

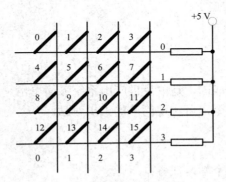

图 5-1 矩阵式键盘结构

由图 5-1 可知，一个 4×4 的行、列结构可以构成一个含有 16 个按键的键盘，显然，在按键数量较多时，矩阵式键盘较之独立式按键键盘要节省很多 I/O 口。

矩阵式键盘中，行、列线分别连接到按键开关的两端，行线通过上拉电阻接到 +5 V 上。当无键按下时，行线处于高电平状态；当有键按下时，行、列线将导通，此时，行线电平将由与此行线相连的列线电平决定。这是识别按键是否按下的关键。然而，矩阵键盘中的行线、列线和多个键相连，各按键按下与否均影响该键所在行线和列线的电平，各按键间将相互影响，因此，必须将行线、列线信号配合起来作适当处理，才能确定闭合键的位置。

识别按键的方法很多，其中，最常见的方法是扫描法。下面以图 5-2 中 K7 号键的识别为例来说明扫描法识别按键的过程。

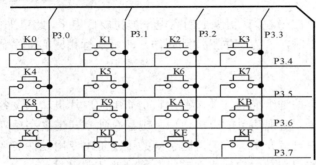

图 5-2 矩阵式键盘接口

矩阵式(也称行列式)键盘用于按键数目较多的场合，由行线和列线组成，按键位于行、列的交叉点上。如图 5-2 所示，一个 4×4 的行、列结构可以构成一个 16 个按键键盘。在按键数目较多的场合，要节省较多的 I/O 口线。

矩阵中无按键按下时，行线为高电平；当有按键按下时，行线电平状态将由与此行线相连的列线电平决定。如果列线电平为低，则行线电平为低；如果列线电平为高，则行线电平也为高，这是识别按键是否按下的关键所在。

由于矩阵式键盘中行、列线为多键共用，各按键彼此将相互发生影响，所以必须将行、列线信号配合，才能确定闭合键位置。下面讨论矩阵式键盘按键的识别方法。

第 1 步，识别键盘有无键按下。先把所有列线均置为 0(执行 P3 = 0xf0)，然后检查各行线电平是否都为高，如果不全为高，则说明有键按下，否则无键被按下。

例如，当 K7 键按下时，第 2 行线为低电平，但还不能确定是 K7 键被按下，因为如果同一行的键 4、5 或 6 之一被按下，行线也为低电平，只能得出第 2 行有键被按下的结论。

第 2 步，识别出哪个按键被按下。采用逐行扫描法，在某一时刻只让 1 条行线处于低电平，其余所有行线处于高电平(输出指令 P3 = 0xef 指令)。

当第 1 行为低电平，其余各行为高电平时，因为是键 7 被按下，第 1 行的行线仍处于高电平，此时读回 P3 口的值为 P3 = 0xef，只要 P3 口输出与输入的值相等，便说明不是此行的键按下。

当第 2 行为低电平(输出指令 P3 = 0xdf)时，由于 K7 键按下，第 4 列被拉成了 0 电平，此时读回 P3 口的值为 P3 = 0xd7，只要 P3 口输出与输入的值不相等，便说明是此行的键被按下，把读回 P3 口的值作为特征码，在程序中作进一步判定。请大家分析一下，如果是 K9 键按下，单片机是如何判定的。

5-1 键盘之行列扫描法

综上所述，扫描法的思路是：先把某一行置为低电平，其余各行置为高电平，检查各行线电平的变化，如果某列线电平为低电平，则可确定此行此列交叉点处的按键被按下。

【项目实施】

在 Proteus 软件中按图 5-3 绘制电路图。在 Keil C51 中新建工程，命名任务 5-1，输入程序并调试运行。

程序代码如下：

```
#include <reg51.h>
#define uchar unsigned char
#define uint  unsigned int
uchar   key;
unsigned char code
disp_code[] = {0x3f, 0x06, 0x5b, 0x4f, 0x66, 0x6d, 0x7d, 0x07, 0x7f, 0x6f, 0x77, 0x7c, 0x39, 0x5e,
              0x79, 0x71;                      //共阴段码表
unsigned char code key_code[] = {0xee, 0xed, 0xeb, 0xe7, 0xde, 0xdd, 0xdb, 0xd7, 0xbe, 0xbd, 0xbb,
              0xb7, 0x7e, 0x7d, 0x7b, 0x77};    //按键按下产生的特征码
```

```c
unsigned char code test_code[] = {0xef, 0xdf, 0xbf, 0x7f};    //行扫描用的值
void delayms(uint ms)
{   uchar t;
    while(ms--)
    {
        for(t = 0; t < 120; t++);
    }
}
uchar    keyscan()                    //键盘扫描程序
{
    uchar    scan1, temp, j;
    P3 = 0xf0;
    scan1 = P3;
    if((scan1&0xf0) != 0xf0)          //判断键是否被按下
    {
        delayms(30);                  //延时 10 ms
        scan1 = P3;
        if((scan1&0xf0) != 0xf0)      //第二次判断键是否被按下
          temp=0x0e;
        {   for(j = 0; j < 4; j++)    //用特征码扫描 1~4 次，最少 1 次跳出此循环
            {
                P3 = test_code[j];    //输出行扫描用的值
                switch(P3)            //读入 P3 口的特征值
                {
                    case 0xee:P0 = disp_code[0]; break;
                    case 0xed:P0 = disp_code[1]; break;
                    case 0xeb:P0 = disp_code[2]; break;
                    case 0xe7:P0 = disp_code[3]; break;
                    case 0xde:P0 = disp_code[4]; break;
                    case 0xdd:P0 = disp_code[5]; break;
                    case 0xdb:P0 = disp_code[6]; break;
                    case 0xd7:P0 = disp_code[7]; break;
                    case 0xbe:P0 = disp_code[8]; break;
                    case 0xbd:P0 = disp_code[9]; break;
                    case 0xbb:P0 = disp_code[10]; break;
                    case 0xb7:P0 = disp_code[11]; break;
                    case 0x7e:P0 = disp_code[12]; break;
                    case 0x7d:P0 = disp_code[13]; break;
                    case 0x7b:P0 = disp_code[14]; break;
```

项目五 简易计算器设计制作

```
                case 0x77:P0 = disp_code[15]; break;
            }
        }
      }
    }
    else    P3 = 0xff;
    return (16);
}
main()
{
    P0 = 0x40;              //数码管显示"-"
    P3 = 0xff;
    while(1)
    {
        keyscan();          //调用键盘扫描子程序
    }
}
```

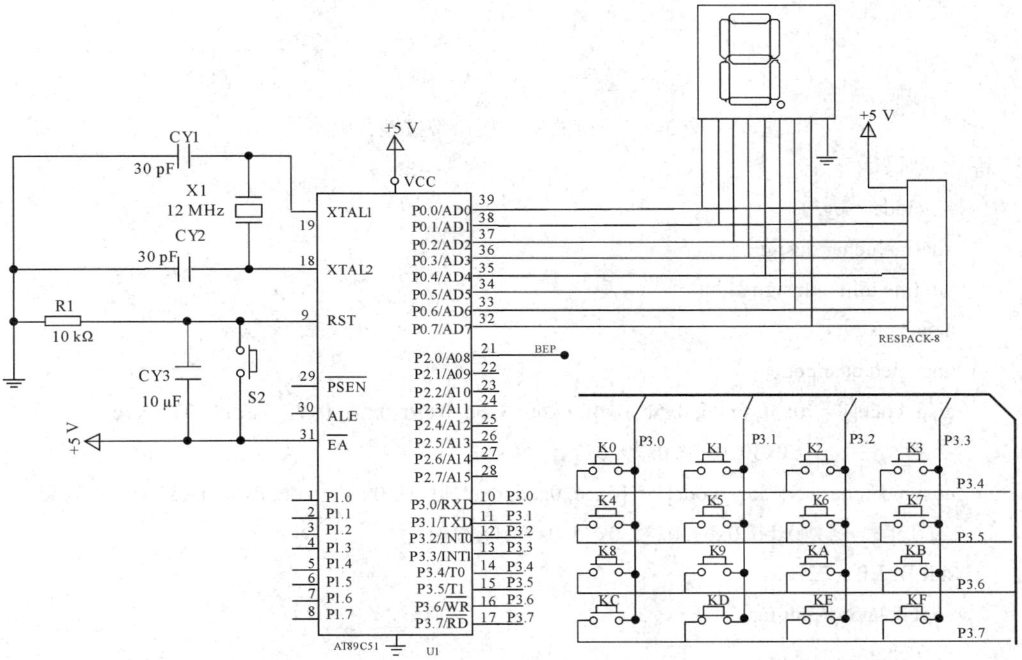

图 5-3 矩阵式键盘接口显示电路

【进阶提高】

按键按下时,如何产生按键音?程序该如何修改?在 Proteus 软件中按图 5-4 绘制电路图。在 Keil C51 中新建工程,命名任务 5-1 进阶,输入程序并调试运行。

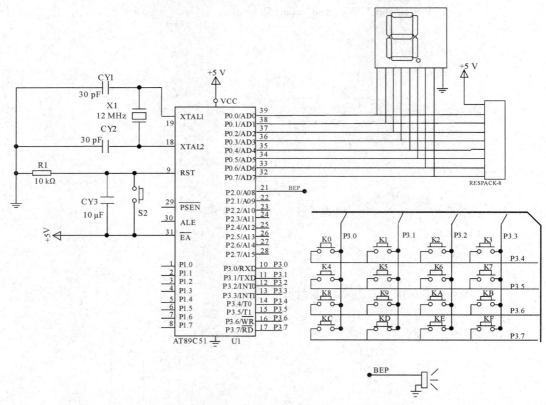

图 5-4 矩阵式键盘接口带按键音电路

程序代码如下：

```c
#include <reg51.h>
#define uchar unsigned char
#define uint  unsigned int
uchar  key;
unsigned char code
disp_code[] = {0x3f, 0x06, 0x5b, 0x4f, 0x66, 0x6d, 0x7d, 0x07, 0x7f, 0x6f, 0x77, 0x7c,
               0x39, 0x5e, 0x79, 0x71};
unsigned char code key_code[] = {0xee, 0xed, 0xeb, 0xe7, 0xde, 0xdd, 0xdb, 0xd7, 0xbe, 0xbd,
                  0xbb, 0xb7, 0x7e, 0x7d, 0x7b, 0x77 };
sbit BEEP = P2^0;
void delayms(uint ms)
{   uchar t;
    while(ms--)
    {
       for(t = 0; t < 120; t++);
    }
}
```

```c
uchar keyscan()                          //键盘扫描程序
{
    uchar scan1, scan2, keycode, j;
    P3 = 0xf0;
    scan1 = P3;
    if((scan1&0xf0) != 0xf0)             //判断键是否被按下
    {
        delayms(30);                     //延时 30 ms
        scan1 = P3;
        if((scan1&0xf0) != 0xf0)         //第二次判断键是否被按下
        {
            P3 = 0x0f;
            scan2 = P3;
            keycode = scan1|scan2;       //组合成键编码
            for(j = 0; j <= 15; j++)
            {
                if(keycode == key_code[j])   //查表得键值
                {
                    key = j;
                    return(key);
                }
            }
        }
    }
    else  P3 = 0xff;
    return (16);
}
//蜂鸣器
void Beep()
{
    uchar i;
    for(i = 0; i < 100; i++)
    {
        delayms(1);
        BEEP =~ BEEP;
    }
    BEEP = 0;
}
void keydown()                           //判断是否有键被按下
```

```
    {
        P3 = 0x0f;
        if((P3&0x0f) != 0x0f)
        {
            keyscan();
            Beep();
            P0 = disp_code[key];          //在数码管上显示键值
        }
    }
    main()
    {
        P0 = 0x40;                        //数码管显示"-"
        P3 = 0xff;
        BEEP = 0;
        while(1)
        {
            keydown();
        }
    }
```

任务二　线 反 转 法

【任务描述】

了解 4×4 矩阵键盘,通过线反转扫描程序,检测到按键并通过显示器显示出来。

【任务分析】

反转法就是通过给单片机的端口赋值两次,最后得出被按键下的值的一种算法。

【相关知识】

如图 5-5 所示,取 P1 口的低四位为行线,高四位为列线。

首先给 P1 口赋值 0x0f,即 00001111,假设 0 键被按下了,则这时 P1 口的实际值为 00001110；接着给 P1 口再赋值 0xf0,即 11110000,如果 0 键被按下了,则这时 P1 口的

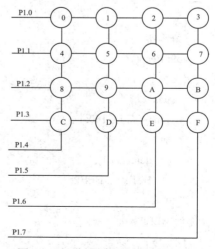

图 5-5　矩阵式键盘线反转检测电路

实际值为 11100000；最后把两次 P1 口的实际值相加得 11101110，即 0xee。

由此便得到了按下 0 键时所对应的数值 0xee，依此类推可得出其他 15 个按键对应的数值。有了这种对应关系，矩阵键盘编程问题也就解决了，即得到程序的算法。线反转法对应的特征码见图 5-6。

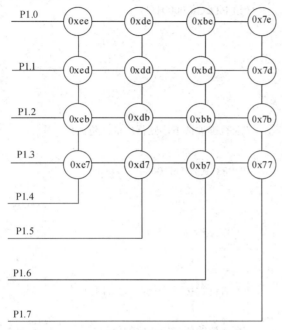

5-2　键盘按键之线反转法

图 5-6　线反转法对应的特征码

【任务实施】

在 Proteus 软件中按图 5-4 绘制电路图。在 Keil C51 中新建工程，命名任务 5-2，输入程序并调试运行。

线反转方法对应的程序代码如下：

```
    #include<reg52.h>              //头文件
    #define uchar unsigned char    //宏定义
    #define uint unsigned int
    uchar key, n;                  //定义变量
    uchar code table[] = {0xee, 0xed, 0xeb, 0xe7, 0xde, 0xdd, 0xdb, 0xd7,
    0xbe, 0xbd, 0xbb, 0xb7, 0x7e, 0x7d, 0x7b, 0x77};    //反转法矩阵键盘的各个按键的计算值
    uchar code
    yin[] = {0x3f, 0x06, 0x5b, 0x4f, 0x66, 0x6d, 0x7d, 0x07, 0x7f, 0x6f, 0x77, 0x7c, 0x39, 0x5e, 0x79,
        0x71};                     //共阴极数码管显示 0~F
    void delay(uint i)             //延时函数
    {
        while(i--);
```

```
    }
    void keyscan()
    {
        uchar low, height, i;    //定义局部变量,用 low 得出低 4 位的值,用 height 得出高 4 位的值
        P3 = 0x0f;                    //给 P3 赋值 00001111
        low = P3&0x0f;
        if(low != 0x0f)
        {
            delay(100);
            if(low != 0x0f)
                low = P3&0x0f;        //若有键被按下,则得出低 4 位的值
        }
        P3 = 0xf0;                    //给 P3 赋值 11110000
        height = P3&0xf0;
        if(height != 0xf0)
        {
            delay(100);
            if(height != 0xf0)
                height = P3&0xf0;    //若有键被按下,则得出高 4 位的值
        }
        key = low+height;            //高 4 位的值与低 4 位的值相加
        for(i = 0; i < 16; i++)
        {
            if(key == table[i])        //通过查表得出 n 的值
                n = i;
        }
    }
    void main()
    {
        while(1)
        {
            keyscan();
            P0 = yin[n];                //在数码管上显示相应的键值
        }
    }
```

【进阶提高】

用状态机实现按键检测识别。在 Proteus 软件中按图 5-4 绘制电路图。在 Keil C 中新建工程,命名任务 5-2 进阶,输入程序并调试运行。

程序代码如下：

```c
#include<reg52.h>              //头文件
#define uchar unsigned char    //宏定义
#define uint unsigned int
uchar key, n;                  //定义变量
uchar code table[] = {0xee, 0xed, 0xeb, 0xe7, 0xde, 0xdd, 0xdb, 0xd7,
    0xbe, 0xbd, 0xbb, 0xb7, 0x7e, 0x7d, 0x7b, 0x77};   //矩阵键盘的各个按键的计算值
uchar code
    yin[] = {0x3f, 0x06, 0x5b, 0x4f, 0x66, 0x6d, 0x7d, 0x07, 0x7f, 0x6f, 0x77, 0x7c, 0x39, 0x5e,
        0x79, 0x71, 0x00};     //共阴极数码管显示 0~F
#define key P3                 //矩阵键盘的数据口
#define no_key   0xff          //无按键被按下
#define key_state0   0         //状态 0，此时无按键被按下
#define key_state1   1         //状态 1，此时确定按键是否被按下
#define key_state2   2         //状态 2，此时判断按键是否释放
uint flag=0;
void delay(uint i)             //延时函数
{
    while(i--);
}
uchar Keyscan()
{
    uchar key_state;           //状态指示
    uchar key_value;           //键值返回
    uchar key_temp;
    uchar key1, key2;
    key = 0xf0;
    key1 = key;
    key1 = key&0xf0;           //确定哪一行的按键被按下
    key = 0x0f;
    key2 = key;
    key2 = key&0x0f;           //确定哪一列的按键被按下
    key_temp = key1|key2;      //确定按键位置
    switch(key_state)          //检测当前状态
    {
        case key_state0:       //之前无按键被按下
            if(key_temp != no_key)   //说明有按键被按下或者抖动
            {
                key_state = key_state1;   //转换为状态 1，然后去判断是否真的被按下
```

```c
        }
        break;
        case key_state1:                            //状态1，说明之前已经有按键按下或者抖动
        if(key_temp == no_key)                      //全为高电平，说明是抖动
        {
            key_state = key_state0;                 //返回到状态1
        }
        else                                        //确实有按键被被按下
        {
            switch(key_temp)                        //当确定按键被按下后，列举所有的按键情况
            {
                case 0xee: key_value = 1; break;
                case 0xed: key_value = 2; break;
                case 0xeb: key_value = 3; break;
                case 0xe7: key_value = 4; break;
                case 0xde: key_value = 5; break;
                case 0xdd: key_value = 6; break;
                case 0xdb: key_value = 7; break;
                case 0xd7: key_value = 8; break;
                case 0xbe: key_value = 9; break;
                case 0xbd: key_value = 10; break;
                case 0xbb: key_value = 11; break;
                case 0xb7: key_value = 12; break;
                case 0x7e: key_value = 13; break;
                case 0x7d: key_value = 14; break;
                case 0x7b: key_value = 15; break;
                case 0x77: key_value = 16; break;
                default:key_value = 17;
            }
            key_state = key_state2;                 //跳到状态2，进而判断是否被释放
        }
        break;
        case key_state2:                            //状态2，判断是否被释放
        if(key_temp == no_key)                      //释放，转回到状态0
        {
            key_state = key_state0;
        }
        break;
    }
```

```c
        return key_value;
}
 void Timer0() interrupt 1
{
   TH0 = 0xd8;                  // 10 ms 产生一次中断
     TL0 = 0xf0;
     flag = 1;
}
void Timer0_init()
{
     TMOD = 0x01;
     TH0 = 0xd8;               // 12 MHz   10 ms
     TL0 = 0xf0;
     EA = 1;
     ET0 = 1;
     TR0 = 1;
}
void main()
{
     uchar key_state = 0;
     uchar readkey;
     readkey = 0xff;
     Timer0_init();
     while(1)
     {
         if(flag)
         {
             flag = 0;
             readkey = Keyscan();
             if(0 < readkey&&readkey <= 17)
             {
                 P0 = yin[readkey-1];
             }
             else{
                 P0 = yin[16]; //Target not created
             }
         }
     }
}
```

任务三 简易计算器的实现

【任务描述】

本计算器是以 51 单片机为核心构成的简易计算器系统。该系统通过单片机控制，实现对 4×4 键盘扫描进行实时的按键检测，并把检测数据和计算结果存储下来，显示在 LED 数码管上，并可实现清零。

【任务分析】

整个系统可分为以下四个主要功能模块：

功能模块一：实时键盘扫描；

功能模块二：数据存储和计算；

功能模块三：LED 数码管显示；

功能模块四：清零。

程序的主要思路是：先将按键产生的键值处理为字符，再对字符进行处理。多个按键值组合成操作数，将操作数分别转化为字符串存储，操作符(+、-、×、÷)也存储为字符形式，然后调用 compute()函数进行计算并返回结果。

【相关知识】

一、break 语句与 continue 语句的区别

在 while 循环、do-while 循环和 for 循环中，可以用 break 语句使流程跳出循环，用 continue 语句结束本次循环，但对用 goto 语句和 if 语句构成的循环，不能用 break 语句和 continue 语句进行控制。

1. break 语句

在分支结构程序设计中用 break 语句可以使流程跳出 switch 结构，继续执行 switch 语句下面的一个语句；break 语句还可以用来从循环体内中途跳出循环体，即提前结束循环，接着执行循环下面的语句。例如：

```
while(表达式 1)
{
    语句组 1
    if(表达式 2)   break;
    语句组 2
}
```

2. break 语句注意事项

(1) 在循环语句中，break 语句一般都是与 if 语句一起使用的。

(2) break 语句不能用于循环语句和 switch 语句之外的任何其他语句中。
3. 程序举例

【例 5-1】 计算半径 r = 1 到 r = 10 时的圆面积，直到面积 area 大于 100 为止。程序如下：

```
#include <stdio.h>
#define  PI   3.14159
int   main(void)
{
    float   r, area;
    for( r = 1;   r <= 10;   r++ )
    {
        area=PI*r*r ;
        if (area > 100)   break;
        printf("%f", area);
    }
    return 0;
}
```

从上面的 for 循环可以看到当 area > 100 时，执行 break 语句可提前终止执行循环，即不再继续执行其余的几次循环。

2. continue 语句

continue 语句是跳过循环体中剩余的语句而强制执行下一次循环。其作用为结束本次循环，即跳过循环体中下面尚未执行的语句，接着进行下一次是否执行循环的判定。例如：

```
while(表达式 1)
{
    语句组 1
    if(表达式 2)   continue;
    语句组 2
}
```

continue 语句只能用在循环语句中，一般都是与 if 语句一起使用的。

3. 程序举例

【例 5-2】 把 100～200 之间不能被 3 整除的数输出。

程序如下：

```
#include <stdio.h>
int   main(void)
{
    int n;
    for( n = 100 ; n <= 200 ; n++)
    {
        if (n%3 == 0)   continue;
```

```
            printf("%5d", n);
        }
        return 0;
    }
```

只有当 n 能被 3 整除时，才执行 continue 语句，结束本次循环；当 n 不能被 3 整除时执行 printf 函数。

上述程序中的循环体也可以改用如下语句处理：

  if (n%3 != 0) printf("%5d", n);

使用 continue 语句，只是为了说明 continue 语句的作用。

continue 语句和 break 语句的区别是：continue 语句只结束本次循环，而不是终止整个循环的执行，而 break 语句则是结束整个循环过程，不再判断执行循环的条件是否成立。

如果有以下两个循环结构：

(1) while（表达式 1）   (2) while（表达式 1）
   { ………………   {……………
    if (表达式 2) break;   if(表达式 2) continue;
    ………………   ……………
   }   }

注意它们的区别。

二、任意整数分离出千位、百位等位数的方法

假如整数 n = 100086，试分离出 n 的万位、千位、百位、十位和个位。程序代码如下：

```
#include<stdio.h>
void main()
{
    unsigned int n = 10086;
    unsigned int wan, qian, bai, shi, ge;
    wan = n/10000%10; //分离出万位上的数，掌握 n/10000 这个规律
    qian = n/1000%10; // //分离出千位上的数，掌握 n/1000 这个规律

    bai = n/100%10; //分离出百位上的数，掌握 n/1000 这个规律
    shi = n/10%10; // 分离出十位上的数，掌握 n/1000 这个规律
    ge = n%10; // //分离出千位上的数，掌握 n%10 这个规律
    printf("%d %d %d %d %d", wan, qian, bai, shi, ge);
}
```

【任务实施】

在 Proteus 软件中按图 5-7 绘制电路图。在 Keil C51 中新建工程，命名任务 5-3，输入程序并调试运行。

项目五 简易计算器设计制作

这里仿真电路中使用的键盘是 Proteus 系统自带的，关键字为"KEYPAD-SMALLCALC"。

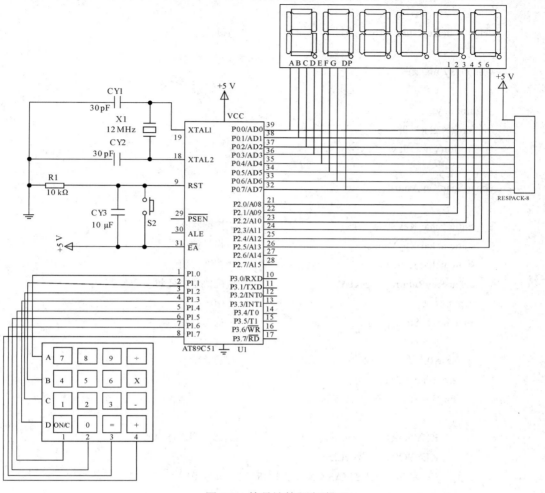

图 5-7 简易计算器电路

简易计算器电路对应的程序代码如下：

```
#include <reg52.h>
#include <intrins.h>
#define uchar unsigned char
#define uint unsigned int
#define keymask 0x0f
#define KEYPORT      P1           //键盘接入端口
#define NOKEY 255                 //无键值标志
#define KEYMASK 0x0f              //
uchar aa, flag = 0, op, flag1, flag2, timerflag = 0;
long diyi, dier, jieguo;
uchar code weixuan[] = {0xdf, 0xef, 0xf7, 0xfb, 0xfd, 0xfe};
uchar code table[] = {0x3f, 0x06, 0x5b, 0x4f, 0x66, 0x6d, 0x7d, 0x07, 0x7f, 0x6f, 0x00};
```

```c
uchar  buffer[6] = {10, 10, 10, 10, 10, 10};

uchar g_ucKeyNum = 16;                        //键值

void delay(uint z)
{
    uint x, y;
    for(x = z; x > 0; x--)
        for(y = 110; y > 0; y--);
}
uchar ScanKey(void)
{
    static uchar KeyState = 0;                //按键状态
    static uchar KeyValue;                    //临时键值
    static uchar KeyLine;                     //按键行值
    uchar KeyReturn = NOKEY;                  //键值返回变量
    uchar i;                                  //循环变量
    switch(KeyState)                          //状态判断
    {
        case 0:                               //初始状态
        KeyLine = 0x10;
        for (i = 1; i <= 4; i++)
        {
            KEYPORT = ~KeyLine;               //第一列送低电平
            KEYPORT = ~KeyLine;
            KeyValue = KEYMASK & KEYPORT;     //读取 P1 口行值
            if (KeyValue == KEYMASK)
            {
                KeyLine <<= 1;                //扫描下一列
            }
            else
            {
                KeyState++;
                break;
            }
        }
        break;

        case 1:                               //确认状态
        if (KeyValue == (KEYMASK & KEYPORT))
```

```c
        {
            switch(KeyLine | KeyValue)
            {
                case 0x87:KeyReturn = 10; break;           // +号
                case 0x8b:KeyReturn = 11; break;           // -号
                case 0x8d:KeyReturn = 12; break;           // ×号
                case 0x8e:KeyReturn = 13; break;           // ÷号
                case 0x47:KeyReturn = 14; break;           // =号
                case 0x4b:KeyReturn = 3; break;
                case 0x4d:KeyReturn = 6; break;
                case 0x4e:KeyReturn = 9; break;

                case 0x27:KeyReturn = 0; break;
                case 0x2b:KeyReturn = 2; break;
                case 0x2d:KeyReturn = 5; break;
                case 0x2e:KeyReturn = 8; break;

                case 0x17:KeyReturn = 15; break;           //清零
                case 0x1b:KeyReturn = 1; break;
                case 0x1d:KeyReturn = 4; break;
                case 0x1e:KeyReturn = 7; break;
                default:KeyReturn = 16; break;
            }
            KeyState++;                                    //进入状态2
        }
        else
          KeyState--;                                      //否则进入状态0
         break;
        case 2:                                            //完成态
        KEYPORT = 0x0f;
        KEYPORT = 0x0f;
        if((KEYMASK & KEYPORT) == KEYMASK)
        {
            KeyState = 0;
        }
        break;
    }
    return KeyReturn;
}
void doo(uchar key)                                        //键值处理函数
```

```c
{   uchar   i, n, k, a[6], b[6], c[6];
    long m;
    if((key >= 0)&&(key <= 9))
        {   if(flag == 1)                        //允许清除缓存数组
            {   flag = 0;
                for(i = 0; i < 6; i++)           //6 个元素置为 10，数码管便不显示
                buffer[i] = 10;
            }
            if(flag2 == 1) buffer[0] = 10;       //有按键，buffer[0]首先显示
              for(i = 0; i < 5; i++)
                buffer[5-i] = buffer[4-i];       //一个按键值进来首先向左移动一个位置
                buffer[0] = key;
        }
    if((key >= 10)&&(key <= 13))                 //准备运算的两个操作数
    {   op = key;
        for(i = 0; i < 6; i++)                   //取出缓存数组的值放入数组 a
            {   a[i] = buffer[i];
                if(a[i] == 10)                   //标志 10 表示的是 0
                a[i] = 0;
            }
        diyi = a[5]*100000+a[4]*10000+a[3]*1000+a[2]*100+a[1]*10+a[0]; //拼成一个数
        flag = 1;                                //放置标志位 flag=1，可以清除缓存数组
    }
    if(key == 14)        //若点击 = 号，则准备运算，为假则准备接收第 2 个操作数
    {   for(i = 0; i < 6; i++)                   //第二个操作数放数组 b
        {   b[i] = buffer[i];
            if(b[i] == 10)
            b[i] = 0;
        }
        dier = b[5]*100000+b[4]*10000+b[3]*1000+b[2]*100+b[1]*10+b[0];  //拼成第 2 个操作数
        switch(op)
        {   case 10:    jieguo = diyi+dier; break;   //两个数进行加减乘除运算
            case 11:    jieguo = diyi-dier; break;
            case 12:    jieguo = diyi*dier; break;
            case 13: m = diyi/dier; n = diyi%dier*10/dier; k = diyi%dier*10%dier*10/dier; break;
            default:    break;
        }
        if(op == 13)                             //除法相关操作
        {   flag1 = 1;
            buffer[0] = k;
```

```
            buffer[1] = n;
            for(i = 2; i < 6; i++)
            {   c[i] = m%10;
                m = m/10;
            }
            i = 5;
            while((c[i] == 0)&&(i > 2))
            {   c[i] = 10;
                i--;
            }
            for(i = 2; i < 6; i++)
            buffer[i] = c[i];
        }
        else
        {   for(i = 0; i < 6; i++)
            {   c[i] = jieguo%10;
                jieguo = jieguo/10;
            }
            i = 5;
            while(c[i] == 0)
            {   c[i] = 10;
                i--;
                if(i == 255) break;
            }
            for(i = 0; i < 6; i++)
                buffer[i] = c[i];
            if(buffer[0] == 10)           //最低位为 0，显示出来
                buffer[0] = 0;
        }
    }                                      //若点击=号，则操作到此才结束
    if(key == 15)                          //清零相关操作
    {   for(i = 0; i < 6; i++)
        buffer[i] = 10;
        buffer[0] = 0;
        flag = 0;
        flag1 = 0;
        flag2 = 0;
    }
}
void disp(void)                            //显示缓存数组中的内容
```

```c
{
    uint i;
    for(i = 0; i < 6; i++)
    {
        P2 = weixuan[i];
        if(buffer[i] == 0x10){
            P0 = table[buffer[0]];
        }
        else{
            if(flag1 == 1&&buffer[2] != 10&&I == 2){        //加上小数点
                P0 = table[buffer[2]]|0x80;
                flag = 0;
            }
            else{
                P0 = table[buffer[i]];
            }
        }
        delay(5);
        P2 = 0xff;
    }
}

void main()
{
    uchar keynum;
    TMOD = 0x01;                    //定时器相关初始化操作
    EA = 1;
    ET0 = 1;
    TH0 = 0xd8;                     // 10 ms 产生一次中断
    TL0 = 0xf0;
    TR0 = 1;
    while(1)
    {
        disp();
        if(timerflag == 1){
            keynum = ScanKey();     //扫描得出键值
            if(keynum != 0xff)      //有键按下时转键值处理
            {   flag2++;
                doo(keynum);
            }
```

```
            Timerflag = 0;
        }
    }
}

    void Time0() interrupt 1        //定时器中断服务函数
    {
        TH0 = 0xd8;                 //10 ms 产生一次中断
        TL0 = 0xf0;
        Timerflag = 1;
    }
```

【进阶提高】

如图 5-8 所示，在简易计算器任务的基础上，加上按键声音。

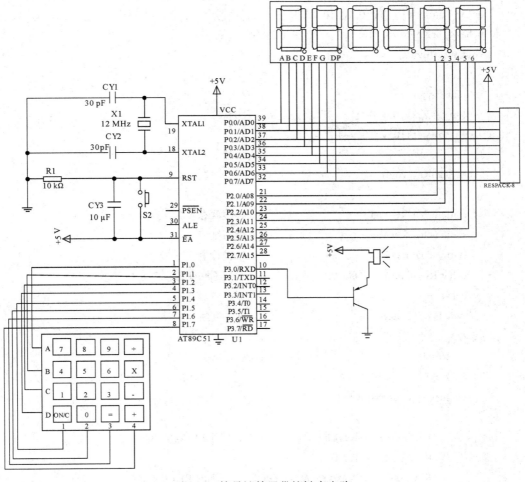

图 5-8　简易计算器带按键音电路

简易计算器加按键音对应的程序代码如下:

```c
#include <reg52.h>
#include <intrins.h>
#define uchar unsigned char
#define uint unsigned int
#define keymask 0x0f
#define KEYPORT        P1              //键盘接入端口
#define NOKEY 255                      //无键值标志
#define KEYMASK 0x0f                   //
sbit beep=P3^0;
uchar aa, flag = 0, op, flag1, flag2, timerflag = 0, count = 0;
long diyi, dier, jieguo;
uchar code weixuan[] = {0xdf, 0xef, 0xf7, 0xfb, 0xfd, 0xfe};
uchar code table[] = {0x3f, 0x06, 0x5b, 0x4f, 0x66, 0x6d, 0x7d, 0x07, 0x7f, 0x6f, 0x00};
uchar   buffer[6] = {0, 10, 10, 10, 10, 10};
uchar g_ucKeyNum = 16;                 //键值
void delay(uint z)
{
    uint x, y;
    for(x = z; x > 0; x--)
        for(y = 110; y > 0; y--);
}
uchar ScanKey(void)
{
    static uchar KeyState = 0;         //按键状态
    static uchar KeyValue;             //临时键值
    static uchar KeyLine;              //按键行值
    uchar KeyReturn = NOKEY;           //键值返回变量
    uchar i;                           //循环变量
    switch(KeyState)                   //状态判断
    {
        case 0:                        //初始状态
        KeyLine = 0x10;
        for (i = 1; i <= 4; i++)
        {
            KEYPORT = ~KeyLine;        //第一列送低电平
            KEYPORT = ~KeyLine;
            KeyValue = KEYMASK & KEYPORT;   //读取 P1 口的行值
            if (KeyValue == KEYMASK)
```

```c
            {
                KeyLine <<= 1;                    //扫描下一列
            }
            else
            {
                KeyState++;
                break;
            }
        }
        break;
    case 1:                                        //确认状态
        if (KeyValue == (KEYMASK & KEYPORT))
        {
            switch(KeyLine | KeyValue)
            {
                case 0x87:KeyReturn = 10; break;   //+号
                case 0x8b:KeyReturn = 11; break;   //-号
                case 0x8d:KeyReturn = 12; break;   // ×号
                case 0x8e:KeyReturn = 13; break;   // ÷号
                case 0x47:KeyReturn = 14; break;   // =号
                case 0x4b:KeyReturn = 3; break;
                case 0x4d:KeyReturn = 6; break;
                case 0x4e:KeyReturn = 9; break;
                case 0x27:KeyReturn = 0; break;
                case 0x2b:KeyReturn = 2; break;
                case 0x2d:KeyReturn = 5; break;
                case 0x2e:KeyReturn = 8; break;
                case 0x17:KeyReturn = 15; break;   //清零
                case 0x1b:KeyReturn = 1; break;
                case 0x1d:KeyReturn = 4; break;
                case 0x1e:KeyReturn = 7; break;
                default:KeyReturn = 16; break;
            }
            KeyState++;        //进入状态 2
        }
        else
            KeyState--;        //否则进入状态 0
        break;
    case 2:                                        //完成态
```

```c
                    KEYPORT = 0x0f;
                    KEYPORT = 0x0f;
                    if((KEYMASK & KEYPORT) == KEYMASK)
                    {
                        KeyState = 0;
                    }
                break;
            }
        return KeyReturn;
    }
    void doo(uchar key)                    //键值处理函数
    {   uchar   i, n, k, a[6], b[6], c[6];
        long m;
        if((key >= 0)&&(key <= 9))
            {   if(flag == 1)              //允许清缓存数组
                {   flag = 0;
                    for(i = 0; i < 6; i++) //六个元素置为10，数码管便不显示
                    buffer[i] = 10;
                }
                if(flag2 == 1) buffer[0] = 10;   //有按键，buffer[0]首先显示
                for(i = 0; i < 5; i++)
                    buffer[5-i] = buffer[4-i];   //一个按键值进来，先向左移动一个位置
                buffer[0] = key;
            }
        if((key >= 10)&&(key <= 13))       //准备运算的两个操作数
            {   op=key;
                for(i = 0; i < 6; i++)     //取出缓存数组的值放入数组 a
                {   a[i] = buffer[i];
                    if(a[i] == 10)         //标志 10 表示的是 0
                        a[i] = 0;
                }
                Diyi = a[5]*100000+a[4]*10000+a[3]*1000+a[2]*100+a[1]*10+a[0]; //拼成一个数
                flag = 1;                  //放置标志位 flag = 1，可以清除缓存数组
            }
        if(key==14&&count == 0)            //若点击=号，则准备运算，为假则准备接收第 2 个操作数
            {   for(i = 0; i < 6; i++)     //第二个操作数放数组 b
                {   b[i] = buffer[i];
                    if(b[i] == 10)
                        b[i] = 0;
```

}
Dier = b[5]*100000+b[4]*10000+b[3]*1000+b[2]*100+b[1]*10+b[0]; //拼成第 2 个操作数
switch(op)
{   case 10:   jieguo = diyi+dier; break;   //两个数进行加减乘除运算
    case 11:   jieguo = diyi-dier; break;
    case 12:   jieguo = diyi*dier; break;
    case 13:   m = diyi/dier;
                n = diyi%dier*10/dier; k = diyi%dier*10%dier*10/dier; break;
    default: break;
}
if(op == 13)//除法相关操作
{   flag1 = 1;
    buffer[0] = k;
    buffer[1] = n;
    for(i = 2; i < 6; i++)
    {   c[i] = m%10;
        m = m/10;
    }
    i = 5;
    while((c[i] == 0)&&(i>2))
    {   c[i] = 10;
        i--;
    }
    for(i = 2; i < 6; i++)
        buffer[i] = c[i];
}
else {   for(i = 0; i < 6; i++)
    {   c[i] = jieguo%10;
        jieguo = jieguo/10;
    }
    i = 5;
    while(c[i] == 0)
    {   c[i] = 10;
        i--;
        if(i == 255) break;
    }
    for(i = 0; i < 6; i++)
        buffer[i] = c[i];
    if(buffer[0] == 10)   //最低位为 0，显示出来

```
                buffer[0] = 0;
            }
            count++;
        }                       //若点击 = 号，则操作到此才结束
        if(key == 15)           //清零相关操作
        {   for(i = 0; i < 6; i++)
            buffer[i] = 10;
            buffer[0] = 0;
            flag = 0;
            flag1 = 0;
            flag2 = 0;
        }
}
void disp(void)//显示缓存数组中的内容
{
    uint i;
    for(i = 0; i < 6; i++)
    {
        P2 = weixuan[i];
        if(buffer[i] == 0x10){
            P0 = table[buffer[10]];
        }
        else{
            if(flag1 == 1&&buffer[2] != 10&&i == 2){        //加上小数点
                P0 = table[buffer[2]]|0x80;
                flag = 0;
            }
            else{
                P0 = table[buffer[i]];
            }
        }
        delay(5);
        P2 = 0xff;
    }
}

void main()
{
    uchar keynum;
```

```
        TMOD = 0x01; //定时器相关初始化操作
        EA = 1;
        ET0 = 1;
        TH0 = 0xd8;            //10 ms 产生一次中断
        TL0 = 0xf0;
        TR0 = 1;
        while(1)
        {
            disp();
            if(timerflag == 1){
                keynum = ScanKey(); //扫描得出键值
                if(keynum != 0xff)//有键按下时开启按键音以及转键值处理
                {   flag2++;
                    beep = 0;
                    delay(50);
                    beep = 1;
                    count = 0; //只计算一次
                    doo(keynum);
                }
                timerflag = 0;
            }
        }
    }
    void Time0() interrupt 1 //定时器中断服务函数
    {
        TH0 = 0xd8;            //10 ms 产生一次中断
        TL0 = 0xf0;
        timerflag = 1;
    }
```

四、项目总结

本项目主要介绍了按键识别检测、去抖动的常用方法。按键识别检测有线反转方法、行列扫描方法以及状态机方法。

五、教学检测

5-1　简述利用线反转方法进行按键检测的原理。

5-2　简述利用行列扫描方法进行按键检测的原理。

项目六 单片机温度采集系统设计

一、学习目标

1. 了解单片机串口的概念。
2. 掌握单片机串口的硬件结构。
3. 掌握单片机串口的通信工作方式。
4. 掌握单总线(一线总线)的工作原理。
5. 掌握单片机驱动 DS18B20 的方法。

项目六课件

二、学习任务

随着测温技术的快速发展，国外的测温系统已经很成熟，产品也比较多。近几年来，国内也有许多高精度温度测量系统的产品，但是对于用户来说价格较高。随着市场的竞争越来越激烈，现在企业发展的趋势是如何在降低成本的前提下有效地提高生产能力。追求价格便宜、性能高效且应用广泛的器件是企业优先考虑的问题，因此设计出一种操作简单、性能优越、价格便宜的测温系统，将会有很好的发展潜力。

本项目介绍了用 51 单片机为核心制作温度采集系统。单片机可以依据温度传感器 DS18B20 所收集的温度在液晶屏上实时显示。

三、任务分解

本项目可分解为以下四个学习任务：
(1) 用串口扩展 IO 口；
(2) 单片机双机通信；
(3) PC 与单片机串口通信；
(4) DS18B20 温度采集系统。

任务一 用串口扩展 IO 口

【任务描述】

大街上有很多点阵广告屏，有的是插 U 盘更新内容，有的则是使用 PC 机通过单片机串口动态更新内容，串口动态更新内容的实质就是单片机与外界通信。单片机之间可实现双机通信、多机通信并可与 PC 机通信；利用 PC 机与单片机可组成上位机、下位机通信网络。本任务用单片机的串口扩展出 8 个 IO 口，实现流水灯效果。

【任务分析】

熟悉并掌握单片机串口的硬件结构，熟悉单片机串口通信工作方式 0 的应用。

【相关知识】

一、串行通信概述

1. 串行通信概念

根据传送端与接收端间一次可传送的位数不同，可将传输方式分为并行传输与串行传输两种。

1) 并行传输

并行传输(parallel transmission)是指传送端与接收端之间有多个传送通道，同一时间有多位同时经由多个传输通道传送到接收端，即每一个传输通道负责一位传输。此种传输

6-1　单工、半双工、全双工

方式，因一次传输多位，所以整体传输性能较高。但因传送端与接收端需多个传输通道，其传输成本较高，且因每个传输通道特性不太一样，所以虽传送端同时将数据送出，但也会造成各个传输位到达接收端时间有所差别。

2) 串行传输

串行传输(serial transmission)是指传送端与接收端仅有一个传输通道，传输数据以一次一位的方式依次传送到接收端。因传送端与接收端仅用一条传输线，成本较低，且因一次仅传送一位，故接收端一次仅处理一位，不像并行传输需要等待多位到达的等待时间，所以其单位时间可传输的位数(或称为传输率)比较高，且较适合远距离传输。

由于串行传输比较适合远距离传输，且其位传输率较高，所以目前大多数的数据传输技术都是采用串行传输。串行传输根据其接收端与传送端的位同步技术的不同，又可以分为异步串行传输与同步串行传输两种。

(1) 异步串行传输。

在异步传输中，传送端与接收端只需约定以 X 速率来传输，接收端的接收时钟产生方式和传送端的位传输时钟是互相独立无关的。传送端以 X 速率传送数据而接收端也以 X 速率接收数据，但传送端与接收端产生的频率则会有一定程度的相位差，若其相位差太大，则会造成接收错误。这种传输方式是在允许传送有接收时钟频率，且不需要完全同步的情况下进行的，故称为异步传输。

数据(以字符为单位)是一帧一帧传送的，每一帧有相应的数据格式，如图 6-1 所示。在帧格式中，一般来说一个字符由 4 部分组成：起始位、数据位、奇偶校验位和停止位。异步通信依靠起始位、停止位控制通信的开始和结束，即保持通信同步。

图 6-1　异步通信字符帧的格式

异步通信传送的数据是不连续的，以字符为单位传送，字符间隔不固定，如果停止位

以后不是紧接着传送下一个字符,则要使线路电平保持为高电平。每一帧数据传送均为低位在前、高位在后。

例如:"5"的 ASCII 码为 35H,其对应的 7 位数据位为 0110101。按低位在前、高位在后顺序排列应为 1010110。前面加一位起始位 0,后面配上偶校验位一位 0,最后面加一位停止位 1,所以,传送的字符格式为 0101011001,如图 6-2 所示。

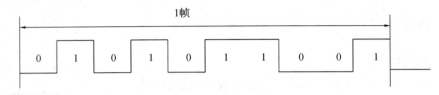

图 6-2 "5"的 ASCII 码异步通信字符帧格式

位同步:在异步串行传输中,若接收端的接收时钟 RXC 与传送时钟 TXC 的误差过大,将造成接收端的位解码错误。

字符同步:对异步传输而言,接收端在检测到传送端开始传送数据时才进行接收取样同步,因其传送与接收时钟频率可能存在一定程度的误差,若传送端一次传送太多数据,则因接收时钟频率误差关系,使得接收时间较长时,接收时钟的累计误差将大到足以造成接收数据的错误。因此,在异步传输中,传送端一次传输的数据量将限制在一个字符。

波特率:在用异步传输方式进行通信时,发送端需要用时钟来决定每一位对应的时间长度,接收端需要用一个时钟来测定每一位的时间长度,前一个时钟叫发送时钟,后一个时钟叫接收时钟,这两个时钟的频率可以是位传输率的 16 倍、32 倍或者 64 倍。这个倍数称为波特率因子,而位传输率称为波特率(baud rate)。波特率的定义为每秒钟传送的二进制数码的位数(也称比特数),单位通常为 b/s (bit per second),即位/秒。波特率是串行通信的重要指标,用于表征数据传输的速度。波特率越高,数据传输速度越快,但和字符的实际传输速率不同。字符的实际传输速率是指每秒钟内所传字符帧的帧数,除了和波特率有关外,还和字符帧格式等有关。

每位的传输时间定义为波特率的倒数。例如:波特率为 9600 b/s 的通信系统,其每位的传输时间应为

$$T_d = \frac{1}{9600} = 0.104 \text{ (ms)} \tag{6-1}$$

波特率还和信道的频带有关。波特率越高,信道频带越宽。因此,波特率也是衡量通道频宽的重要指标。通常,异步通信的波特率在 50~9600 b/s 之间。波特率不同于发送时钟和接收时钟,常是时钟频率的 1/16 或 1/64。

在波特率因子为 16 的条件下,通信时,接收端在检测到电平由高到低变化以后,便开始计数,计数时钟就是接收时钟。当计到第 8 个时钟以后,就对输入信号进行采样,如仍为低电平,则确认这是起始位,而不是干扰信号。此后,接收端每隔 16 个时钟脉冲对输入线进行一次采样,直到各个信息位以及停止位都输入以后,采样才停止。当下一次出现由 1 到 0 的跳变时,接收端重新开始采样。正因为如此,在异步通信时,发送端可以在字符之间插入不等长的时间间隔,即所谓的空闲位。

虽然接收端和发送端的时钟没有直接的联系,但是因为接收端总是在每个字符的起始

位处进行一次重新定位,因此,必须要保证每次采样对应一个数据位。只有当接收时钟和发送时钟的频率相差太大,从而引起在起始位之后刚采样几次就造成错位时,才出现采样造成的接收错误。如果遇到这种情况,那么,就会出现停止位(按规定停止位应为高电平)为低电平(此情况下,未必每个停止位都是低电平),于是会引起信息帧格式错误。对于这类错误,大多数串行接口都是有能力检测出来的。也就是说,大多数可编程的串行接口都可以检测出奇/偶校验错误和信息帧格式错误。

异步通信的优点是不需要传送同步脉冲,字符帧长度也不受限制,故所需设备简单。缺点是字符帧中因包含有起始位和停止位而降低了有效数据的传输速率。

(2) 同步串行传输。

在同步传输中,每一数据块在开始时发送一个或两个同步字符,使发送与接收双方取得同步。数据块的各个字符间取消了起始位和停止位,所以通信速度得以提高,见图 6-3。同步通信时,如果发送的数据块之间有间隔时间,则发送同步字符填充。

图 6-3 同步通信的格式

同步通信以一个帧为传输单位,每个帧中包含有多个字符。在通信过程中,每个字符间的时间间隔是相等的,而且每个字符中各相邻位代码间的时间间隔也是固定的。同步通信的数据格式如图 6-3 所示。

同步通信的规程有以下两种:

① 面向比特(bit)型规程:以二进制位作为信息单位。现代计算机网络大多采用此类规程,最典型的是 HDLC(高级数据链路控制)通信规程。

② 面向字符型规程:以字符作为信息单位。字符是 EBCD 码或 ASCII 码。最典型的是 IBM 公司的二进制同步控制规程(BSC 规程)。在这种控制规程下,发送端与接收端采用交互应答式进行通信。

2. RS-232 异步串行传输应用

在实际应用中,常常用到较大规模的数据采集系统。在这些系统中,往往采用单片机做下位机进行现场测控,而由 PC 机或单片机做主机完成整体控制。串行通信由于接线少、成本低,在此类系统中得到了广泛的应用。

由于单片机使用的电平是 TTL 电平,而计算机串口则使用的是 RS-232 电平,两者要通信,一般要进行电平转换。

常用的串行通信总线接口有 3 类:第一类是 RS-232C,其适合短距离的通信;第二类是 RS-499、RS-422、RS-423 和 RS-485,它们的通信距离比起 RS-232C 来说大得多,数据传输速率也快得多,但是设备成本较高;第三类是 20MA 电流环,这是一类非标准的串行接口电路,它的结构简单,对电气噪声不敏感,抗干扰能力强。在实际应用中,应根据自己的需要选择合适的通信接口电路类型。

1) RS-232C 接口

RS-232 是由 EIA 协会制定的标准。EIA 是美国电子工业协会的简称,此协会指定的标准以 RS(Recommended Association)为开头。RS-232 即是 EIA 指定的,广泛应用于微机系统中,此标准通常被用在数据终端设备 DTE 与数据通信设备(DCE)或其他外围设备间的串行传输接口标准。

在传输过程中,最重要的是接收端与传送端的数据同步问题。因为传送端发送出的串行数据有一定的传输速率,接收端也必须具有相同的接收速率,而且必须在数据稳定时进行数据取样,因此最好能在每个位宽度的一般时间取样,也就是在位时序的中间取样。

在异步串行传输里,传输端与接收端必须选择相同的传输速率(如 1200、2400、4800、9600 等),单位为波特率,其定义为每秒传输线上信号变化的速率。

2) RS-232 接头类型

EIA 定义 RS-232 的标准连接头为 25 个引脚。对于目前的应用环境,标准 D 型接头的 25 个引脚大部分是用不到的,因此,大部分 RS-232C 制造厂商将 DB-25 引脚中比较常用到的 9 个引脚制作成 9 引脚(或 DB-9)RS-232C 接头,DB-9 与 DB-25 的引脚对应关系及其名称说明见表 6-1。

表 6-1 引 脚 含 义

9 引脚接头 DB-9	25 引脚接头 DB-25	引 脚 名 称
1	8	CD:对方的 DCE 已就绪
2	2	TxDATA:传送数据
3	3	RxDATE:接收数据
4	20	DTR:DTE 已就绪
5	7	Signal Ground:接地线
6	6	Data Set Ready(DSR):DCE 已就绪
7	4	Request to Send(RTS):DTE 要求传送
8	5	Clear To Send (CTS):DCE 已将传送线路设定好,DTE 可开始传送
9	22	Ring Indication(RI):DCE 接收到对方的 DCE 要建立通信通道

3) RS-232C 的连接及电气特性

RS-232C 规定了自己的电气标准:用正负电压来表示逻辑状态,与 TTL 以高低电平表示逻辑状态的规定不同;采用负逻辑,即逻辑"0"表示 +5～+15 V,逻辑"1"表示 -5～-15 V。为了能够同步计算机接口或终端的 TTL 器件,必须在 RS-232C 与 TTL 电路之间进行电平和逻辑关系的转换。实现这种转换的方法可用分立元件,也可用集成电路芯片。目前较为广泛地使用集成电路转换器件,如 MC1488、SN75154 等芯片可完成 TTL 电平到 RS-232C 电平的转换,而 MC1489、SN75154 可实现 RS-232C 电平到 TTL 电平的转换。常用的芯片是集成转换器 MAX232。图 6-4 为 RS-232C 的引脚图。

项目六 单片机温度采集系统设计

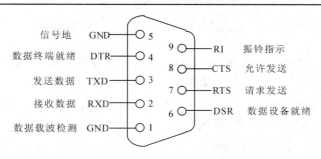

图 6-4 RS-232C 引脚图

因通信时(有干扰)信号要衰减,所以常采用 RS-232 电平负逻辑,拉开"0"和"1"的电压档次,以免信息出错。

表 6-2 TTL 电平和 RS-232 电平比较

	TTL 电平(负逻辑)	RS-232 电平(负逻辑)
正(逻辑 1)	5 V	$-3\sim-15$ V
负(逻辑 0)	0 V	$+3\sim+15$ V

二、单片机的串行口 UART

AT89C51 单片机内部含有一个可编程的全双工通信串行接口,它可以作 UART (Universal Asynchronous Receiver/Transmitter,通用异步收发器)用,也可以作同步移位寄存器用,其内部结构如图 6-5 所示。串行口主要由发送数据缓冲器、发送控制器、输出控制门、接收数据缓冲器、接收控制器、输入移位寄存器等组成。发送数据缓冲器只能写入、不能读出,接收数据缓冲器只能读出、不能写入,故这两个缓冲器共用一个特殊功能寄存器 SBUF 名称,在 SRF 块中共用一个地址(字地址 99H),由读写指令区分,CPU 写 SBUF 时为发送缓冲器,读 SBUF 时为接收缓冲器。

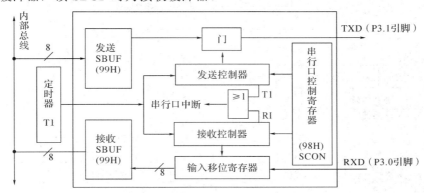

图 6-5 串行口的结构

串行口 UART 通过引脚 TXD(P3.1,串行数据发送引脚)发送数据,通过 RXD(P3.0,串行数据接收引脚)接收数据,其帧格式可以是 8 位、10 位、11 位,并能设置不同的波特率,给串行数据的传送带来很大的灵活性。

串行发送与接收的速率与移位时钟同步,定时器 T1 作为串行通信的波特率发生器,

T1 溢出率经 2 分频(或不分频)又经 16 分频作为串行发送或接收的移位时钟。移位时钟的速率即为波特率。

发送数据过程：CPU 通过内部总线将并行数据写入发送 SBUF，在发送控制电路的控制下，按设定好的波特率，每来一次移位脉冲，通过引脚 TXD 向外输出一位。一帧数据发送结束后，向 CPU 发出中断申请，TI 位置 1。CPU 响应中断后，开始准备发送下一帧数据。

接收数据过程：CPU 不停地检测引脚 TXD 上的信号，当信号中出现低电平时，在接收控制电路的控制下，按设定好的波特率，每来一次移位脉冲，读取外部设备发送的一位数据到移位寄存器。一帧数据结束后，数据被存入接收 SBUF，同时向 CPU 发出中断申请，RI 位置 1。CPU 响应中断后，开始接收下一帧数据。

1. UART 控制寄存器

UART 串行口是可编程口，需要通过将控制写入预定的特殊功能寄存器 SCON(串行口控制器)和 PCON(电源控制器)来设定串行口的工作方式和工作特性。

1) SCON 控制器

SCON 是一个特殊功能寄存器，用于设定串行口工作方式、接收/发送控制器以及设置状态标志，对应的字地址为 98H，可进行位寻址。

SCON 各位定义如下：

SM0、SM1：串行口方式选择位，用于控制串行口的工作方式，如图 6-6(a)所示。

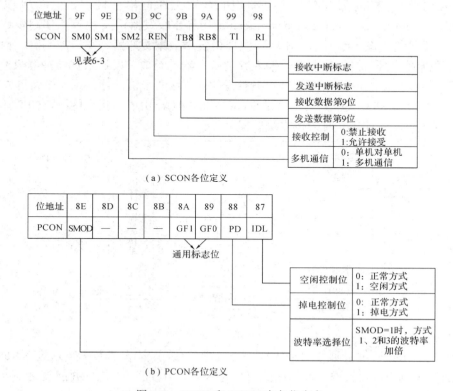

图 6-6 SCON 和 PCON 中各位定义

SM2：允许方式 2 和方式 3 进行多机通信控制位。在方式 0 下，SM2 不用，应设置为

0 状态。在方式 1 下，如 SM2 = 1，则只有收到有效停止位时才激活 RI，并自动发出串行口中断请求(设中断是开放的)，若没有收到有效停止位，则 RI 清零，在这种方式下，SM2 也应设置为 0。在方式 2 或方式 3 下，若 SM2 = 1，则接收到的第 9 位数据(RB8)为 0 时不激活 RI；若 SM2 = 0，则串行口以单机发送或接收方式工作，TI 和 RI 以正常方式被激活，但不会引起中断请求；若 SM2 = 1 和 RB8 = 1，则 RI 不仅被激活而且可以向 CPU 请求中断。

REN：允许串行接收控制位。由软件清零(REN = 0)时，禁止串行口接收；由软件置位(REN = 1)时，允许串行口接收。

TB8：工作在方式 2 和方式 3 时要发送数据的第 9 位。TB8 根据需要由软件置位或复位。

RB8：工作在方式 2 和方式 3 时接收到的第 9 位数据，实际上是来自发送机的 TB8。在方式 1 下，若 SM2 = 0，则 RB8 用于存放接收到的停止位。在方式 0 下，不使用 RB8。

TI：发送中断标志位，用于指示一帧数据发送完否。在方式 0 下，发送电路发送完第 8 位数据时，TI 由内部硬件自动置位，请求中断；在其他方式下，TI 在发送电路开始发送停止位时由硬件置位，请求中断。这就是说：TI 在发送前必须由软件复位，发送完一帧后由硬件置位。因此，可以通过查询 TI 状态来判断一帧信息是否已发送完毕。

表 6-3 串行口的工作方式和所用波特率对照表

SM_0	SM_1	相应工作方式	说　　明	所用波特率
0	0	方式 0	同步移位寄存器	$f_{osc}/12$
0	1	方式 1	10 位异步收发	波特率可变，由定时器控制(T_1 溢出率/n)
1	0	方式 2	11 位异步收发	$f_{osc}/32$ 或 $f_{osc}/64$
1	1	方式 3	11 位异步收发	波特率可变，由定时器控制(T_1 溢出率/n)

RI：接收中断标志位，用于指示一帧信息是否接收完。在方式 0 下，RI 在串行接收完第 8 位数据时由硬件置位；在其他方式下，RI 是在接收电路接收到停止位的中间位时置位的。RI 也可供 CPU 查询，以决定 CPU 是否需要从"SBUF(接收)"中提取接收到的字符或数据。和 TI 一样，RI 也不能自动复位，只能由软件复位。

2) 电源控制寄存器 PCON

电源控制寄存器 PCON，对应的字地址为 87H，只有 D7 位 SMOD 与串行通信有关，如图 6-6(b)所示。

PCON 中与串行接口有关的只有 D7(即 SMOD)，其余各位用于 AT89C51 的电源控制，此处不再介绍。

SMOD：串行口波特系数控制位。在方式 1、方式 2 和方式 3 时，串行通信波特率和 2SMOD 成正比。即：当 SMOD = 1 时，通信波特率可以提高一倍。SMOD 的这种控制作用可以用图 6-6(b)中的 SMOD 开关表示。

三、串行口的通信波特率

AT89C51 单片机串行通信的波特率随串行口工作方式选择不同而不同，它除了与系统的振荡频率 f_{osc} 和电源控制寄存器 PCON 的 SMOD 位有关外，还与定时器 T1 的设置有关。串行口的通信波特率反映了串行传输数据的速率。通信波特率的选用，不仅和所选通信设备、传输距离和 MODEM 型号有关,还受传输线状况所制约。用户应根据实际需要加以正确选用。

1. 方式 0 的波特率

在方式 0 下,串行口的通信波特率是固定不变的,仅与系统振荡频率 f_{osc} 有关,其值为 $f_{osc}/12$(f_{osc} 为主机频率)。

2. 方式 2 的波特率

在方式 2 下,波特率也只有两种:$f_{osc}/32$ 或 $f_{osc}/64$。用户可以根据 PCON 中 SMOD 位状态来驱使串行口在哪个波特率下工作。选定公式为

$$波特率 = \frac{2^{SMOD}}{32} \cdot f_{osc} \tag{6-2}$$

这就是说:若 SMOD = 0,则所选波特率为 $f_{osc}/64$;若 SMOD = 1,则波特率为 $f_{osc}/32$。

3. 方式 1 或方式 3 的波特率

在这两种方式下,串行口波特率是由定时器 T1 或 T2(仅 8052 有)的溢出率和 SMOD 决定的,因此要确定波特率,关键是要计算定时器 T1 或 T2 的溢出率,T1 或 T2 是可编程的,可选的波特率的范围很大,因此,这是很常用的工作方式。

8051 系列单片机没有定时器 T2,因此波特率只能由 T1 产生。8052 系列单片机,当专用寄存器 T2CON 的 RCLK 位为 0 时,接收波特率由 T1 产生,当 RCLK = 1 时,由 T2 产生;当 T2CON 的 TCLK = 0 时发送波特率由 T1 产生,当 TCLK = 1 时,由 T2 产生。以下只讨论由定时器 T1 产生波特率的情况。

定时器 T1 用作波特率发生器时,应禁止 T1 中断。通常 T1 工作于定时方式(专用寄存器 TMOD 的 D6 = 0),T1 的计数脉冲为振荡频率的 12 分频信号。

这两种方式下,波特率的相应公式为

$$波特率 = \frac{2^{SMOD}}{32} \cdot 定时器\ T_1\ 溢出率 \tag{6-3}$$

定时器 T1 的溢出率可定义为

$$定时器\ T1\ 的溢出率 = 定时器\ T1\ 溢出次数/秒 \tag{6-4}$$

定时器 T1 的溢出率与定时器的操作模式有关,可通过改变片内特殊功能寄存器 TMOD 中定时器 T1 字段的 M1、M0 两位,即 TMOD.5 和 TMOD.4 位,可以使定时器 T1 工作在四种工作方式(定时器处于方式 3 时,相当于 TR1 = 0,停止计数,故 T1 实际上只有 0、1、2 这三种方式)。以下只讨论定时器 T1 处于方式 2(M1M0 = 10,计数初值自动重装 8 位计数)时溢出率的计算。

定时器 T1 由两个 8 位计数器 TH1 和 TL1 构成,当 T1 处于方式 2 时,T1 为 8 位自动装载定时器,它使用 TL1 计数,溢出后自动将 TL1 加 1,当 TL1 增至 FFH 时,再加 1 就导致 TL1 产生溢出。可见,定时器 T1 的溢出率不仅与系统时钟频率 f_{osc} 有关,还与每次溢出后 TL1 的重装初值 N 有关,N 越大,定时器 T1 的溢出率也就越大。一种极限情况是:若 N = FFH,那么每隔 12 个时钟周期,定时器 T1 就溢出一次。对于一般情况,定时器 T1

溢出一次所需的时间为

$$(2^8 - N) \times 12 \text{时钟周期} = (2^8 - N) \times 12 \times \frac{1}{f_{osc}} \quad (s) \tag{6-5}$$

于是，定时器每秒所溢出的次数为公式6-6所示，式中K=8。
在实际计算时定时器T1的溢出率为

$$\text{定时器 T1 的溢出率} = \frac{f_{osc}}{12} \cdot \left(\frac{1}{2^k - 初值} \right) \tag{6-6}$$

因此，把式(6-6)代入式(6-3)，便可得到方式1或方式3的波特率计算公式：

$$\text{波特率} = \frac{2^{SMOD}}{32} \cdot \frac{f_{osc}}{12} \cdot \left(\frac{1}{2^k - 初值} \right) \tag{6-7}$$

式中：k为定时器T1的位数，它和定时器T1的设定方式有关。即
若定时器T1设为方式0，则k = 13；
若定时器T1设为方式1，则k = 16；
若定时器T1设为方式2或3，则k = 8。

其实，定时器T1通常采用方式2，因为定时器T1在方式2下工作，且当TL1从全1变为全0时，TH1自动重装TL1。这种方式，不仅可使操作方便，也可避免因重装初值(时间常数初值)而带来的定时误差。

由式(6-7)可知，在方式1或方式3下所选的波特率常常需要通过计算来确定初值，因为该初值是要在定时器T1初值化时使用的。为避免烦杂的计算，波特率和定时器T1初值间的关系常可列成表6-4，以供查考。

表6-4 常用波特率和定时器T1的初值关系表

波特率/(b/s)	f_{osc}	SMOD	定时器T1		
			C/$\overline{T}$	所选方式	相应初值
串行口方式0 0.5 M	6 MHz	×	×	×	×
串行口方式2 187.5 k	6 MHz	1	×	×	×
方式1或3 19.2 k	6 MHz	1	0	2	FEH
9.6 k	6 MHz	1	0	2	FDH
4.8 k	6 MHz	0	0	2	FDH
2.4 k	6 MHz	0	0	2	FAH
1.2 k	6 MHz	0	0	2	F4H
0.6 k	6 MHz	0	0	2	E8H
110	6 MHz	0	0	2	72H
55	6 MHz	0	0	1	FEEBH

应当注意两点：一是表中定时器 T1 的时间常数初值和相应波特率之间有一定误差(例如：FDH 的对应波特率的理论值是 10 416 b/s，与这个表中给出的 9699 b/s 相差 816 b/s)，消除误差可以通过调整单片机的主频 f_{osc} 实现；二是在定时器 T1 的方式 1 时的初值应考虑到它的重装时间(例如表中 55 b/s 下的情况)。

四、串口工作方式 0 原理及应用

AT89C51 有方式 0、方式 1、方式 2 和方式 3 等四种工作方式。串行通信只使用方式 1、2、3。方式 0 主要用于扩展并行输入输出口。

在方式 0 (SM1 = SM0 = 0)下，串行口为同步移位寄存器方式，其波特率是固定的，为 $f_{osc}/12$，其中 SBUF 是作为同步的移位寄存器使用的。在串行口发送时，SBUF 相当于一个并入串出的移位寄存器，由 AT89C51 的内部总线并行接收 8 位数据，并从 RXD 线串行输出；在接收操作时，SBUF 相当于一个串入并出的移位寄存器，从 RXD 线接收一帧串行数据，并把它并行地送入内部总线。也就是说，数据由 RXD(P3.0)输入，同步移位脉冲由 TXD(P3.1)输出。在方式 0 下，SM2、RB8 和 TB8 皆不起作用，它们通常均应设置为"0"状态。

1. 方式 0 发送

发送操作是在 TI = 0(由软件清零)下进行的，CPU 执行任何一条将 SBUF 作为目的寄存器送出发送字符指令(例 SBUF = 0x02 指令)，此命令使写信号有效后，相隔一个机器周期，发送控制端 SEND 有效(高电平)，允许 RXD 发送数据，同时，允许从 TXD 端输出同步移位脉冲，数据开始从 RXD 端串行发送，其波特率为振荡频率的 1/12，发送完 8 位数据后，TI 由硬件置位，并可向 CPU 请求中断(若中断开放)。CPU 响应中断后必须用软件将 TI 清零，然后再给 SBUF 送下一个欲发送字符，才能发送新数据。

在串行口方式 0 发送时，TXD 上的负脉冲与从引脚 RXD 发送的一位数据的时间关系是：在 TXD 为低电平期间数据一直有效，在 TXD 从低电平跳变为高电平的上升沿之前一段时间，RXD 上的数据已有效且稳定，在 TXD 为低电平期间数据一直有效，在 TXD 由低电平跳变为高电平之后，RXD 上的数据还保留一段时间，因此可以利用 TXD 的上跳变或下跳变作为外部串行输入移位寄存器的移位触发时钟信号。

2. 方式 0 接收

串行口接收过程是在 RI = 0 和 REN = 1 条件下启动的。此时，串行数据依然由 RXD 线输入，TXD 线作为同步脉冲输出端。TXD 每一个负脉冲对应于从 RXD 引脚接收到的一位数据。在 TXD 的每个负脉冲跳变之前，串行口对 RXD 引脚采样，并在 TXD 上跳变后使串行口的"输入移位寄存器"左移一位，把在此之前(TXD 上跳之前)采样 RXD 所得到的一位数据从 RXD 逐位进入"输入移位寄存器"变成并行数据。接收电路接收到 8 位数据后，TXD 停留在高电平不变，停止接收，同时，串行口把"输入移位寄存器"的 8 位并行数据装到接收缓冲寄存器(SBUF)，并且使 RI 自动置"1"和发出串行口中断请求。CPU 查询到 RI = 1 或响应中断后便可通过指令把"SBUF(接收)"中数据送入累加器 A，同时要想再次接收数据，RI 必须由软件复位。

实际上，串行口方式 0 下工作并非是一种同步通信方式。它的主要用途是和外部同步移位寄存器外接，以达到扩张一个并行口的目的。

【任务实施】

图 6-7 是利用 8 位并行输出串口移位寄存器 74LS164 扩展 16 位输出口的电路。串行口的数据通过 RXD(P3.0)引脚加到 74LS164 的输入端。串行口输出移位时钟通过 TXD(P3.1)引脚加到 74LS164 时钟端，作为同步移位脉冲，其波特率固定为 $f_{osc}/12$。

6-2 串工基本原理及工作方式 0 原理

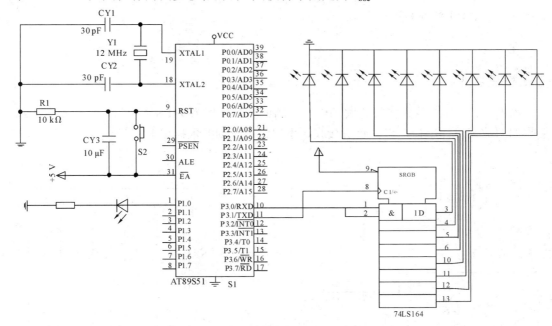

图 6-7 串行通信方式 0 应用电路仿真图

串行通信方式 0 应用电路对应的程序如下：

```
#include<reg51.h>
#include<intrins.h>
#define uchar unsigned char
#define uint unsigned int
//延时
void DelayMS(uint ms)
{
    uchar i;
    while(ms-- for(i = 0; i < 120; i++);
}
//主程序
void main()
{
    uchar c = 0x80;
```

```
            SCON = 0x00;              //串口模式 0，即移位寄存器输入/输出方式
            while(1)
            {
                c = _crol_(c, 1);
                SBUF = c;              // TI = 0，没有发送完
                while(TI == 0);        //等待发送结束
                TI = 0;                //TI 软件置位
                DelayMS(400);
            }
        }
```

【进阶提高】

如图 6-8 所示，通过指拨开关动作产生高低电平，作为 74LS165 的输入，74LS165 将接收到的数据发往串口，串口负责接收，串口将接收到的数据送 P1 口显示。

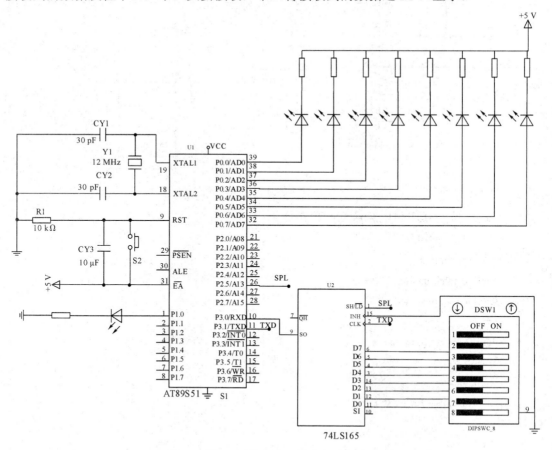

图 6-8 扩展串口接收电路

扩展串口接收电路对应的程序如下：

```
#include<reg51.h>
```

```c
#include<intrins.h>
#include<stdio.h>
#define uchar unsigned char
#define uint unsigned int
sbit SPL = P2^5;              //shift/load
//延时
void DelayMS(uint ms)
{
    uchar i;
    while(ms--) for(i = 0; i < 120; i++);
}
//主程序
void main()
{
    SCON = 0x10;
    while(1)
    {
        SPL = 0;
        SPL = 1;
        while(RI == 0);
        RI = 0;
        P0 = SBUF;
        DelayMS(20);
    }
}
```

任务二　单片机双机通信

【引入任务】

在银行业务系统中，为提高柜员的登录安全和授权操作中的安全性，应用了动态口令系统。通过单片机的双机通信可模拟动态密码的获取。这里就用到了单片机双机通信。假设单片机甲机中存放的动态口令是010086，甲机发送动态口令给单片机乙机，乙机接收到数据以后在6个数码管上显示接收数据。将两个独立的单片机系统用连接线进行连接，使用串行通信进行数据传送。那么单片机如何利用串口实现双机通信的？

【分析任务】

本任务要实现双机通信，需要掌握双机通信编程要领。

双机通信的通信协议一般如下：主机发送数据，从机接收数据，双方发送和接收数据采用查询方式；双机开始通信，主机发送握手信号，等待从机应答；从机接收到握手信号后，应答 OK 或 BUSY；当从机应答 OK 后，主机开始向从机发送缓冲区里的数据；从机接收完数据后，返回接收成功或失败，若失败，主机将重新发送，从机将重新接收。

主机发送的数据格式：字节数 n，数据 1，数据 2……数据 n，字节校验。其中字节校验是将字节数和所有数据进行相异或。

【相关知识】

一、串行口双机或多机通信工作方式

1. 方式 1(SM0 = 0，SM1 = 1)

当 SCON 中的 SM0、SM1 两位为 01 时，串行口以方式 1 工作，此时串行口为 8 位异步串行通信接口。一帧信息为 10 位：一位起始位(逻辑 0)、8 位数据位(低位在前，高位在后)和一位停止位(逻辑 1)。TXD 为发送端，RXD 为接收端，波特率可变。

1) 方式 1 发送

当串行口以方式 1 发送(前提是 TI = 0)时，CPU 执行一条写入 SBUF 的指令(MOV SBUF，A 指令)就启动一次串行口发送过程，发送电路就自动在 8 位发送字符前后分别添加 1 位起始位和停止位(在启动发送过程时自动把 SCON 的 TB8 置 1，作为发送的停止位)，并在移位脉冲作用下将数据从 TXD 线上依次发送出去，发送完一帧信息后，发送电路自动维持 TXD 线为高电平，发送中断标志 TI 也由硬件在发送停止位时置位，应由软件将它复位。

2) 方式 1 接收

在 RI = 0 时置 REN = 1(或同时置 SCON 的 REN = 1 和 RI = 0)，便启动了一次接收过程。置 REN = 1 实际上是选择 RXD/P3.0 引脚为 RXD 功能。若 REN = 0，则选择 RXD/P3.0 引脚为 P3.0 功能。接收器对 RXD 线采样，采样脉冲频率是接收时钟的 16 倍。当采样到 RXD 端从 1 到 0 的跳变时就启动接收器接收，当接收电路连续 8 次采样到 RXD 线为低电平时，相应检测器便可确认 RXD 线上有了起始位。在起始位，如果接收到的值不为 0，则起始位无效，复位接收电路，当再次接收到一个由 1 到 0 的跳变时，重新启动接收器。如果接收值为 0，起始位有效，接收器开始接收本帧的其余信息(一帧信息为 10 位)。此后，接收电路就改为对第 7、8、9 三个脉冲采样到的值进行位检测，并以"三中取二"原则来确定所采样数据的值。

在方式 1 接收中，在接收到第 9 数据位(即停止位)时，接收电路必须同时满足 RI=0 和 SM2 = 0 或接收到的停止位为"1"，才能把接收到的 8 位字符存入 SBUF 中，把停止位送入 RB8 中，并使 RI = 1 和发出串行口中断请求(若中断开放)。若上述两个条件任一不满足，则这次收到的数据就被丢弃，不装入 SBUF 中。中断标志 RI 必须由用户用软件清零。

其实，SM2 适用于方式 2 和方式 3。在方式 1 下，SM2 应设定为 0。

在方式 1 下，发送时钟、接收时钟和通信波特率皆由定时器溢出率脉冲经过 32 分频获得,并由 SMOD = 1 进行倍频。因此,方式 1 时的波特率是可变的,这点同样适用于方式 3。

2. 方式 2 和方式 3

方式 2 和方式 3 都是 11 位通信口,发送和接收的一帧数据由 11 位组成,即 1 位起始位、8 位数据位(低位在先)、1 位可编程位(第 9 位)和 1 位停止位。发送时可编程位(TB8)根据需要设置为 0 或 1(TB8 既可作为多机通信中的地址数据标志位又可作为数据的奇偶校验位),接收时,可编程位被送入 SCON 中的 RB8。方式 2 和方式 3 的差异仅在于通信波特率有所不同:方式 2 的波特率由单片机主频 f_{osc} 经 32 或 64 分频后提供;方式 3 的波特率由定时器 T1 或 T2 的溢出率经 32 分频后提供,故它的波特率是可调的。

方式 2 和方式 3 的发送过程类似于方式 1,所不同的是方式 2 和方式 3 有 9 位有效数据位。方式 2 和方式 3 实际上都为每帧 11 位异步通信格式,由 TXD 和 RXD 发送与接收(两种方式操作是完全一样的,不同的只是波特率)。发送时,数据由 TXD 端输出,1 位起始位、8 位数据位(低位在前)、一位可编程的第 9 数据位和 1 位停止位。附加的第 9 数据位为 SCON 中的 TB8,CPU 要把第 9 数据位预先装入 SCON 的 TB8 中,第 9 数据位可由用户安排,可以是奇偶校验位,也可以是其他控制位。第 9 数据位的装入可以用如下指令中的一条来完成:

    TB8 = 1;

或   TB8 = 0;

发送前,第 9 数据位的值装入 TB8 后,执行一条写 SBUF 的指令,把发送字符装入"SBUF(发送)",便立即启动发送器发送。一帧数据发送完后,TI 被置 1,CPU 便可通过查询 TI 来判断一帧数据是否发送完毕,并以同样方法发送下一字符帧。在发送下一帧信息之前,TI 必须在中断服务程序(或查询程序)由软件清零。

接收时,使 SCON 中的 REN = 1,允许接收。当检测到 RXD(P3.0 端有 1→0 的跳变(起始位),开始接收 9 位数据,送入移位寄存器(9 位)。当满足 RI = 0 且 SM2 = 0,或接收到的第 9 位数据为 1 时,前 8 位数据送入 SBUF,附加的第 9 位送入 SCON 中的 RB8,置 RI 为 1;否则,此次接收无效,也不置位 RI。

二、单片机串口的初始化

要使用单片机的串口,需要对其进行初始化工作。单片机串口初始化需完成单片机串口工作方式选择、波特率设置、波特率发生器设置等基本的设置。如设置单片机的晶振频率为 11.0592 MHz,串口波特率为 9600 b/s,串口选择工作方式 1,定时器配置为工作方式 2。初始化程序如下:

```
void Uart Init(void)
{
    TMOD = (TMOD&0x0f | )0x20;      //设置定时器 T1 为定时方式 2
    TH1 = 110592001/12/32/9600;      //求波特率为 9600 b/s 时的定时器初值
    TL1 = TH1;
    TR1 = 1;                          //启动 T1 计数器
```

```
    SCON = 0x70;              //设置串行工作方式 1，允许接收
    PCON = 0x80;
}
```

【任务实施】

在 Proteus 软件中按图 6-9 绘制电路图。在 Keil C51 中新建工程，命名任务 6-2，输入程序并调试运行。

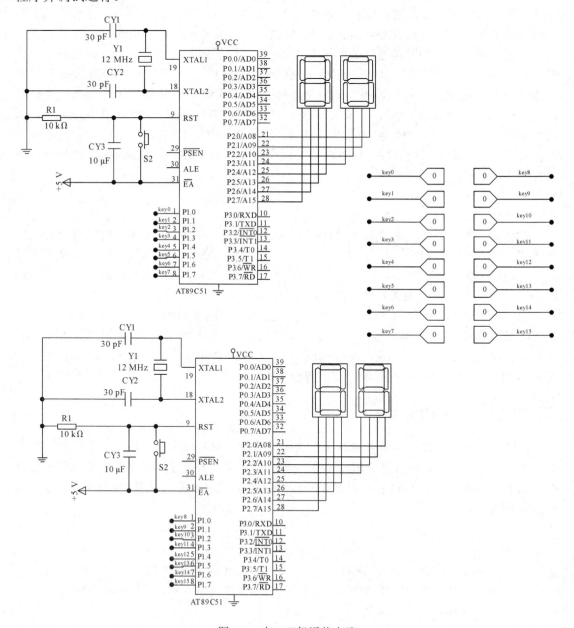

图 6-9 串口双机通信电路

在 Keil C51 中输入下面程序并调试：

```c
#include <reg51.h>
#define uchar unsigned char
#define uint unsigned int
#define key_port P1
#define dis_port P2
void main (void)
{
    uchar key_in = 0xff;
    SCON = 0x50;            // MODER1, REN = 1;
    TMOD = 0x20;            // TIMER1 MODER2;
    TH1 = 0xf3;    // bode = 2400
    TL1 = 0xf3;
    ET1 = 1;
    TR1 = 1;
    EA = 1;
    ES = 1;
    while(1)
    {
        if (key_in != key_port)
        {
            key_in = key_port;
            SBUF = key_in;
        }
    }
}
void get_disp (void) interrupt 4 using 0
{
    if (RI)                     //如果是串口输入引起中断
    {   dis_port = SBUF;
        RI = 0;
    }
    else TI = 0;                //否则就是串口输出引起的中断
}
```

【进阶提高】

在 Proteus 软件中按图 6-10 绘制电路图。在 Keil C51 中新建工程，命名任务 6-2 进阶，输入下面程序并调试运行。

· 178 ·   单片机实用技术

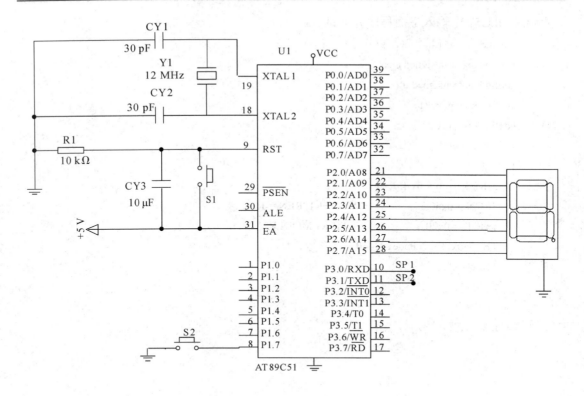

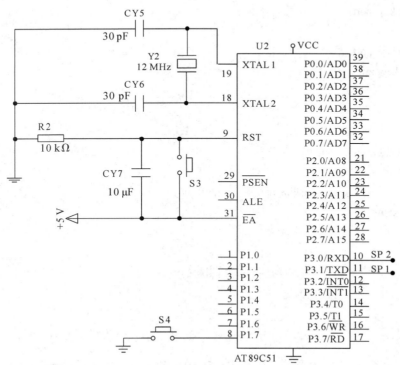

图 6-10 按键计数串口通信电路

在 Keil C51 中输入下面程序并调试:

```c
#include<reg51.h>
#define uchar unsigned char
#define uint unsigned int
uchar xx = 0;                          //设计数标志
sbit key = P1^7;                       //设键盘
uchar buffer = 0;
void delay(int k)                      //延时函数
{
    int i;
    for(i = 0; i < k; i++);
}

//显示子程序
void display(uchar m)
{
    switch(m)
    {
        case 0:     P2 = 0x3F; break;
        case 1:     P2 = 0x06; break;
        case 2:     P2 = 0x5B; break;
        case 3:     P2 = 0x4F; break;
        case 4:     P2 = 0x66; break;
        case 5:     P2 = 0x6D; break;
        case 6:     P2 = 0x7D; break;
        case 7:     P2 = 0x07; break;
        case 8:     P2 = 0x7F; break;
        case 9:     P2 = 0x6F; break;
        case 10:    P2 = 0x77; break;
        case 11:    P2 = 0x7C; break;
        case 12:    P2 = 0x39; break;
        case 13:    P2 = 0x5E; break;
        case 14:    P2 = 0x79; break;
        default:    P2 = 0x71; break;
    }
}
void int_s() interrupt 4               //串口中断服务程序
{
    ES = 0;                            //关串口中断
```

```c
    if(RI == 1)
    {
        buffer = SBUF;
        RI = 0;                        //清标志位
        display(buffer);
    }
    if(TI == 1)
    {   TI = 0;   }
    ES = 1;                            //开串口中断
    return;
}
void main()
{
    display(buffer);
    //初始化
    EA = 1;
    ES = 1;
    SCON = 0X50;                       //工作方式 1
    TMOD = 0X20;                       //定时器 1 工作方式 2
    TH1 = 0XE6;                        //1200 b/s, 12 MHz
    TR1 = 1;                           //启动定时器
    while(1)
    {   while(key == 1)                //查询键盘是否松开
        {;}
        if(key == 0)                   //查询键盘是否按下
            delay(10);
        if(key == 0)
        {
            xx = xx+1;                 //计数标志加 1
            if(xx == 16)
            {
                xx = 0;
            }
            SBUF = xx;                 //发送数据
        }
        while(key == 0)                //键盘是否松开
        {;}
    }
}
```

任务三　PC 与单片机通信

【任务描述】

比较而言,个人电脑(PC)具有更强的信息处理能力,经常需要将单片机采集到的现场数据传送给 PC 集中处理,或者由 PC 发出命令,各终端(单片机)执行。本任务要求由 PC 发出不同的数据,单片机接收后回传给 PC,从而验证接收数据是否正确。

【任务分析】

本任务要求通过串口工具向单片机发信息,单片机通过收到信息后将信息回传给 PC,需要具备单片机发送信息和接收信息两个方面的编程知识。

【相关知识】

单片机可以利用"串口"实现和 PC 的通信,这需要了解 PC 的一些特性。

"RS-232C 标准"是美国 EIA(电子工业联合会)与 BELL 等公司一起开发并于 1969 年公布的通信协议。目前该通信协议在微机通信接口中广泛使用,IBM PC 上的 COM1、COM2 接口就是选用了 RS-232 接口。RS-232 标准包括了按位串行传输的电气和机械方面的规定,使用数据终端设备和数据通信设备之间的接口。

1. 机械特性

RS-232C 接口规定使用 25 针连接器,连接器的尺寸及每个插针及每个插针的排列位置都有明确的定义,在实际应用中,常常使用 9 针连接器代替 25 针连接器。

2. 功能特性

RS-232C 接口的主要引脚功能定义见表 6-5。

表 6-5　RS-232C 引脚定义

插针序号	符号	功能	方向
2(3)	TXD	发送数据	输出
3(2)	RXD	接收数据	输入
4(7)	RTS	请求发送	输出
5(8)	CTS	清除发送	输入
6(6)	DSR	数据通信设备准备好	输入
7(5)	GND	信号地	—
8(1)	DCD	数据载体检测	输入
20(4)	DTR	数据终端准备好	输出
22(9)	RI	振铃指示	输入

3. 电气特性

RS-232C 采用"负逻辑",规定逻辑 0:+3~+15 V;逻辑 1:-15~-3 V。RS-232C 标准的信号传输的最大电缆长度为几十米,传输速率小于 20 KB/s。

4. 电平转换

鉴于 AT89C51 单片机的输入、输出电平均为 TTL/CMOS 电平,而计算机配置的是 RS-232C 标准串行接口,使用的是 RS-232C 标准电平,二者的电气规范不一致,因此要完成 PC 与单片机的数据通信,必须进行电平转换。

电平转换可以选用 Maxim 公司生产的电平转换专用芯片 MAX232,它是一个包含两路接收器和驱动器的 IC 芯片,其内部有一个电源电压变换器,可以把输入的 +5 V 电压变换成 RS-232C 输出电平所需的 ±10 V 电压。所以,采用此芯片接口的串行通信系统只需要单一的 +5 V 电源就可以了。

6-3　PC 与单片机通信

【任务实施】

在 Proteus 软件中按图 6-11 绘制电路图。在 Keil C51 中新建工程,命名任务 6-3,输入程序并调试运行。

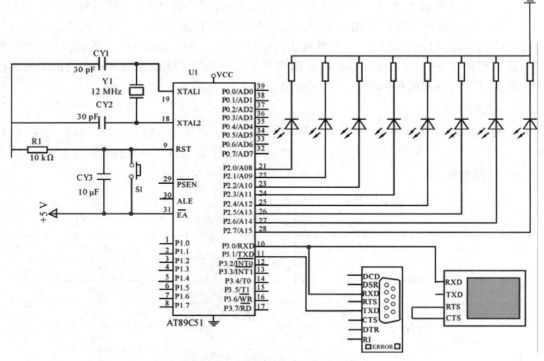

图 6-11　单片机与 PC 通信电路

单片机与 PC 通信任务对应的程序代码如下:

```
#include <reg52.h>
#define uchar unsigned char
#define uint unsigned int
```

```c
#define N 26
uchar x;
//uchar data table[N];              //暂存数组,可以将10改为所需的数值
char table1[N];
uint cnt = 0;
uchar    sendFlag = 0;              //未发送数据时
uchar    receFlag = 0;              //未接收到数据时
uint i = 0, j;
/*********************************************
串行口初始化波特率9600,定时器1,工作方式2
**********************************************/

void serial_init(void)
{
    TMOD = 0x20;                    //计时器1作为比特率发生器,方式2
    TH1 = 0xfd;

    TL1 = 0xfd;                     //装入初值

    TR1 = 1;                        //计时中断允许

    SM0 = 0;

    SM1 = 1;                        //串行口工作于方式2

    ES = 1;                         //串行口中断允许
    PS = 1;
    REN = 1;                        //接收允许
    EA = 1;                         //总中断允许
}


/********************** **********************
串行口传送数据
         传送显示数组各字符给计算机
**********************************************/
void send_char(unsigned char txd)   //传送一个字符
{   ES = 0;
    SBUF = txd;
```

```
        while(!TI);                    //等待数据传送
    sendFlag = 1;
    ES = 1;                            //清除数据传送标志
}
void fasong()
{                       //发送数组 receive[];
    uchar i;
    for(i = 0; i < N; i++)
    {
        send_char(table1[i]);
    }
}
void main()
{
    serial_init();                     //初始化
    while(1)
    {
      P2 = table1[0];                  //显示数组的第一个元素
      if(receFlag == 1)
        {
            fasong();
            receFlag = 0;              //发送完后清标志
        }
    }
}
/*********************************************
串行中断服务函数
单片机接收数据,存入 table 数组
*********************************************/
void serial() interrupt 4
{
    ES = 0;                            //关串口中断
    if(RI)
    {
        table1[cnt] = SBUF;
        cnt++;
        while(!RI);                    //等待接收完毕
        if(cnt == N)
        {
```

```
            cnt = 0;
            receFlag = 1;
        }
        RI = 0;                    //软件清除接收中断
    }
    if(TI)
    {
        TI = 0;                    //发送完一个数据
        sendFlag = 0;              //清标志位
    }
    ES = 1;                        //开串口中断
}
```

【进阶提高】

把任务 3 中接收到的从 PC 发过来的数据，用数码管显示其 ASCII 码，比如发过来一个字符"1"，显示的是"31"，发过来一个字符"2"，显示的是"32"。在 Proteus 软件中按图 6-12 绘制电路图。在 Keil C51 中新建工程，命名任务 6-3 进阶，输入程序并调试运行。

6-4 PC 与单片机通信设置

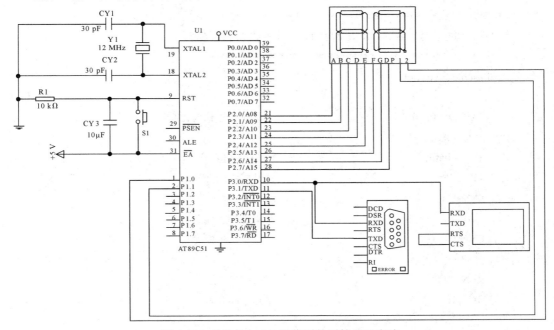

图 6-12 单片机与 PC 通信用数码管显示电路

单片机与 PC 通信用数码管显示对应的程序代码如下：

```
#include <reg52.h>
#define uchar unsigned char
```

```c
#define uint unsigned int
#define N 1
uchar x;
char table1[N];                    //暂存数组
uint cnt = 0;
uchar   sendFlag = 0;              //未发送数据时
uchar   receFlag = 0;              //未接受到数据时
uint i = 0, j;                     //共阳数码管段码
Uchar code
dis[] = {0xC0, 0xF9, 0xA4, 0xB0, 0x99, 0x92, 0x82, 0xF8, 0x80, 0x90, 0x88, 0x83, 0xC6, 0xA1,
        0x86, 0x8E};
void delayms(uchar ms)             //延时 ms
{
    uchar i;
    while(ms)--
    {
        for(i = 0; i < 120; i++);
    }
}
/*******************************************
串行口初始化波特率 9600，定时器 1，工作方式 2
********************************************/
void serial_init(void)
{
    TMOD = 0x20;                   //计时器 1 作为比特率发生器，方式 2
    TH1 = 0xfd;
    TL1 = 0xfd;                    //装入初值
    TR1 = 1;                       //计时中断允许
    SM0 = 0;
    SM1 = 1;                       //串行口工作于方式 2
    ES = 1;                        //串行口中断允许
    PS = 1;
    REN = 1;                       //接收允许
    EA = 1;                        //总中断允许
}
/*********************** *********************
串行口传送数据
            传送显示数组各字符给计算机
**********************************************/
```

```c
void send_char(unsigned char txd)          //传送一个字符
{   ES = 0;
    SBUF = txd;
    while(!TI);                            //等待数据传送
        sendFlag = 1;
    ES = 1;                                //清除数据传送标志
}
void fasong()
{                           //发送数组 receive[];
    uchar i;
    for(i = 0; i < N; i++)
    {
        send_char(table1[i]);
    }
}
void display()
{
    P1 = 0x01;
    P2 = dis[table1[0]&0x0f];
    delayms(10);                           //个位显示
    P1 = 0x02;
    P2 = dis[table1[0]/16];
    delayms(10);                           //十位显示
}
void main()
{
    serial_init();                         //初始化
    while(1)
    {
        display();
        if(receFlag == 1)
        {
            fasong();
            receFlag = 0;                  //发送完后清标志
        }
    }
}
/***********************************************
串行中断服务函数
```

单片机接收数据，存入 table 数组
**/
```
void serial() interrupt 4
{
    ES = 0;                       //关串口中断
    if(RI)
    {   table1[cnt] = SBUF;
        cnt++;
        while(!RI);               //等待接收完毕
        if(cnt == N)
        {
            cnt = 0;
            receFlag = 1;
        }
        RI = 0;                   //软件清除接收中断
    }
    if(TI)
    {   TI = 0;                   //发送完一个数据
        sendFlag = 0;             //清标志位
    }
    ES = 1;                       //开串口中断
}
```

任务四 DS18B20 温度采集系统

【任务描述】

使用数字温度传感器 DS18B20，将采集到的温度信息送至单片机，单片机处理该实时温度信息后，通过串口发送到 PC 串口显示。

【任务分析】

1-Wire 单总线是 Maxim 全资子公司 Dallas 的一项专有技术。与目前多数标准串行数据通信方式，如 SPI/I2C/MICROWIRE 不同，它采用单根信号线，既传输时钟，又传输数据，而且数据传输是双向的；具有节省 I/O 口线资源、结构简单、成本低廉、便于总线扩展和维护等诸多优点。

温度传感器 DS18B20 采用单总线技术，能够有效减小外界的干扰，提高测量的精度。同时，它可以直接将被测温度转化成串行数字信号供微机处理，接口简单，使数据传输和处理简单化。

【相关知识】

一、温度传感器 DS18B20

1. DS18B20 概述

DS18B20 数字温度计是 Dallas 公司生产的 1-Wire，即单总线器件，具有线路简单、体积小的特点。因此用它组成的测温系统线路简单，在一根通信线上可以挂很多个数字温度计，十分方便。

2. DS18B20 产品的特点

(1) 只需一个端口即可实现通信。
(2) 在 DS18B20 中的每个器件上都有独一无二的序列号。
(3) 实际应用中不需要外部任何元器件即可实现测温。
(4) 测量温度范围在 −55~+125℃ 之间。
(5) 数字温度计的分辨率可以从 9~12 位由用户选择。
(6) 内部有温度上、下限告警设置。

3. DS18B20 引脚图及引脚功能介绍

TO-92 封装的 DS18B20 的引脚排列见图 6-13，其引脚功能描述见表 6-6。

(底视图)

图 6-13　DS18B20 引脚排列

DS18B20 的引脚定义如表 6-6 所示。

表 6-6　DS18B20 引脚定义

序号	名称	引脚功能描述
1	GND	地信号
2	DQ	数据输入/输出引脚，开漏单总线接口引脚。在寄生电源模式下，也可以向器件提供电源。DS18B20 芯片可以工作在"寄生电源模式"下，该模式允许 DS18B20 工作在无外部电源的状态，当总线为高电平时，寄生电源由单总线通过 VDD 引脚，此时 DS18B20 可以从总线"窃取"能量，并将"偷来"的能量储存到寄生电源储能电容(Cpp)中，当总线为低电平时释放能量供给器件工作使用。所以，当 DS18B20 工作在寄生电源模式时，VDD 引脚必须接地
3	VDD	可选择的 VDD 引脚。当工作于寄生电源模式时，此引脚必须接地

4. DS18B20 的内部结构及使用方法

1) 内部结构

DS18B20 内部主要由四部分组成：64 位光刻 ROM、温度传感器、非挥发的温度报警触发器 TH 和 TL 以及配置寄存器。

(1) 64 位光刻 ROM。

光刻 ROM 中的 64 位序列号是出厂前已被光刻好的，它可以看做是该 DS18B20 的地址序列码。64 位光刻 ROM 的排列是：开始 8 位(28H)是产品类型标号，接着的 48 位是该 DS18B20 自身的序列号，最后 8 位是前面 56 位的循环冗余检验码(CRC = $X^8 + X^5 + X^4 + 1$)。光刻 ROM 的作用是使每一个 DS18B20 都各不相同，这样就可以实现一根总线上挂接多个 DS18B20 的目的。64 位的光刻 ROM 又包括 5 个 ROM 的功能命令：读 ROM、匹配 ROM、跳跃 ROM、查找 ROM 和报警查找。

根据 DS18B20 的通信协议，主机控制 DS18B20 完成温度转换必须经过三个步骤：每一次读写之前都要对 DS18B20 进行复位操作，复位成功后发送一条 ROM 指令，最后发送 RAM 指令，这样才能对 DS18B20 进行预定的操作。ROM 和 RAM 指令如表 6-8 和表 6-9 所示。

表 6-8　ROM 指令表

指　令	约定代码	功　　能
读 ROM	33H	读 DS18B20 温度传感器 ROM 中的编码(即 64 位地址)
符合 ROM	55H	发出此命令之后，接着发出 64 位 ROM 编码，访问单总线上与该编码相对应的 DS18B20 使之作出响应，为下一步对该 DS18B20 的读写作准备
搜索 ROM	0F0H	用于确定挂接在同一总线上 DS18B20 的个数和识别 64 位 ROM 地址。为操作各器件作好准备
跳过 ROM	0CCH	忽略 64 位 ROM 地址，直接向 DS18B20 发温度变换命令，适用于单片工作
告警搜索命令	0ECH	执行后只有温度超过设定值上限或下限的片子才做出响应

表 6-9　RAM 指令表

指　令	约定代码	功　　能
温度转换	44H	启动 DS18B20 进行温度转换，12 位转换时间最长为 750 ms(9 位为 93.75 ms)，结果存入内部 9 字节 RAM 中
读暂存器	0BEH	读内部 RAM 中 9 字节的内容
写暂存器	4EH	发出向内部 RAM 的 3、4 字节写上、下限温度数据命令，紧跟该命令之后，是传送三字节的数据，三字节的数据分别被存到暂存器的第 3、4、5 字节
复制暂存器	48H	将 RAM 中第 3、4、5 字节的内容复制到 E^2PROM 中
重调 E2PR0M	0B8H	将 E^2PROM 中内容恢复到 RAM 中的第 3、4、5 字节
读供电方式	0B4H	读 DS18B20 的供电模式。寄生供电时 DS18B20 发送"0"，外接电源供电 DS18B20 发送"1"

(2) 温度传感器。

DS18B20 中的温度传感器可完成对温度的测量，以 12 位转化为例：用 16 位符号扩展的二进制补码读数形式提供，以 0.0625℃/LSB 形式表示，其中 S 为符号位，温度值格式如表 6-10 所示。

表 6-10　DS18B20 温度值格式表

	BIT 7	BIT 6	BIT 5	BIT 4	BIT 3	BIT 2	BIT 1	BIT 0
LS BYTE	2^3	2^2	2^1	2^0	2^{-1}	2^{-2}	2^{-3}	2^{-4}

	BIT 15	BIT 14	BIT 13	BIT 12	BIT 11	BIT 10	BIT 9	BIT 8
MS BYTE	S	S	S	S	S	2^6	2^5	2^4

这是 12 位转化后得到的 12 位数据，存储在 DS18B20 的两个 8 位的 RAM 中，二进制中的前 5 位是符号位，如果测得的温度大于 0，则这 5 位为 0，只要将测到的数值乘以 0.0625 即可得到实际温度；如果温度小于 0，则这 5 位为 1，测到的数值需要取反加 1 再乘以 0.0625 即可得到实际温度。例如，+125℃ 的数字输出为 07D0H，+25.0625℃ 的数字输出为 0191H，-25.0625℃ 的数字输出为 FE6FH，-55℃ 的数字输出为 FC90H。温度值与真实温度对应关系如表 6-11 所示。

表 6-11　DS18B20 温度数据表

温度/℃	数字输出/二进制	数字输出/十六进制	温度/℃	数字输出/二进制	数字输出/十六进制
+125	0000 0111 1101 0000	07D0h	0	0000 0000 0000 0000	0000h
+85*	0000 0101 0101 0000	0550h	-0.5	1111 1111 1111 1000	FFF8h
+25.0625	0000 0001 1001 0001	0191h	-10.125	1111 1111 0101 1110	FF5Eh
+10.125	0000 0000 1010 0010	00A2h	-25.0625	1111 1110 0110 1111	FE6Fh
+0.5	0000 0000 0000 1000	0008h	-55	1111 1100 1001 0000	FC90h

(3) DS18B20 温度传感器的存储器。

DS18B20 温度传感器的内部存储器包括一个高速暂存 RAM 和一个非易失性的可电擦除的 E^2 PRAM，后者存放高温度和低温度触发器 TH、TL 和结构寄存器。

存储器能完整地确定一线端口的通信，数据开始用写寄存器的命令写进寄存器，接着也可以用读寄存器的命令来确认这些数据，等确认以后就可以用复制寄存器的命令来将这些数据转移到可电擦除 RAM 中。当修改过寄存器中的数据时，这个过程能确保数据的完整性。

高速暂存存储器由 9 个字节组成，其分配如表 6-12 所示。当温度转换命令发布后，经转换所得的温度值以二字节补码形式存放在高速暂存存储器的第 1 和第 2 个字节。CPU 可通过单线接口读到该数据，读取时低位在前、高位在后。对应的温度计算：当符号位 S = 0 时，直接将二进制位转换为十进制；当 S = 1 时，先将补码变为原码，再计算十进制值。第 3 和第 4 个字节是复制 TH 和 TL，同时第 3 和第 4 个字节的数据可以更新；第 5 个字节是复制配置寄存器，同时第 5 个字节的数据可以更新；第 6、第 7、第 8 三个字节是计算机自身使用；第 9 个字节是冗余检验字节。

表 6-12 DS18B20 暂存寄存器分布

寄存器内容	字节地址	寄存器内容	字节地址
温度值低位 (LS Byte)	1	保留	6
温度值高位 (MS Byte)	2	保留	7
高温限值(TH)	3	保留	8
低温限值(TL)	4	CRC 校验值	9
配置寄存器	5		

(4) 配置寄存器。

配置寄存器各位的意义如表 6-13 所示。

表 6-13 配置寄存器结构

bit 7	bit 6	bit 5	bit 4	bit 3	bit 2	bit 1	bit 0
TM	R1	R0	1	1	1	1	1

低 5 位一直都是 "1",TM 是测试模式位,用于设置 DS18B20 在工作模式还是在测试模式。在 DS18B20 出厂时该位被设置为 0,用户不要去改动。R1 和 R0 用来设置分辨率,如表 6-14 所示(DS18B20 出厂时被设置为 12 位)。

表 6-14 温度分辨率设置表

R1	R0	分辨率/bit	最大转换时间	
0	0	9	93.75 ms	($t_{CONV/8}$)
0	1	10	187.5 ms	($t_{CONV/4}$)
1	0	11	375 ms	($t_{CONV/2}$)
1	1	12	750 ms	(t_{CONV})

2) 使用方法

(1) DS18B20 外部电源的连接方式。

DS18B20 可以使用外部电源 VDD,也可以使用内部的寄生电源。当 VDD 端口接 3.0～5.5 V 电压时使用了外部电源;当 VDD 端口接地时使用了内部的寄生电源。无论是内部寄生电源还是外部供电,I/O 口线都要接 4.7 kΩ 的上拉电阻,如图 6-14 所示。

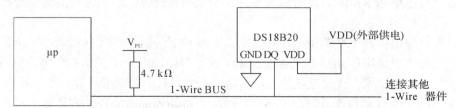

图 6-14 外部电源连接

DS18B20 在外部电源供电方式下,DS18B20 工作电源由 VDD 引脚接入,此时 I/O 线不需要强上拉,不存在电源电流不足的问题,可以保证转换精度,同时在总线上理论可以挂接任意多个 DS18B20 传感器,组成多点测温系统。注意:在外部供电的方式下,DS18B20 的 GND 引脚不能悬空,否则不能转换温度,读取的温度总是 85℃。

(2) DS18B20 温度处理过程。

① 配置寄存器。配置寄存器通过配置不同的位数来确定温度和数字的转化。

② 温度的读取。DS18B20 在出厂时已配置为 12 位,读取温度时共读取 16 位,所以把后 11 位的二进制数转化为十进制数后再乘以 0.0625 便为所测的温度,还需要判断正负。前 5 个数字为符号位,当前 5 位全为 1 时,读取的温度为负数;当前 5 位全为 0 时,读取的温度为正数。16 位数字摆放是从低位到高位。

③ DS18B20 控制方法。DS18B20 有 6 条控制命令(RAM),见表 6-9。

④ DS18B20 的初始化。总线主机发送一复位脉冲(最短为 480 μs 的低电平信号);总线主机释放总线,并进入接收方式,单线总线经过 5 kΩ 的上拉电阻被拉至高电平状态;DS18B20 在 I/O 引脚上检测到上升沿之后,等待 15～60 μs,接着发送应答脉冲(60～240 μs 的低电平信号)。

⑤ 向 DS18B20 发送控制命令。先通过总线向 DS18B20 发送 ROM 指令,对 ROM 进行操作;之后,发送 ROM 指令,来启动传感器或进行其他 RAM 操作,以完成对温度数据的转换。

(3) DS18B20 的复位时序。

DS18B20 的复位时序如图 6-15 所示。

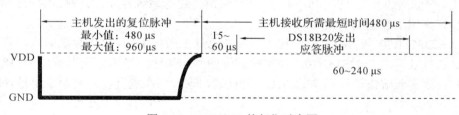

图 6-15　DS18B20 的复位时序图

(4) DS18B20 的读时序。

DS18B20 的读时序如图 6-16 所示,对于 DS18B20 的读时序分为读 0 时序和读 1 时序两个过程。对于 DS18B20 的读时隙是从主机把单总线拉低之后,在 15 s 之内就得释放单总线,以使 DS18B20 把数据传输到单总线上。DS18B20 再完成一个读时序过程,至少需要 60 μs 才能完成。

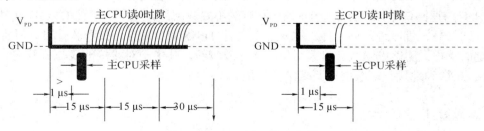

图 6-16　DS18B20 读时序图

(5) DS18B20 的写时序。

对于 DS18B20 的写时序,仍然分为写 0 时序和写 1 时序两个过程。对于 DS18B20 写

0时序和写1时序的要求不同,当写0时序时,单总线要被拉低至少60 μs,保证DS18B20能够在15~45 μs之间正确地采样IO总线上的"0"电平;当写1时序时,单总线被拉低之后,在15 μs之内就得释放单总线,如图6-17所示。

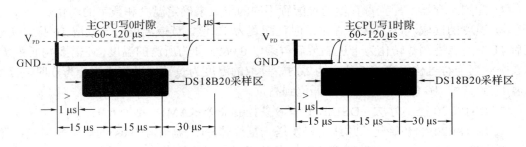

图6-17 DS18B20的写时序

二、DS1820使用中注意事项

DS1820虽然具有系统简单、测温精度高、连接方便、占用口线少等优点,但在实际应用中也应注意以下几方面的问题:

(1) 较小的硬件开销需要相对复杂的软件进行补偿,由于DS18B20与微处理器间采用串行数据传送,因此,在对DS18B20进行读写编程时,必须严格的保证读写时序,否则将无法读取测温结果。在使用PL/M、C等高级语言进行系统程序设计时,对DS18B20操作部分最好采用汇编语言实现。

(2) 在DS18B20的有关资料中均未提及单总线上所挂DS18B20数量问题,容易使人误认为可以挂任意多个DS18B20,在实际应用中并非如此。当单总线上所挂DS18B20超过8个时,就需要解决微处理器的总线驱动问题,这一点在进行多点测温系统设计时要加以注意。

(3) 连接DS18B20的总线电缆是有长度限制的。试验中,当采用普通信号电缆传输长度超过50 m时,读取的测温数据将发生错误。当将总线电缆改为双绞线带屏蔽电缆时,正常通信距离可达150 m,当采用每米绞合次数更多的双绞线带屏蔽电缆时,正常通信距离进一步加长。这种情况主要是由总线分布电容使信号波形产生畸变造成的。因此,在用DS18B20进行长距离测温系统设计时要充分考虑总线分布电容和阻抗匹配问题。

(4) 在DS18B20测温程序设计中,向DS18B20发出温度转换命令后,程序总要等待DS18B20的返回信号,一旦某个DS18B20接触不好或断线,当程序读该DS18B20时,将没有返回信号,程序进入死循环。这一点在进行DS18B20硬件连接和软件设计时也要给予一定的重视。测温电缆线建议采用屏蔽4芯双绞线,其中一对线接地线与信号线,另一对线接VCC和地线,屏蔽层在源端单点接地。

【任务实施】

在Proteus软件中按图6-18绘制电路图。在Keil C51中新建工程,命名任务6-4,输入程序并调试运行。

项目六 单片机温度采集系统设计

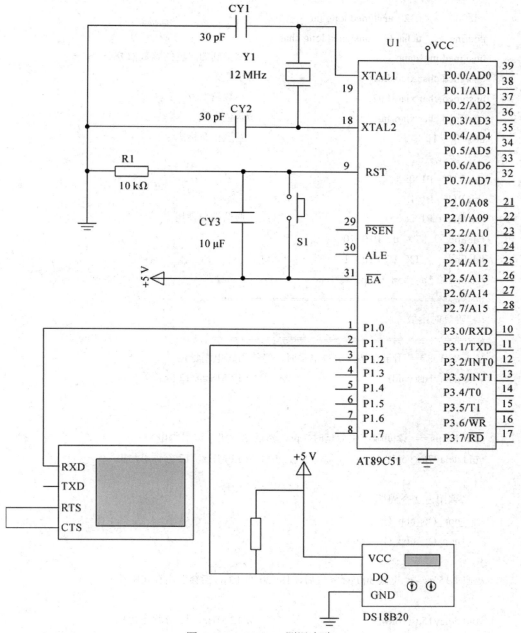

图 6-18 DS18B20 测温电路

DS18B20 对应的程序代码如下：

```
#include <reg52.h>
#include <intrins.h>
#define         uchar           unsigned char
#define     uint unsigned int
#define  u8      unsigned char
#define     u16      unsigned int
```

```c
#define      u32      unsigned long int
#define      uchar32  unsigned long char
unsigned int sdata;                    //测量到的温度的整数部分
unsigned char xiaoshu1;                //小数第一位
unsigned char xiaoshu2;                //小数第二位
unsigned char xiaoshu;                 //两位小数
bit   fg = 1;                          //温度正负标志

sbit P10 = P1^0;
sbit P11 = P1^1;
sbit P12 = P1^2;                       //通信端口使用
#define      TX_0     P10 = 0
#define      TX_1     P10 = 1
// uchar32 *p = sort_temp;
//========================================
//精确延时函数
//========================================
// 延时 1μs == 用于在切换引脚电平时,等待引脚电平稳定
void delay1us(void)                    // 12 MHz,12 分频单片机
{
}
//延时 7 μs == 读间隙产生后延时 7 μs,然后单片机读取引脚电平
void delay7us(void)                    // 12 MHz,12 分频单片机
{
    //调用占 2 个周期
    _nop_(); _nop_();
    _nop_(); _nop_(); _nop_();
}
//延时 15 μs == 拉低 500 μs 复位后,18B20 在 15 μs 后会发出存在脉冲

void delay15us(void)                   // 12 MHz,12 分频单片机
{
    //调用占 2 个周期
    _nop_(); _nop_(); _nop_(); _nop_(); _nop_(); _nop_();
    _nop_(); _nop_(); _nop_(); _nop_(); _nop_(); _nop_();
    _nop_();
}
//延时 60 μs == 产生写时序后,延时 60 μs,等待 18B20 成功读取引脚电平
void delay60 us(void)                  // 12 MHz,12 分频单片机
```

```c
{
    unsigned char a, b;
    for(b = 11; b > 0; b--)
        for(a = 1; a > 0; a--);
}
//延时 500 μs == 复位时用到
void delay500 us(void)                    // 12 MHz，12 分频单片机
{
    unsigned char a, b;
    for(b = 99; b > 0; b--)
        for(a = 1; a > 0; a--);
}
//========================
//粗略可调延时函数
//========================
void delayms(u16 ms)
{
    while(ms--)
    {
        unsigned char a, b, c;
        for(c = 1; c > 0; c--)
            for(b = 142; b > 0; b--)
                for(a = 2; a > 0; a--);
    }
}
void delay(void)                          // 417 μs 对应 2400 波特率
{
    unsigned char a;
    for(a = 206; a > 0; a--);
}
//========================
// DS18B20 读一个字节
//========================
u8 DS18B20_Read_Byte(void)
{
    u8 i;
    u8 byte = 0;
    for(i = 0; i < 8; i++)
    {
```

```c
            byte >>= 1;
            P11 = 0;
            delay1 us();
            P11 = 1;                    //上升沿，产生读时间间隙
            delay7 us();                //至少 7 μs 以后，读取 DS18B20 数据，但也不能过大，例如
                                        //延时 15 μs 就不正常了
            if(P11)
            {    byte |= 0x80;    }
            delay60 us();
            P11 = 1;                    //释放总线
        }
        return byte;
    }
    //========================
    //向 DS18B20 写一个字节
    //========================
    void DS18B20_Write_Byte(u8 byte)
    {
        u8 i = 0;
        for(i = 0; i < 8; i++)
        {
            P11 = 0;                    //下降沿，产生写时间间隙
            delay1us();
            if(byte & 0x01)             //把数据对应位的电平送到 DQ 引脚
            {    P11 = 1;  }
            else
            {    P11 = 0;  }
            delay60 us();               //延时 60 μs，等待 DS18b20 读取引脚电平
            byte >>= 1;
            P11 = 1;                    //释放总线
        }
    }
    //========================
    //复位 DS18B20
    //========================
    void DS18B20_RST(void)
    {
        P11 = 1;
        delay1us();
```

```c
        P11 = 0;
        delay500us();                          //拉低 500 μs，复位信号
        P11 = 1;                               //DQ = 1
        delay15us();                           //15 μs
}
//============================
// DS18B20 存在检测 返回 0 表示器件存在，1 不存在
//============================
u8 DS18B20_Check(void)
{
    u8 revalue = 0;
    u8 times = 0;
    while(times) < 240 && (P11! ) = 0     //检测到低电平跳出或者循环 240 次跳出
    {
        times++;
        delay1 us();
    }
    if(times >= 240)
        revalue = 1;
    else
        times = 0;
    while(times < 240 && (P11 == 0) )      //检测到高电平跳出
    {
        times++;
        delay1 us();
    }
    if(times < 240)
        revalue = 0;
    else
        revalue = 1;
    return revalue;
}
//============================
//读取 DS18B20 温度值
//============================
float DS18B20_Read_Temp(void)
{
    int TEMP_INT;
    float TEMP;
```

```c
    u8 H8, L8;
    DS18B20_RST();                          //复位
    DS18B20_Check();
    DS18B20_Write_Byte(0xcc);               //跳过 ROM 命令,单个传感器所以不必读取 ROM 里的序列号
    DS18B20_Write_Byte(0x44);               //开始转换
    DS18B20_RST();                          //复位
    DS18B20_Check();
    DS18B20_Write_Byte(0xcc);               //跳过 ROM 命令,单个传感器所以不必读取 ROM 里的序列号
    DS18B20_Write_Byte(0xbe);               //读寄存器,共 9 个字节,前两字节为转换值
    L8 = DS18B20_Read_Byte();               //低 8 位
    H8 = DS18B20_Read_Byte();               //高 8 位
    if(H8 > 0x7f)                           //最高位为 1 时温度是负
    {   L8 = ~L8;    H8 = ~H8+1;            //补码转换,取反加一
        fg = 1;                             //读取温度为负时 fg = 1
    }
    xiaoshu1 = (L8&0x0f)*10/16;             //小数第一位
    xiaoshu2 = (L8&0x0f)*100/16%10;         //小数第二位
    xiaoshu = xiaoshu1*10+xiaoshu2;         //小数两位

    TEMP_INT = (H8 << 8) | L8;   //将高 8 位左移 8 位后与低 8 位相加(此处按位或相当于相加)
    TEMP = TEMP_INT * 0.0625;    //默认为 12 位 ADC 对应的转换精度为 0.0625
    return TEMP;
}
//==========================
// DS18B20 初始化  配置引脚
//==========================
u8 DS18B20_Init(void)
{
    u8 revalue = '?';
    DS18B20_RST();
    revalue = DS18B20_Check();
    if(revalue == 0)
    {
        DS18B20_Read_Temp();
    }
    return revalue;
}
void SendByte(unsigned char num)
{
```

```c
    unsigned char i;
    TX_0;
    delay();                    //起始位
    for(i = 0; i < 8; i++)
    {
        if(num&0x01)            //先发低位
            TX_1;
        else
            TX_0;
        num >>= 1;
        delay();
    }
    TX_1;
    delay();                    //停止
}
void main(){
    float temp = 0;      //
    u8 zhengs = 0;
    u8 xiaos = 0;

    DS18B20_Init();
        delayms(900);
    while(1)
    {
        temp = DS18B20_Read_Temp();
        zhengs = temp;
        delayms(100);
        SendByte('T');
        SendByte(':');
        SendByte(zhengs/10%10 + '0');
        SendByte(zhengs%10 + '0');
        SendByte('.');
        SendByte(xiaoshu1+ '0');
        SendByte(xiaoshu2+ '0');
        SendByte(10);    //换行
        SendByte(13);    //回车
    }
}
```

【进阶提高】

如图 6-19 所示,将 DS18B20 采集到的信息上传给 PC,先实现串口助手发来的信息发送给单片机,然后保存于一数组里,然后将数组里的数据发送给 PC 端,一发一收来检查数据的正确性。

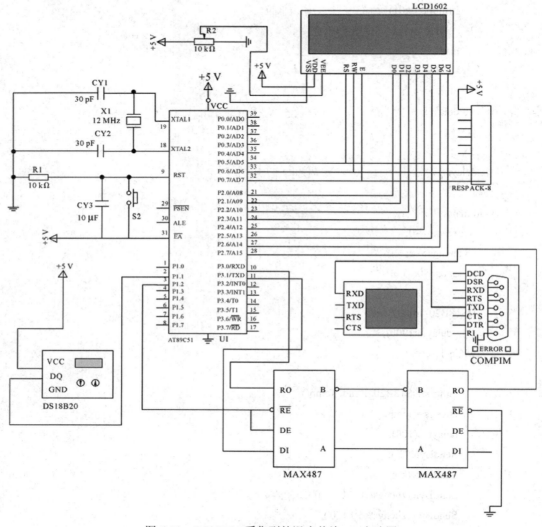

图 6-19　DS18B20 采集到的温度传给 PC 电路图

限于篇幅原因,本任务对应的源程序请参阅本书对应的配套资源部分。

四、项目总结

本项目介绍了单片机串口知识,同时介绍了单总线技术。这是由达拉斯半导体公司推出的一项通信技术。它采用单根信号线,既可传输时钟,又能传输数据,而且数据传输是双向的。主机和从机通过 1 根线进行通信,在一条总线上可挂接的从器件数量几乎不受限制。单总线初始化过程＝复位脉冲＋从机应答脉冲。主机通过拉低单总线 480～960 μs 产生复位脉冲，然后释放总线，进入接收模式。主机释放总线时，会产生低电平跳变为高电平的上升沿，单总线器件检测到上升沿之后，延时 15～60 μs，单总线器件拉低总线 60～240 μs 来产生应答脉冲。主机接收到从机的应答脉冲说明单总线器件就绪，初始化过程完成。写时隙过程为：当数据线拉低后，在 15～60 μs 的时间窗口内对数据线进行采样。如果数据线为低电平，就是写 0，如果数据线为高电平，就是写 1。主机要产生一个写 1 时间隙，就必须把数据线拉低，在写时间隙开始后的 15 μs 内允许数据线拉高。主机要产生一个写 0 时间隙，就必须把数据线拉低并保持 60 μs。读时隙过程为：当主机把总线拉低时，并保持至少 1 μs 后释放总线，必须在 15 μs 内读取数据。

五、教学检测

6-1　什么是异步串行通信？它有哪些特点？

6-2　51 系列单片机串行口由哪些功能部件组成？各有何作用？

6-3　AT89C51 的串行缓冲器只有一个地址，如何判断是发送信号还是接收信号？

6-4　AT89C51 的串行口有几种工作方式？各工作方式下的数据格式及波特率有何区别？

项目七　单片机门店招牌系统设计

一、学习目标

1. 了解点阵的硬件结构。
2. 掌握单片机驱动 8×8 点阵方法。
3. 掌握单片机驱动 16×16 点阵方法。
4. 掌握点阵的动态显示方法。
5. 掌握点阵显示内容动态更新方法。

项目七课件

二、学习任务

随着信息产业的高速发展，LED 显示屏作为信息传播的一种重要手段，成为了现代信息化社会的一个闪亮标志。近年 LED 显示屏已广泛应用于室内外需要进行服务内容和服务宗旨宣传的公众场所，如银行、营业部、车站、机场、港口、体育场馆等信息的发布，政府机关政策、政令，各类市场行情信息的发部和宣传等。汉字显示方式是先根据所需要的汉字提取汉字点阵，将点阵文件存入 ROM，形成新的汉字编码，而在使用时则需要先根据新的汉字编码组成语言，再由 MCU 根据新编码提取相应的点阵进行汉字显示。

"LED 点阵显示屏"是单片机应用系统的又一常用显示器件。本项目利用 AT89C51 单片机完成点阵显示电路设计，通过 C 语言程序实现点阵屏汉字显示功能。完成 16×32 点阵汉字显示系统的设计、运行及调试。

三、任务分解

本项目可分解为以下三个学习任务：
(1) 8×8 点阵的使用；
(2) 16×16 点阵的使用。

任务一　8×8 点阵的使用

【任务描述】

随着信息产业的高速发展，LED 显示屏作为信息传播的一种重要手段成为现代信息化社会的一个闪亮标志。近年 LED 显示屏已广泛应用于室内、外需要进行服务内容和服务宗旨宣传的公众场所如银行、营业部、车站、机场、港口、体育场馆等信息的发布，政府机关政策、政令，各类市场行情信息的发部和宣传等。汉字显示方式是先根据所需要的汉字提取汉字点阵,将点阵文件存入 ROM,形成新的汉字编码;而在使用时则需要先根据新的汉字编码组成语言,再由 MCU 根据新编码提取相应的点阵进行汉字显示。LED 的发展前景极为广阔,目前正朝着更高的亮度、更高的耐气候性、更高的发光密度、更高的发光均匀性、可靠性、全色化方向发展。

如图 7-1 所示,单片机 P1 口驱动 1 位 8×8 点阵屏,显示一个"大"字。

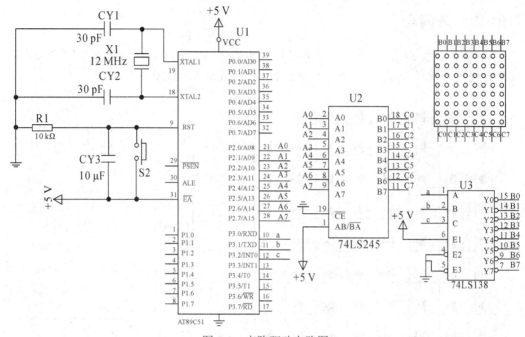

图 7-1　点阵驱动电路图

【任务分析】

无论是单个发光二极管还是数码管,都不能显示字符汉字和一些特殊字符,更不能显示复杂的图像信息,这主要是因为它们没有足够的信息显示单位。LED 点阵显示器是把很多的 LED 按矩阵方式排列在一起,通过对各个 LED 的亮灭控制来完成各种字符或图形的显示。

【相关知识】

点阵 LED 显示器是把一些 LED 组合在同一个包装中,常见的规格有 5×7,8×8,16×16 等几种。通常,若要显示阿拉伯数字、英文字母、特殊符号等,则采用 5×7 的点阵即可够用;若要显示中文字,则需要 4 片 8×8 的点阵组成 16×16 的点阵显示器才能显示一个中文字。LED 电子显示屏是利用发光二极管点阵模块或像素单元组成的平面式显示屏幕。它是集微电子技术、光电子技术、计算机技术、信息处理技术于一体的显示系统,是目前国际上极为先进的显示媒体。由于它具有发光效率高、使用寿命长、组态灵活、色彩丰富、工作性能稳定以及对室内外环境适应能力强等优点而日渐成为显示媒体中的佼佼者。在我国改革开放之后,特别是进入 90 年代国民经济高速增长,对公众场合发布信息的需求日益强烈,LED 显示屏的出现正好适应了这一市场形势,因而在 LED 显示屏的设计制造技术与应用水平上都得到了迅速的提高,生产也得到了迅速的发展,并逐步形成产业,成为光电子行业的新兴产业领域。LED 显示屏经历了从单色、双色图文显示屏到图像显示屏的发展过程。

一、8×8 点阵简介

8×8 点阵共由 64 个发光二极管按照 8 行 8 列排列成矩阵形式,且每个发光二极管是放置在行线和列线的交叉点上(类似矩阵式按键),如图 7-2 和图 7-3 所示。

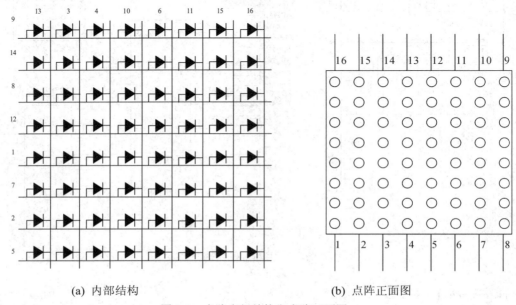

(a) 内部结构　　　　　　　　　　(b) 点阵正面图

图 7-2　点阵内部结构和点阵正面图

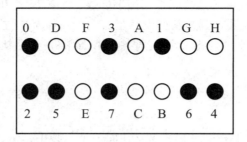

图 7-3　8×8 点阵焊接面引脚

图 7-3 中,引脚共 16 根(8 行 8 列),字母为行引脚,数字为列引脚。一般需要自己用万用表检测双色点阵;还有 24 根(16 行 8 列)引脚的结构。

1. 点阵分类

1) 共阴(对行而言)

共阴点阵的内部结构如图 7-4 所示。

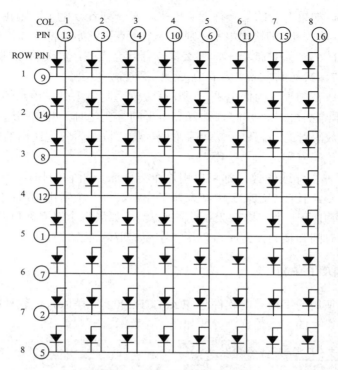

图 7-4　共阴点阵内部结构图

2) 共阳(对行而言)

共阳点阵的内部结构如图 7-5 所示。

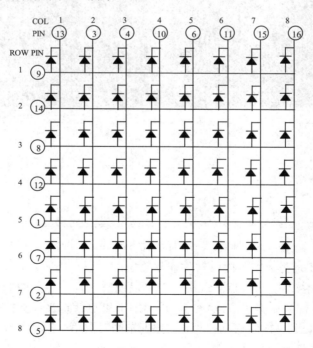

图 7-5　共阴点阵内部结构图

以共阳为例，如果对应的某一行置 1 电平，某一列置 0 电平，则相应的二极管点亮；如果将 9 脚接高电平、13 脚接低电平，则第一个点点亮；如果将 9 脚接高电平，而 13、3、4、10、6、11、15、16 脚接低电平，那么第一行就会点亮；如要将 13 脚接低电平，而 9、14、8、12、1、7、2、5 脚接高电平，那么第一列就会点亮。

当对应的点所在列设置为低电平，所在行设置为高电平时，该点的二极管将被点亮。为了让 LED 点阵显示的内容丰富，加入高电平的行变化时，各个列送入的电平值不可能完全一致。如同数码管的动态显示 7 段字形码一样，按顺序各列送出的电平值将是一组二进制代码，这些代码就称之为"字模"。

无论显示何种字体或图像，都可以用这个方法来分析它的扫描代码从而显示在屏幕上。中国汉字很多，且在 UCDOS 中文宋体字库中，每一个字由 16 行 16 列的点阵组成显示，即国标汉字库中每一个字均有 256 点阵来表示。如果每个汉字都自己去画表格算代码，将会浪费大量的时间和精力，此时可以用"字模提取软件"。

二、字模提取软件界面

目前，普遍使用的字模提取软件是 PCtoLCD2002 完美版，该软件能生成中文、英文及数字混合的字符串的字模数据，界面如图 7-6 所示。

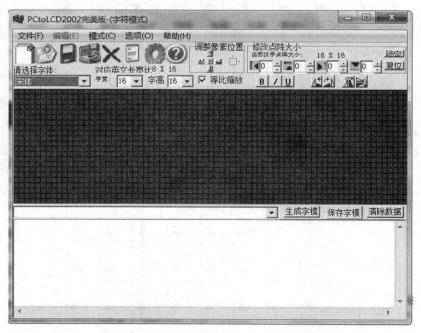

图 7-6　字模提取软件 PCtoLCD2002

PCtoLCD2002 完美版字模提取软件非常简单，主要功能有：可选择多种字体；旋转、翻转文字功能；任意调整输出点阵大小，并可以调整字符在点阵中的位置；系统预设了 C 语言和汇编语言两种数据输出点阵格式，输出细节可自行定义；支持四种取模方式：逐行(横向逐行取点)、逐列 (纵向逐列取点)、行列(先横向取第一行的 8 个点作为第一个字节，然后纵向取第二行的 8 个点作为第二个字节……)、列行(先纵向取第一列的前 8 个点作为

第一个字节,然后横向取第二列的前 8 个点作为第二个字节……);支持阴码(亮点为 1)、阳码(亮点为 0)取模;支持纵向(第一位为低位)取模;输出数制可选十六进制或十进制;可生成索引文件,用于在生成的大量字库中快速检索到需要的文字;动态液晶面板仿真,可调节仿真面板像素点大小和颜色;图形模式下可任意用鼠标作画,左键画图,右键擦图。

三、字符的显示方式

点矩阵显示器一般采用一种叫做动态扫描的方式进行显示,实际上有三种扫描方法:

1. 点扫描法

点扫描法就是扫描亮点从左上角开始,从左至右、由上而下不停移动到右下角,周而复始,依次轮流点亮 64 点。这种方法常用于鉴别点矩阵显示器的好坏。在使用时需要注意扫描频率必须大于 $16 \times 64 = 1024$ Hz,周期小于 1 ms。

2. 列扫描法

列扫描法就是扫描时由单片机控制驱动电路从左至右依次将点矩阵显示器每一列上 8 个 LED 的公共端(阳极)接至高电平,然后由单片机的另一驱动口对这 8 个 LED 送出行控制信号。由等效电路不难看出,行线输出"0"时,对应的 LED 点亮;行线输出为"1"时,对应的 LED 不亮。也就是说,在列扫描法中,每次选中的列上可以有多个 LED 同时点亮。列扫描方式示意图见图 7-7。

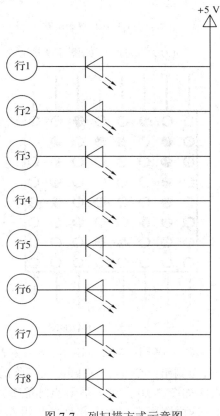

图 7-7 列扫描方式示意图

需要注意，用列扫描法制作显示器时，其扫描频率必须大 $16 \times 8 = 128$ Hz，周期小于 7.8 ms 才能符合视觉暂留要求。

列扫描法中的图形其实是一列一列显示的，每显示一列都加入了一定的延时，设扫描顺序从左到右，如果延时时间较长，我们看到的就是从左到右轮流显示的，如果把延时时间缩短到足够短，由于眼睛的视觉暂留现象，人的主观感觉就是每列都在亮。

3. 行扫描法

行扫描类似于列扫描，只是单片机每次选中的是一行，而不是一列。注意事项相同。

行扫描和列扫描都要求点阵显示器一次驱动一行或一列(8 颗 LED)，如果不外加驱动电路，LED 会因电流较小而亮度不足。常用的驱动电路如图 7-8 所示。也可采用 74LS244、UN2003 驱动。

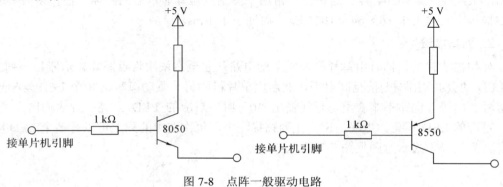

图 7-8　点阵一般驱动电路

下面以 8×8 点阵显示一个"心形"为例，如图 7-9 所示，看看单片机是怎么驱动的。

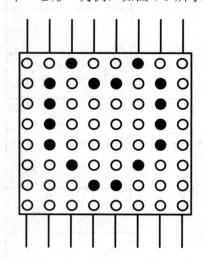

图 7-9　点阵显示心形图

首先，在 Proteus 软件中输入关键词：MATRIX-8×8，放置一个点阵。

那么如何点亮一个点？首先调出一个 8×8 点阵，在点阵的管脚上连接 VCC，另一端的管脚连接 GND，运行仿真，如图 7-10 所示，看看点阵能否点亮、点亮了哪几个点，如果不亮就调换 VCC 和 GND。这样测出点阵的行和列、共阴或共阳等引脚信息。

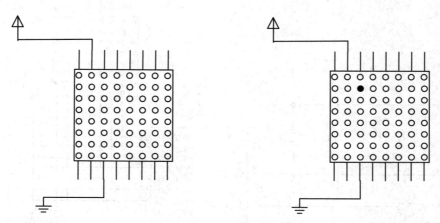

图 7-10 点阵测试行和列

从图 7-10 可判别出接电源方向所在的 8 个引脚为行线，接地方向所在的 8 个引脚为列线，为共阴点阵。要想显示如图所示的亮点：则上面对应的行为低电平，对应的列为高电平(此时 8 个列值为 00100000，和第二行 8 个点的亮灭情况一致)。所以我们可以通过某一行 8 个点的亮灭状态从而得到显示时所需的列值。

先显示第一行，8 个灯的亮灭情况为 00100100，则此时需送进去的 8 列值也为 00100100(即 0x24)，延时；再第二行，8 个灯的亮灭情况为 01011010，则此时需送进去的列值为 01011010 (0x5A)，再延时；依此类推，第三行：0x42；第四行：0x42；第五行：0x42；第六行：0x24；第七行：0x18；第八行：0x00。

参照图 7-11，编写程序。

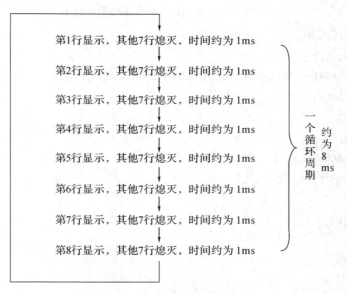

图 7-11　8×8 点阵驱动编程思想

在 Proteus 中按图 7-12 绘制电路图。

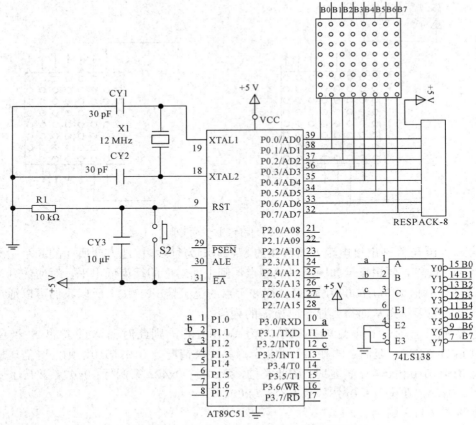

图 7-12 单片机驱动点阵显示心形电路图

对应的程序代码如下:

```
#include<reg52.h>
char code table[] = {0x24, 0x5a, 0x42, 0x42, 0x42, 0x24, 0x18, 0x00};    //心形编码
void delay(int z )                      //延时函数
{
    int x, y;
    for(x = 0; x < z; x++)
        for(y = 0; y < 110; y++);
}
void main()
{
    int num;
    while(1)                            //循环显示
    {
        for(num = 0; num < 8; num++)    // 8 行扫描 P3 行选,P0 列选
        {
            P3 = num;                   //行选
```

```
            P0 = table[num];              //列选
            delay(5);                     //延时
        }
    }
}
```

【任务实施】

在 Proteus 软件中按图 7-13 绘制电路图。在 Keil C51 中新建工程，命名任务 7-1，输入程序并调试运行。

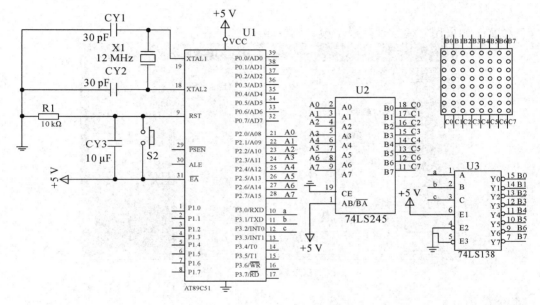

图 7-13 8×8 点阵显示驱动电路

74LS245 是用来驱动 led 或其他设备的常用芯片，它是 8 路同相三态双向总线收发器或驱动器，可双向传输数据。当片选端/CE 为低电平有效时，AB/BA = "0"，信号由 B 向 A 传输；AB/BA = "1"，信号由 A 向 B 传输。程序代码如下：

```
#include<reg52.h>
char code table[] = {0x00, 0x08, 0x08, 0x7E, 0x18, 0x14, 0x24, 0x43};   //"大"字编码
void delay(int z)                        //延时函数
{
    int x, y;
    for(x = 0; x < z; x++)
        for(y = 0; y < 110; y++);
}
void main()
{
    int num;
```

```
        while(1)    //循环显示
        {
            for(num = 0; num < 8; num++)            // 8 行扫描 P3 行选，P2 列选
            {
                P3 = num;                            //行选
                P2 = table[num];                     //列选
                delay(5);                            //延时
            }
        }
```

注意：如果用字模软件生成字模，则按照图 7-14 进行设置。

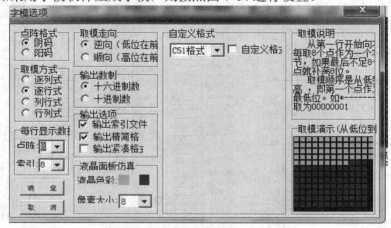

图 7-14　PCtoLCD2002 取字模设置

【进阶提高】

实际中测试 8×8 点阵引脚的具体步骤如下(可使用万用表或其他电压源测试)：

(1) 定正负极。把万用表拨到电阻挡 ×10，先用黑色探针(输出高电平)随意选择一个引脚，红色探针碰触余下的引脚，看点阵有无发光，未发光就用黑色探针再选择一个引脚，红色探针碰触余下的引脚，若点阵发光，则这时黑色探针接触的那个引脚为正极，红色探针碰到就发光的 7 个引脚为负极，剩下的 6 个引脚为正极。

(2) 引脚编号。先把器件的引脚正负分布情况记录下来，正极(行)用数字表示，负极(列)用字母表示。先定负极引脚编号，再黑色探针选定一个正极引脚，再用红色探针碰触负极引脚，看是第几列的二极管发光，若是第一列就在引脚处写 A，第二列则在引脚处写 B……依此类推。这样点阵的一半引脚都被编号了。剩下的正极引脚采用同样的方法编号。

在前面所介绍知识的基础上，如何实现 8×8 点阵轮流显示 0～9 呢？

字的滚动，实际上就是点阵列数据(这里是 8 列)的偏移量变化。例如，从右向左滚动，第一幅画面就是：前 n 列不亮，最后一列显示汉字的最左边一列；第二幅画面就是：前 n−1 列不亮，汉字的最左边 2 列亮。比如，一个 8×8 点阵，偏移量 0～7 是一副画面，1～8 是一副画面，2～9 是一副画面，依次类推，多个画面轮流显示，实现了显示内容的滚动。

在 Proteus 软件中按图 7-15 绘制电路图。在 Keil C 中新建工程，命名任务 7-1 进阶，输入程序并调试运行。

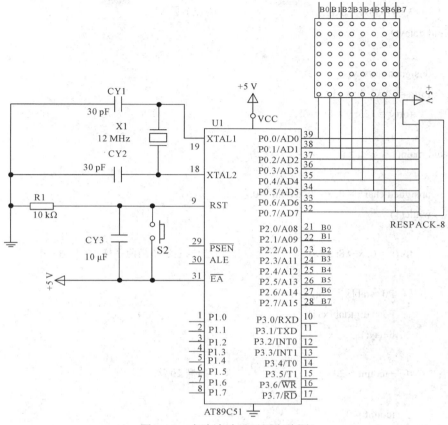

图 7-15 点阵滚动显示用电路图

点阵滚动显示对应的程序代码如下：

```
#include<reg52.h>
unsigned char code digittab[88] = { //行选通
    0x00, 0x00, 0x00, 0x00,
    0x00, 0x00, 0x3e, 0x41, 0x41, 0x41, 0x3e, 0x00, //0
    0x00, 0x00, 0x00, 0x00, 0x21, 0x7f, 0x01, 0x00, /*1*/
    0x00, 0x00, 0x27, 0x45, 0x45, 0x45, 0x39, 0x00, /*2*/
    0x00, 0x00, 0x22, 0x49, 0x49, 0x49, 0x36, 0x00, /*3*/
    0x00, 0x00, 0x0c, 0x14, 0x24, 0x7f, 0x04, 0x00, /*4*/
    0x00, 0x00, 0x72, 0x51, 0x51, 0x51, 0x4e, 0x00, /*5*/
    0x00, 0x00, 0x3e, 0x49, 0x49, 0x49, 0x26, 0x00, /*6*/
    0x00, 0x00, 0x40, 0x40, 0x40, 0x4f, 0x70, 0x00, /*7*/
    0x00, 0x00, 0x36, 0x49, 0x49, 0x49, 0x36, 0x00, /*8*/
    0x00, 0x00, 0x32, 0x49, 0x49, 0x49, 0x3e, 0x00, /*9*/
    0x00, 0x00, 0x00, 0x00        //让 9 继续滚动完
```

```c
    };
    unsigned char code tab[] = {0x7f, 0xbf, 0xdf, 0xef,
        0xf7, 0xfb, 0xfd, 0xfe, };                //列选通
    void delay()
    {
        unsigned int x, y;
        for(x = 2; x > 0; x--)
            for(y = 123; y > 0; y--);
    }
    void main()
    {
        unsigned char i = 0, x = 0, tcount = 0;
        while(1)
        {
            for(x = 0; x < 8; x++)                //扫描显示出当前字样
            {
                P0 = tab[x];
                P2 = digittab[x+i];
                delay();
            }
            if(++tcount > 20)                     //扫描 20 次
            {
                tcount = 0;
                if(++i >= 80 i = 0);
            }
        }
    }
```

任务二 16×16 点阵的使用

【任务描述】

在 16×16 点阵上先显示一个汉字,然后实现动态显示"欢迎光临!"。

【任务分析】

由于 Proteus 中没有 16×16 点阵,需要自己制作(网上有制作好的 16×16 点阵元件,大家可以自行搜索下载),制作教程查阅本任务相关知识。先实现静态显示然后再实现动态显示。

【相关知识】

一、16×16 点阵的制作

由于 Proteus 中没有 16×16 点阵，因此需要自己制作，下面介绍制作方法：

(1) 打开 Proteus，输入 MATRIX-8×8，放置一个 8×8 点阵，然后选中该点阵执行顺时针旋转 90°，如图 7-16 所示。

(2) 选中该点阵，右键单击，执行 Copy to Cliboard，复制 4 份点阵，如图 7-17 所示。

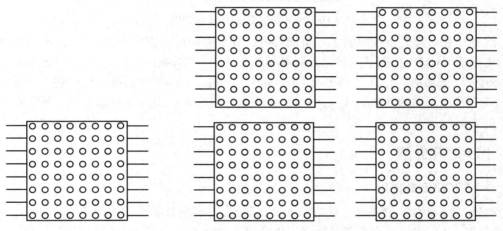

图 7-16 8×8 点阵旋转 90°　　　　图 7-17 点阵复制 4 份

(3) 在引脚上添加标签，如图 7-18 所示。

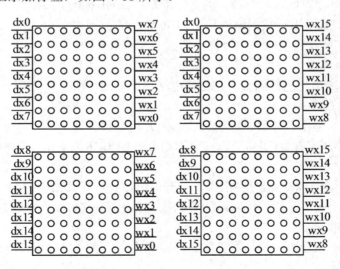

图 7-18 点阵引脚加标签图

(4) 可以把 4 个点阵组合，形成一个 16×16 点阵，如图 7-19 所示。

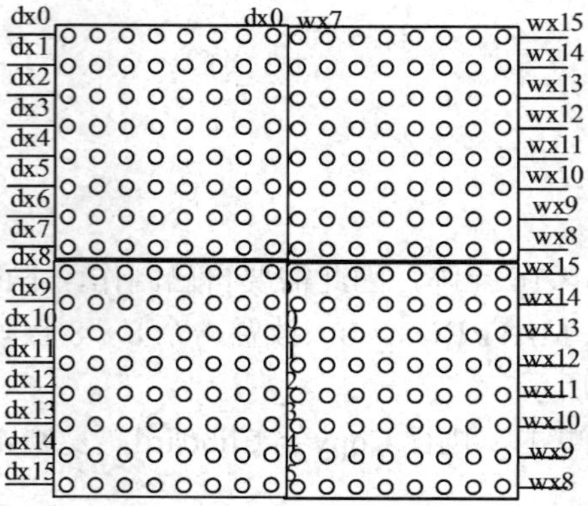

图 7-19 16×16 点阵制作成功效果图

注意：在点阵显示的画面上，可能会有红绿小点闪烁，事实上那是 Proteus 中实时显示的电平信号，如何把闪烁的红绿点隐藏掉呢？可以在"System"菜单下点击"Set Animation Options…"子菜单，打开"Anmated Circuits Configuration"对话框，然后将"Animation Options"选项下面的"Show Logic State of Pins?"复选框中去掉选中标志。改变设置以后，重新仿真运行。

二、相关芯片介绍

1. 74HC595 的使用

74HC595 具有 8 位移位寄存器和一个存储器，可实现三态输出功能；具有移位寄存器和存储器，以及相互独立的时钟，其引脚如图 7-20 所示。

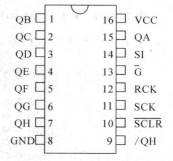

图 7-20 74HC595 引脚图

14 脚：SI，串行数据输入引脚。英文全称是：serial data input，顾名思义，就是串行数据输入口。74HC595 的数据来源只有这一个口，一次只能输入一个位，那么连续输入 8 次，就可以积攒为一个字节了。

13 脚：OE，输出使能控制脚，它是低电平使能输出，所以接 GND。

12 脚：RCK，输出存储器锁存时钟线。上升沿时移位寄存器的数据进入存储寄存器(相当于通过引脚 QA～QH 输出数据)，下降沿时存储寄存器数据不变。

11 脚：SCK，移位寄存器时钟引脚，上升沿时，移位寄存器中的 bit 数据整体后移，并接收新的 bit，上升沿时数据寄存器的数据按 QA→QB→QC→…→QH 移动；下降沿移位寄存器数据不变。

10 脚：SCLR，低电平时，清空移位寄存器中已有的 bit 数据，一般不用，接高电平即可。

9 脚：串行数据出口引脚。当移位寄存器中的数据多于 8bit 时，会把已有的 bit "挤出去"，就是从这里出去的。该引脚用于 74HC595 的级联。

Qx：并行输出引脚。

下面以生活中的赛马为例，讲解一下其原理，如图 7-21 所示。

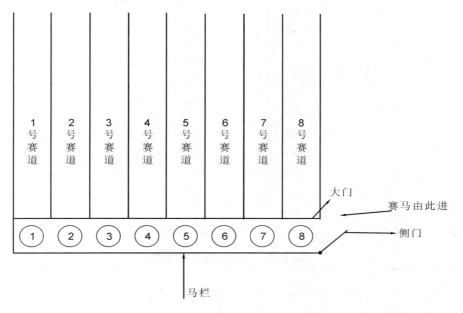

图 7-21　74HC595 示意图

赛马其实可分为两步：

第一步：首先 8 匹马由"侧门"一匹一匹进入，待全部进入后，关闭侧门。

第二步：一声枪响"大门"打开，8 匹马闻声出栏。

以上过程也是 74HC595 的运行过程，我们将每一匹马比作电脑里的二进制位，公马为阳(1)，母马为阴(0)。每当一匹马要从侧门进入马栏时，需打开侧门，这里的侧门锁就是"SCLR(10 号)"引脚，为 1 开门，为 0 关门。每一匹马进栏都必须先开门然后关门，进入前开，进入后关，循环 8 次开门、关门，8 匹马就都进栏了，至于这个字节的值就看公母的排序了。

当 8 匹马都进栏后，我们就立刻打开大门。这里的大门锁就是"RCK(12 号)"引脚，为 1 开门，为 0 关门。当打开大门后 8 匹马都跑出去，再立刻关上大门。

7-1　74HC595 工作原理

2. 74HC154 简介

74HC154 为 4 线-16 线译码器，使用它可以实现地址的扩展，其引脚如图 7-22 所示。

1～11，13～17：输出端。

12：GND 电源地。

18～19：使能输入端，低电平有效。

20～23：地址输入端。

24：VCC 电源正。

74HC154 真值表如表 7-2 所示。

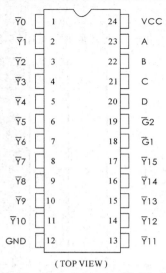

图 7-22 74HC154 引脚图

表 7-2 74HC154 真值表

输 入						
$\overline{G1}$	$\overline{G2}$	D	C	B	A	
L	L	L	L	L	L	$\overline{Y0}$
L	L	L	L	L	H	$\overline{Y1}$
L	L	L	L	H	L	$\overline{Y2}$
L	L	L	L	H	H	$\overline{Y3}$
L	L	L	H	L	L	$\overline{Y4}$
L	L	L	H	L	H	$\overline{Y5}$
L	L	L	H	H	L	$\overline{Y6}$
L	L	L	H	H	H	$\overline{Y7}$
L	L	H	L	L	L	$\overline{Y8}$
L	L	H	L	L	H	$\overline{Y9}$
L	L	H	L	H	L	$\overline{Y10}$
L	L	H	L	H	H	$\overline{Y11}$
L	L	H	H	L	L	$\overline{Y12}$
L	L	H	H	L	H	$\overline{Y13}$
L	L	H	H	H	L	$\overline{Y14}$
L	L	H	H	H	H	$\overline{Y15}$
X	H	X	X	X	X	NONE
H	X	X	X	X	X	NONE

注：H—高电平；L—低电平；X—任意电平。

只要控制端 G1、G2 任意一个为高电平，A、B、C、D 任意电平输入都无效。G1、G2 必须都为低电平才能操作芯片。

【任务实施】

7-2　74HC595 级联

在 Proteus 软件中按图 7-23 绘制电路图。在 Keil C51 中新建工程，命名任务 7-2，输入程序并调试运行。

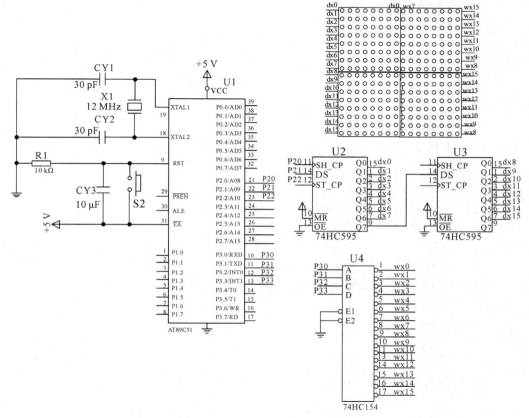

图 7-23　16×16 点阵驱动电路

程序代码如下：

```
#include<reg52.h>
sbit SH_CP = P2^0;
sbit DS = P2^1;
sbit ST_CP = P2^2;
unsigned char code display[] = {
    0x10, 0x04, 0x60, 0x04, 0x02, 0x7E, 0x8C, 0x01, 0x00, 0x00, 0x88, 0x1F, 0x88, 0x08, 0xFF,
    0x08, 0x88, 0x08, 0x88, 0x9F, 0x00, 0x60, 0xFE, 0x1F, 0x22, 0x42, 0x22, 0x82, 0xFE, 0x7F,
    0x00, 0x00,              /*"湖", 0*/
};
```

```c
void    hc595_senddat(unsigned char dat)
{
    unsigned char i;
    for(i = 0; i < 8; i++)
    {
        DS = dat&0x80;
        SH_CP = 1;
        SH_CP = 0;
        dat <<= 1;
    }
}
main()
{
    unsigned char i;
    SH_CP = 0;
    ST_CP = 0;
    while(1)
    {
        for(i = 0; i < 16; i++)
        {
            hc595_senddat(display[2*i+1]);
            hc595_senddat(display[2*i]);
            P3 = i;
            ST_CP = 1;
            ST_CP = 0;
        }
    }
}
```

【进阶提高】

利用 16×16 点阵滚动显示"欢迎光临！"。在 Proteus 软件中按图 7-23 绘制电路图。在 Keil C51 中新建工程，命名任务 7-2 进阶，输入程序并调试运行。

限于篇幅原因，本任务对应的源程序请参阅本书配套资源部分。

四、项目总结

本项目通过设计制作门点招牌系统，用到了点阵知识：点阵的驱动芯片和点阵动态显示的程序编制方法。

五、教学检测

7-1 解释点阵的静态显示和动态显示。

7-2 区别点阵的行和列、共阴或共阳方法。

7-3 假若 P1 和 P0 驱动 8×8 点阵,试简要回答逐列扫描方式驱动原理。

7-4 在点阵显示的画面上,可能会有红绿小点闪烁,事实上那是 Proteus 中实时显示的电平信号,如何把闪烁的红绿点隐藏掉?

7-5 使用本项目的图 7-1,显示一个"但"字。

项目八 电子密码锁系统设计

一、学习目标

1. 掌握 I^2C 总线协议。
2. 掌握 AT24C02 的使用方法。
3. 掌握读懂时序写程序的方法。

项目八课件

二、学习任务

在日常生活中，经常会遇到人机接口问题，如键盘接口、触摸屏接口等。银行柜台上用来输入密码的小键盘，是一种典型的人机接口设备。

本项目的任务是设计一电子密码锁，可通过键盘设置密码和修改密码，以及通过键盘输入密码后进行开锁。

三、任务分解

本项目可分解为以下两个学习任务：
(1) I^2C 总线的模拟；
(2) 电子密码锁系统实现。

任务一 I^2C 总线的模拟

【任务描述】

通过对 I^2C 总线的模拟，实现向串行存储芯片 AT24C02 写入该芯片的地址，返回应答信号 0，再向串行存储芯片 AT24C02 写入一个非该芯片的地址，返回应到信号 1，用 LCD1602 显示两种对比结果。

【任务分析】

学习 I^2C 总线技术，并模拟 I^2C 总线，了解液晶驱动技术，用前面所学知识实现电子密码锁系统。

【相关知识】

一、I^2C 串行总线的组成及工作原理

采用串行总线技术可以使系统的硬件设计大大简化、系统的体积减小、可靠性提高。同时，系统的更改和扩充极为容易。

1. I²C 串行总线概述

I²C 总线是 PHLIPS 公司推出的一种串行总线,是具备多主机系统所需的包括总线裁决和高低速器件同步功能的高性能串行总线。I²C 总线只有两根双向信号线:一根是数据线 SDA,另一根是时钟线 SCL,如图 8-1 所示。

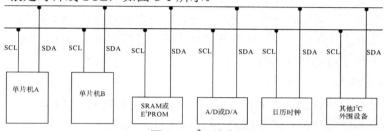

图 8-1 I²C 总线

I²C 总线通过上拉电阻接正电源。当总线空闲时,两根线均为高电平。连到总线上的任一器件输出的低电平,都将使总线的信号变低,即各器件的 SDA 及 SCL 都是线"与"关系。

每个接到 I²C 总线上的器件都有唯一的地址。主机与其他器件间的数据传送可以由主机发送数据到其他器件,这时主机即为发送器。由总线上接收数据的器件则为接收器。

在多主机系统中,可能同时有几个主机企图启动总线传送数据。为了避免混乱, I²C 总线要通过总线仲裁,以决定由哪一台主机控制总线。

2. I²C 总线的数据传送

1) 数据位的有效性规定

数据位的有效性规定,如图 8-2 所示。I²C 总线进行数据传送时,时钟信号为高电平期间,数据线上的数据必须保持稳定,只有在时钟线上的信号为低电平期间,数据线上的高电平或低电平状态才允许变化。

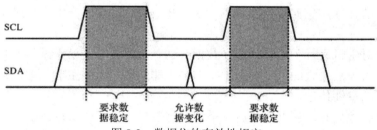

图 8-2 数据位的有效性规定

2) 起始和终止信号

SCL 线为高电平期间,SDA 线由高电平向低电平的变化表示起始信号;SCL 线为高电平期间,SDA 线由低电平向高电平的变化表示终止信号,如图 8-3 所示。

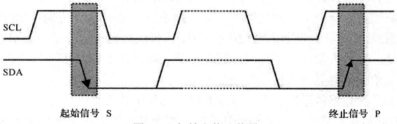

图 8-3 起始和终止信号

起始和终止信号都是由主机发出的,在起始信号产生后,总线处于被占用的状态;在终止信号产生后,总线处于空闲状态。

连接到 I²C 总线上的器件,若具有 I²C 总线的硬件接口,则很容易检测到起始和终止信号。

接收器件收到一个完整的数据字节后,有可能需要完成一些其他工作,如处理内部中断服务等,可能无法立刻接收下一个字节,这时接收器件可以将 SCL 线拉成低电平,从而使主机处于等待状态。直到接收器件准备好接收下一个字节时,再释放 SCL 线使之为高电平,从而使数据传送可以继续进行。

3) 数据传送格式

每一个字节必须保证是 8 位长度。数据传送时,先传送最高位(MSB),每一个被传送的字节后面都必须跟随一位应答位(即一帧共有 9 位),如图 8-4 所示。

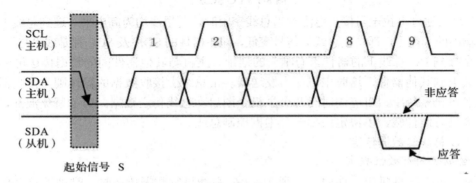

图 8-4 数据传送格式

由于某种原因从机不对主机寻址信号应答时(如从机正在进行实时性的处理工作而无法接收总线上的数据),它必须将数据线置于高电平,而由主机产生一个终止信号以结束总线的数据传送。

如果从机对主机进行了应答,但在数据传送一段时间后无法继续接收更多的数据时,从机可以通过对无法接收的第一个数据字节的"非应答"通知主机,主机则应发出终止信号以结束数据的继续传送。

当主机接收数据时,它收到最后一个数据字节后,必须向从机发出一个结束传送的信号。这个信号是由对从机的"非应答"来实现的。然后,从机释放 SDA 线,以允许主机产生终止信号。

4) 数据帧格式

I²C 总线上传送的数据信号是广义的,既包括地址信号,又包括真正的数据信号。在起始信号后必须传送一个从机的地址(7 位),第 8 位是数据的传送方向位(R/T),用"0"表示主机发送数据(T),"1"表示主机接收数据(R)。每次数据传送总是由主机产生的终止信号结束。但是,若主机希望继续占用总线进行新的数据传送,则可以不产生终止信号,马上再次发出起始信号对另一从机进行寻址。

在总线的一次数据传送过程中,可以有以下几种组合方式:

(1) 主机向从机发送数据,数据传送方向在整个传送过程中不变,如表 8-1 所示。

表 8-1 主机发从机收数据格式

S	从机地址	0	A	数据	A	数据	A/$\overline{A}$	P

注：有阴影部分表示数据由主机向从机传送，无阴影部分则表示数据由从机向主机传送。A 表示应答，$\overline{A}$ 表示非应答(高电平)，S 表示起始信号，P 表示终止信号。

(2) 主机在第一个字节后，立即从从机上读数据，如表 8-2 所示。

表 8-2 主机从从机上读数据格式

S	从机地址	1	A	数据	A	数据	$\overline{A}$	P

(3) 在传送过程中，当需要改变传送方向时，起始信号和从机地址都被重复产生一次，但两次读/写方向位正好反相，如表 8-3 所示。

表 8-3 传送方向改变时，读写方向反向

S	从机地址	0	A	数据	A/$\overline{A}$	S	从机地址	1	A	数据	$\overline{A}$	P

3. 总线的寻址

I^2C 总线协议有明确的规定：采用 7 位的寻址字节(寻址字节是起始信号后的第一个字节)。

如表 8-4 所示，D7～D1 位组成从机的地址。D0 位是数据传送方向位，为"0"时表示主机向从机写数据，为"1"时表示主机由从机读数据。

表 8-4 总机的寻址

位：	7	6	5	4	3	2	1	0
	从机地址							R/$\overline{W}$

主机发送地址时，总线上的每个从机都将这 7 位地址码与自己的地址进行比较，如果相同，则认为自己正被主机寻址，根据 R/T 位将自己确定为发送器或接收器。从机的地址由固定部分和可编程部分组成。在一个系统中可能希望接入多个相同的从机，从机地址中可编程部分决定了可接入总线该类器件的最大数目。如一个从机的 7 位寻址位有 4 位是固定位，3 位是可编程位，这时仅能寻址 8 个同样的器件，即可以有 8 个同样的器件接入到该 I^2C 总线系统中。

二、AT89C51 单片机 I^2C 串行总线器件的接口

8-1 认识 I^2C 总线

假设采用 AT89C51 单片机，晶振频率为 12 MHz，即机器周期为 1 μs，使用 P1.0 作为数据线 SDA，P1.1 作为时钟线 SCL。

```
sbit SDA = P1^0;
sbit SCL = P1^1;
bit ack_mk;            //应答标志位，有应答为 1，无应答为 0
void delay5us()
{_nop_();  _nop_();  _nop_();  _nop_(); }
```

根据 I²C 总线数据传送的典型信号时序要求，可用单片机 I/O 口线产生起始信号、停止信号、应答信号、非应答信号。

(1) 起始信号的模拟，如图 8-5 所示。

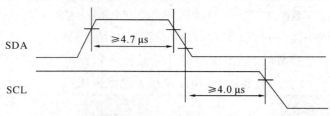

图 8-5　起始信号的模拟

对应的代码如下：

```
oid start()
{
    SDA = 1;            //将 SDA、SCL 置为 1
    SCL = 1;
    delay5us();         //延时 5 μs
    SDA = 0;            //SCL 为高时，SDA 由高变低，SDA 出现下降沿
    delay5us();         //延时 5 μs
    SCL = 0;            // SCL 变低，准备发送或接收数据
}
```

(2) 停止信号的模拟，如图 8-6 所示。

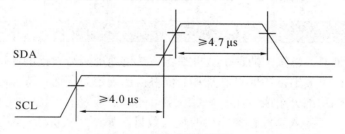

图 8-6　停止信号的模拟

对应的代码如下：

```
void Stop()
{
    SDA = 0;            //将 SDA 清零，SCL 置 1
    SCL = 1;
    delay5us();
    SDA = 1;            //当 SCL 为高电平时，SDA 由低变高
    delay5us();         //延时 5 μs
    SCL = 0;
}
```

(3) 发送应答信号的模拟，如图 8-7 所示。

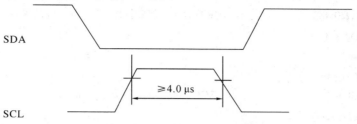

图 8-7 发送应答信号的模拟

对应的代码如下：

```
void Ack(void)              //产生应答信号
{   SDA = 0;                // SDA 先清零，发应答信号
    SCL = 1;                //SCL 由低变高，产生一个时钟
    delay5us();             //延时 5 μs
    SCL = 0;                //SCL 变低，以便继续接收
}
```

(4) 发送非应答信号的模拟，如图 8-8 所示。

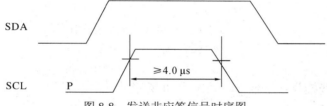

图 8-8 发送非应答信号时序图

对应的代码如下：

```
void NAck(void)
{   SDA = 1;                // SDA 先置 1，发非应答信号
    SCL = 1;                // SCL 由低变高，产生一个时钟
    delay5us();             //延时 5 μs
    SCL = 0;                //时钟线 SCL 恢复到低电平
}
```

(5) 向 I²C 总线发送一个字节的模拟，如图 8-9 所示。

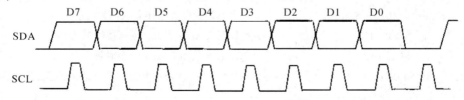

图 8-9 向 I²C 总线发送一个字节时序图

对应的代码如下：

```
void  SendByte(uchar c)
{   uchar  n ;
```

```c
    for(n = 0; n < 8; n++)           //一字节为 8 位，循环 8 次
    {   if(c&0x80)                   //先高后低，将数据线 SDA 置 1 或清零
        SDA = 1;
        else
        SDA = 0;
        SCL = 1;                     // SCL 为高，通知从机开始接收数据
        Delay5us();
        SCL = 0;                     // SCL 变低，准备发送下一位数据
        c = c << 1;                  //准备下一位要发送的数据
    }
    SDA = 1;                         //一字节发送完后释放数据线
    Delay5 us();
    SCL = 1;                         // SCL 由低变高，产生一个时钟
    Delay5 us();
    if(SDA == 1)                     //如果 SDA=1，则发送失败
        ack_mk = 0;
    else
        ack_mk = 1;                  //如果 SDA=0，则发送成功
    SCL = 0;                         // SCL 变低
}
```

(6) 从 I²C 总线接收一个字节，如图 8-10 所示。

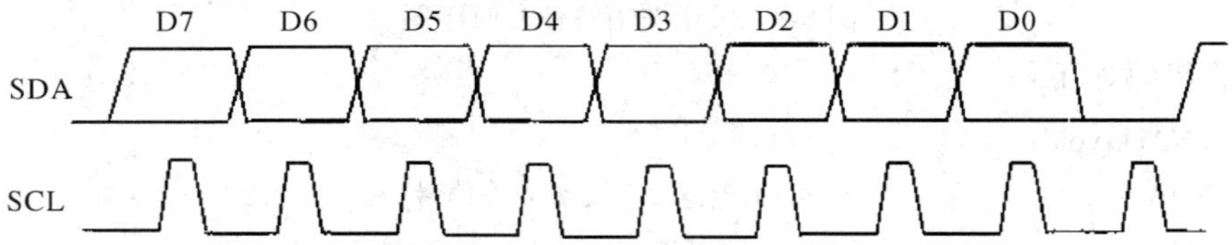

图 8-10　从 I²C 总线接收一个字节时序图

对应的代码如下：

```c
uchar RcvByte()
{   uchar n, c;
    {   for(n = 0; n < 8; n++)       //一字节为 8 位，循环 8 次，先高后低
        {   SDA = 1;                 //置数据线 SDA 为高，进入接收方式
            SCL = 1;                 // SCL 由低变高，产生一个时钟
            if (SDA == 0)            //根据数据线 SDA 的状态，将 c 的最高位清零或置 1
                c = c&0x7f;
            else
                c = c | 0x80;
            c = _crol_(c, 1);        //将 c 循环左移一位，为接收下一位准备
            SCL = 0;                 //时钟线 SCL 清零
```

                }
                return(c);
            }
        }

(7) 向子地址器件发送多个字节。

以上介绍的是 I²C 总线的基本操作，I²C 总线完整的数据传输是由以上操作组合而成的。设某从器件的地址为 sla(写)，如果希望向该器件由子地址 suba 开始的单元连续写入 n 个字节的数据 dat1、dat2、…、datn，相应的操作过程如表 8-5 所示。

表 8-5　向子地址器件发送多个字节

START	sla	ACK	suba	ACK	dat1	ACK	dat2	ACK	……	datn	ACK	STOP

表中有阴影的部分表示数据由主器件向从器件传送，无阴影的部分表示数据由从器件向主器件传送。

对应的代码如下：

```
bit SendStr(uchar sla, uchar suba, uchar *s, uchar n)
{
    uchar i;
    Start();                        //发起始信号，启动总线
    SendByte(sla);                  //发送器件地址
    if(ack_mk) == 0return(0);       //没能应答，操作失败
    SendByte(suba);                 //发送器件子地址
    if(ack_mk) == 0return(0);       //没能应答，操作失败
    for(i = 0; i < n; i++)          //循环 n 次
    {   SendByte(*s);
        if(ack_mk) == 0return(0);   //没能应答，操作失败
        s++;                        //指向下一个字节
    }
    Stop();                         //发结束信号，结束本次数据传送
    return(1);
}
```

(8) 向子地址器件读取多个字节的模拟，如表 8-6 所示。

表 8-6　向子地址器件读取多个字节图

START	sla	ACK	suba	ACK	START	sla+1	ACK	dat1	ACK	…	datn	NACK	STOP

对应的代码如下：

```
bit RcvStr(uchar sla, uchar suba, uchar *s, uchar n)
{   uchar i;
    Start();                        //发送起始信号，启动总线
    SendByte(sla);                  //发送器件地址
```

```
    if(ack_mk) == 0return(0);          //如果没能应答，则操作失败
        SendByte(suba);                 //发送器件子地址
    if(ack_mk) == 0return(0);          //如果没能应答，则操作失败
        Start();                        //再次发送起始信号
        SendByte(sla+1);                //sla+1 表示进行读操作
    if(ack_mk) == 0return(0);          //如果没能应答，操作失败
     for(i=0; i < n; i++)               //对前 no-1 个字节发送应答信号
    {   *s++ = RcvByte();               //接收数据
        if(i != (n-1)
        I²C_Ack();                      //发送应答信号
    }
    I²C_nAck();                         //发送非应答信号
    Stop();                             //发送结束信号，结束本次数据传送
    return(1);
}
```

8-2　I²C 总线读写

三、串行 E²PROM 存储器 24C02 初步认识

串行 E²PROM 是在各种串行器件应用中使用较频繁的器件。和并行 E²PROM 相比，串行 E²PROM 容量小、数据传送速度较低，但因其体积较小、引脚较少、功耗较低，特别适合于需要存放非挥发数据、速度要求不高、引脚少的单片机应用系统。

24CXX 系列的 E²PROM 有多种型号，其中典型的型号有 24C02/04/08/16 等，存储容量分别为 256/512/1024/2048 字节。这里主要以 AT24C02 为例作一介绍，AT24C02 的引脚如图 8-11 所示。

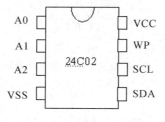

图 8-11　AT24C02 引脚图

引脚功能如下：

VCC：电源 +5 V。

VSS：地线。

SCL：串行时钟输入端，用于发送数据或接收数据时产生所需的时钟。

SDA：串行数据 I/O 端，用于输入和输出串行数据。该引脚是漏极开路的端口，需接上拉电阻到 VCC。

WP：写保护端，该引脚提供了硬件数据保护，当 WP 接地时，允许对芯片执行写操作；当 WP 接 VCC 时，则对芯片实施写保护。

A0、A1、A2：器件地址输入端，用于多个器件级联时设置器件地址，当这些脚悬空时默认值为 0，对于 24C02 可级联 8 个器件，如果线路上只有一片 24C02，那么这三个地址输入脚 A0、A1、A2 可悬空或连接到 GND。

例如：如果 A2(A2 引脚接高电平)、A1(A1 引脚接低电平)、A0(A0 引脚接高电平)，则 A2A1A0 三引脚对应的电平为 101，由于 24C02 的器件标识为 1010，那么，该芯片的读地址为 0xab，写地址为 0xaa。

【任务实施】

在 Proteus 软件中按图 8-12 绘制电路图。在 Keil C51 中新建工程，命名任务 8-1，输入程序并调试运行。

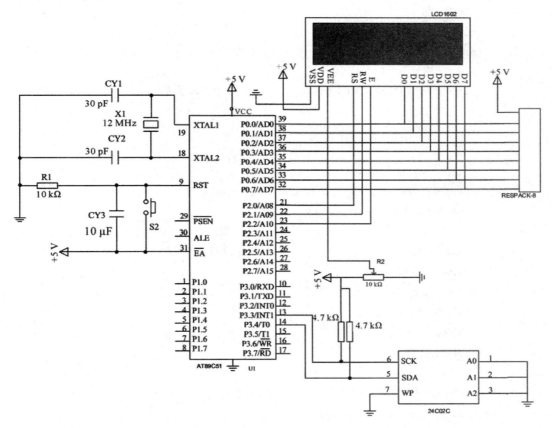

图 8-12　单片机向 24C02 发送一字节数据电路图

单片机向 24C02 发送一字节数据对应的程序代码如下：

Lcd1602.c 文件代码：

```
#include <reg52.h>
#include <intrins.h>
#define LCD1602_DB   P0
sbit LCD1602_RS = P2^0;
```

```c
sbit LCD1602_RW = P2^1;
sbit LCD1602_E  = P2^2;
/* 等待液晶是否忙 */
bit Lcd_bz()                              //测试忙函数，1-忙，0-不忙
{
    bit result;
    LCD1602_DB = 0xFF;
    LCD1602_RS = 0;
    LCD1602_RW = 1;
    LCD1602_E = 1;
    _nop_();
    _nop_();
    _nop_();
    _nop_();
    result = (bit)(LCD1602_DB & 0x80);    // bit7 等于 1 表示液晶正忙
    LCD1602_E = 0;
    return result;
}

/* 向 LCD1602 液晶写入一字节命令，cmd-待写入命令值 */
void LcdWriteCmd(unsigned char cmd)
{
    while(Lcd_bz ());                     //判断 LCD 是否忙碌
    LCD1602_RS = 0;
    LCD1602_RW = 0;
    LCD1602_DB = cmd;
    LCD1602_E  = 1;
    LCD1602_E  = 0;
}
/* 向 LCD1602 液晶写入一字节数据，dat-待写入数据值 */
void LcdWriteDat(unsigned char dat)
{
    while(Lcd_bz());                      //判断 LCD 是否忙碌
    LCD1602_RS = 1;
    LCD1602_RW = 0;
    LCD1602_DB = dat;
    LCD1602_E  = 1;
    LCD1602_E  = 0;
}
```

```c
/* 设置显示 RAM 起始地址，亦即光标位置，(x, y-对应屏幕上的字符坐标 */
void LcdSetCursor(unsigned char x, unsigned char y)
{
    unsigned char addr;

    if (y ==0)                          //由输入的屏幕坐标计算显示 RAM 的地址
        addr = 0x00 + x;                //第一行字符地址从 0x00 起始
    else
        addr = 0x40 + x;                //第二行字符地址从 0x40 起始
    LcdWriteCmd(addr | 0x80);           //设置 RAM 地址
}
/* 在液晶上显示字符串，(x, y-对应屏幕上的起始坐标，str-字符串指针 */
void LcdShowStr(unsigned char x, unsigned char y, unsigned char *str)
{
    LcdSetCursor(x, y);                 //设置起始地址
    while (*str != '\0')                //连续写入字符串数据，直到检测到结束符
    {
        LcdWriteDat(*str++);
    }
}
/* 初始化 1602 液晶 */
void InitLcd1602()
{
    LcdWriteCmd(0x38);                  //16×2 显示，5×7 点阵，8 位数据接口
    LcdWriteCmd(0x0C);                  //显示器开，光标关闭
    LcdWriteCmd(0x06);                  //文字不动，地址自动+1
    LcdWriteCmd(0x01);                  //清屏
}
```

main.c 代码：

```c
#include <reg51.h>                      //包含 51 单片机寄存器定义的头文件
#include <intrins.h>                    //包含_nop_()函数定义的头文件
#define uchar   unsigned char
#define uint unsigned int
#define delay5us()   {_nop_(); _nop_(); _nop_(); _nop_(); }
sbit SDA = P3^4;                        //将串行数据总线 SDA 位定义在为 P3.4 引脚
sbit SCL = P3^3;                        //将串行时钟总线 SDA 位定义在为 P3.3 引脚
bit ack = 0;                            //此应答信号为单片机发送数据时，24C02 作出的应到信号
extern void InitLcd1602();
extern void LcdShowStr(uchar x, uchar y, uchar *str);
```

```c
bit I2CAddresing(uchar addr);
bit SendByte(uchar addr);
void main()
{
    uchar string[10];
    InitLcd1602();                              //初始化液晶
    ack = I2CAddresing(0xa0);                   //发送 AT24C02 的器件地址
    string[0] = '5';
    string[1] = '0';
    string[2] = ':';
    string[3] = (unsigned char)ack + '0';
    string[4] = '\0';
    LcdShowStr(0, 0, string);

    ack = I2CAddresing(0x62);                   //发送非 AT24C02 的器件地址
    string[0] = '6';
    string[1] = '2';
    string[2] = ':';
    string[3] = (unsigned char)ack + '0';
    string[4] = '\0';
    LcdShowStr(8, 0, string);
    while (1);
}
// 开始位
void start()
{
    SDA = 1;            // SDA 初始化为高电平"1"
    SCL = 1;            //开始数据传送时,要求 SCL 为高电平"1"
    delay5us();         //延时 5 μs
    SDA = 0;            // SDA 的下降沿被认为是开始信号
    delay5us();         //延时 5 μs
    SCL = 0;            // SCL 为低电平时,SDA 上数据才允许变化(即允许以后的数据传递)
}
//停止位
void stop()
{
    SDA = 0;            // SDA 初始化为低电平"0"_n
    SCL = 1;            //结束数据传送时,要求 SCL 为高电平"1"
    delay5us();         //延时 5 μs
```

```
            SDA = 1;                  // SDA 的上升沿被认为是结束信号
            delay5us();               //延时 5 μs
            SDA = 0;
            SCL = 0;
}

/*****************************************************
函数功能：发送一字节子函数
*****************************************************/
bit SendByte(uchar c)
{   uchar  n ;
    for(n = 0; n < 8; n++)            //一字节为 8 位，循环 8 次
       { if(c&0x80)                   //先高后低，将数据线 SDA 置 1 或清零
             SDA = 1;
         else
             SDA = 0;
         SCL = 1;                     // SCL 为高，通知从机开始接收数据
         delay5us();
         SCL = 0;                     // SCL 变低，准备发送下一位数据
         c = c << 1;                  //准备下一位要发送的数据
       }
    SDA = 1;
    delay5us();
    SCL = 1;                          // SCL 变低，准备发送下一位数据
    delay5us();
    if(SDA == 1)                      //该 24C02 产生应答了，0 表示收到，1 表示未收到
        ack = 0;
    else
        ack = 1;      // 24C02 产生应答了，0 表示收到，为符合一般规则，将 ack 标志信号置为 1
    SCL = 0;
    return ack;
}

/*****************************************************
函数功能：启动一次地址发送操作
*****************************************************/
bit I2CAddresing(unsigned char addr)
{   ack = 0;
    start();
    ack = ~SendByte(addr);    //取反表示恢复 at24c02 实际有应答就为 0,不取反实际有应答就为 1
```

```
        stop();
        return ack;
}
```

【进阶提高】

向 AT24C02 指定地址地址 0x36 中写入数据 0x0f，然后从指定地址 0x36 中读取数据并送至 P1 口显示。在 Proteus 软件中按图 8-13 绘制电路图。在 Keil C51 中新建工程，命名任务 8-1 进阶，输入程序并调试运行。

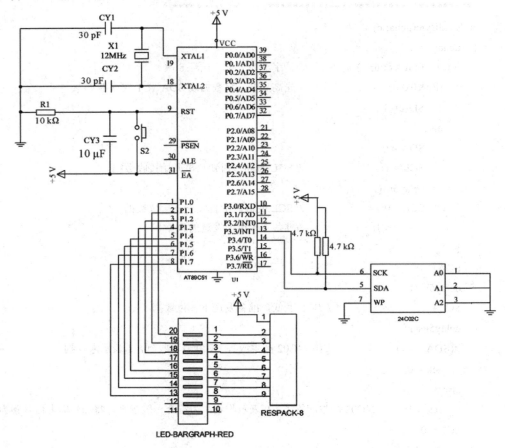

图 8-13　AT24C02 发送与接收单字节数据

AT24C02 发送与接收单字节数据对应的程序代码如下：

```
#include <reg51.h>          //包含 51 单片机寄存器定义的头文件
#include <intrins.h>        //包含_nop_()函数定义的头文件
#define uchar  unsigned char
#define uint unsigned int
#define OP_READ 0xa1        //器件地址以及读取操作，0xa1 即为 1010 0001B
#define OP_WRITE 0xa0       //器件地址以及写入操作，0xa1 即为 1010 0000B
```

```c
sbit SDA = P3^4;              //将串行数据总线 SDA 位定义在为 P3.4 引脚
sbit SCL = P3^3;              //将串行时钟总线 SDA 位定义在为 P3.3 引脚
bit ack_mk;                   //应答标志位,有应答为 1,无应答为 0
/******************************************************
函数功能:延时 5 μs
******************************************************/
void Delay5us()
{_nop_();  _nop_();  _nop_();  _nop_(); }
void delay1ms()
{
    unsigned char i, j;
    for(i = 0; i < 10; i++)
        for(j = 0; j < 33; j++)
            ;
}
/******************************************************
函数功能:开始数据传送
******************************************************/
void Start()
// 开始位
{
    SDA = 1;                  // SDA 初始化为高电平 "1"
    SCL = 1;                  //开始数据传送时,要求 SCL 为高电平 "1"
    Delay5us();               //延时 5 μs
    SDA = 0;                  //SDA 的下降沿被认为是开始信号
    Delay5us();               //延时 5 μs
    SCL = 0;       //SCL 为低电平时,SDA 上数据才允许变化(即允许以后的数据传递)
}


/******************************************************
函数功能:结束数据传送
******************************************************/
void Stop()
// 停止位
{
    SDA = 0;                  // SDA 初始化为低电平 "0"
    SCL = 1;                  //结束数据传送时,要求 SCL 为高电平 "1"
    Delay5us();               //延时 5 μs
    SDA = 1;                  // SDA 的上升沿被认为是结束信号
```

```c
        Delay5us();                  //延时 5 μs
        SDA = 0;
        SCL = 0;
}

//单片机非应答信号
void I2C_nAck(void){
    SCL = 0;                         //为产生脉冲准备
    SDA = 1;                         //产生应答信号
    Delay5us();                      //延时 5 μs
    SCL = 1; Delay5us();
    SCL = 0; Delay5us();             //产生高脉冲
}
/****************************************************
函数功能：发送一字节
****************************************************/
void    SendByte(uchar c)
{   uchar  n ;
    for(n = 0; n < 8; n++)           //一字节为 8 位，循环 8 次
    {   if(c&0x80)                   //先高后低，将数据线 SDA 置 1 或清零
            SDA = 1;
        else
            SDA = 0;
        SCL = 1;                     // SCL 为高，通知从机开始接收数据
        Delay5us();
        SCL = 0;                     // SCL 变低，准备发送下一位数据
        c = c << 1;                  //准备下一位要发送的数据
    }
    SDA = 1;                         //一字节发送完后释放数据线
    Delay5us();
    SCL = 1;                         // SCL 由低变高，产生一个时钟
    Delay5us();
    if(SDA == 1)                     //如果 SDA=1，则发送失败
        ack_mk = 0;
    else
        ack_mk = 1;                  //如果 SDA = 0，则发送成功
    SCL = 0;                         // SCL 变低
}
/****************************************************
```

函数功能：接收一字节
***/
uchar RcvByte()
{   uchar n, c};
    {   for(n = 0; n < 8; n++)   //一字节为 8 位，循环 8 次，先高后低
        {   SDA = 1;   //置数据线 SDA 为高，进入接收方式
            SCL = 1;   // SCL 由低变高，产生一个时钟
            if (SDA == 0)   //根据数据线 SDA 的状态，将 c 的最高位清零或置 1
                c = c&0x7f;
            else
                c = c | 0x80;
            c = _crol_(c, 1);   //将 c 循环左移一位，为接收下一位准备
            SCL = 0;   //时钟线 SCL 清零
        }
        return(c);
    }
}
/***
函数功能：向 AT24Cxx 中的指定地址写入数据
入口参数：add (储存指定的地址); dat(储存待写入的数据)
***/
void WriteSet(unsigned char add, unsigned char dat)
// 在指定地址 addr 处写入数据 WriteCurrent
{
    Start();   //开始数据传递
    SendByte(OP_WRITE);   //选择要操作的 AT24Cxx 芯片，并告知要对其写入数据
    SendByte(add);   //写入指定地址
    SendByte(dat);   //向当前地址(上面指定的地址)写入数据
    Stop();   //停止数据传递
    delay1ms();   // 1 个字节的写入周期为 1 ms，最好延时 1 ms 以上
}
/***
函数功能：从 AT24Cxx 中的指定地址读取数据
入口参数：set_addr
出口参数：x
***/
uchar ReadSet(unsigned char set_addr)
// 在指定地址读取
{   uchar Data;

```c
    Start();                    //开始数据传递
    SendByte(OP_WRITE);         //选择要操作的 AT24Cxx 芯片，并告知要对其写入数据
    if(ack_mk == 0)return(0);   //如果没能应答，则操作失败
    SendByte(set_addr);         //写入指定地址
    if(ack_mk) == 0return(0);   //如果没能应答，则操作失败
    Start();
    SendByte(OP_READ);          //表示进行读操作
    if(ack_mk) == 0return(0);   //如果没能应答，则操作失败
    Data = RcvByte();
    I2C_nAck();
    Stop();
    return (Data);              //从指定地址读出数据并返回
}
/*******************************************
函数功能：主函数
********************************************/
main(void)
{
    SDA = 1;                    // SDA = 1，SCL = 1，使主从设备处于空闲状态
    SCL = 1;
    WriteSet(0x36, 0x0f);       //在指定地址 0x36 中写入数据 0x0f
    P1 = ReadSet(0x36);         //从指定地址 0x36 中读取数据并送 P1 口显示
    while(1);
}
```

任务二　电子密码锁设计实现

【任务描述】

　　在日常的生活和工作中，住宅与部门的安全防范、单位的文件档案、财务报表以及一些个人资料的保存等多以加锁的办法来解决。若使用传统的机械式钥匙开锁，人们常需携带多把钥匙，使用极不方便，且钥匙丢失后安全性即大打折扣。在安全技术防范领域，具有防盗报警功能的电子密码锁逐渐代替了传统的机械式密码锁，电子密码锁具有安全性高、成本低、功耗低、易操作等优点。电子密码锁是一种通过密码输入来控制电路或是芯片工作，从而控制机械开关的闭合，完成开锁、闭锁任务的电子产品。它的种类很多，有简易的电路产品，也有基于芯片的性价比较高的产品。

　　现在应用较广的电子密码锁是以芯片为核心，通过编程来实现的，其性能和安全性已大大超过了机械锁。

项目八 电子密码锁系统设计 ·243·

本任务通过使用 I²C 存储芯片 AT24C02(04 芯片，存储密码，用户可以输入密码和修改密码，对输入的密码进行检验，如输入不对，则打不开锁。

【任务分析】

学习 I²C 总线技术，并模拟 I²C 总线，了解液晶驱动技术，通过前面所学知识比较综合的运用。本任务先实现单片机向 AT24C02 发送 4 组数据，再将这 4 组数据从 AT24C02 取出送液晶显示，最后实现电子门密码锁系统。

【相关知识】

本任务要用到十六进制数组用液晶的显示的问题，下面通过实例加以说明。

如图 8-14 所示的电路，把数组 InputData[4] = {0x55，0x34，0x56，0xab}中的 4 个值用液晶芯片 1602 显示出来。

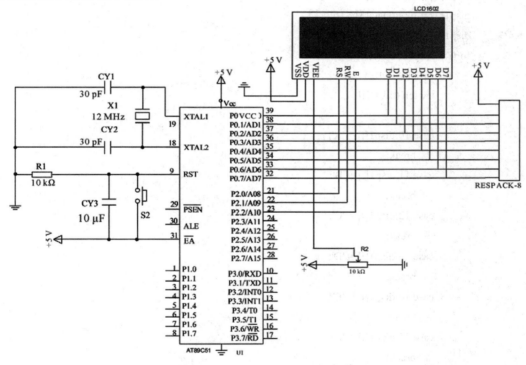

图 8-14 液晶显示十六进数组电路

Lcd1602.c 代码请参阅任务 1。

main.c 代码如下：

```
#include <reg51.h>          //包含 51 单片机寄存器定义的头文件
#include <intrins.h>         //包含_nop_()函数定义的头文件
#define uchar  unsigned char
#define uint unsigned int
extern void InitLcd1602();
extern void LcdShowStr(uchar x, uchar y, uchar *str);
```

```c
uchar code InputData[4] = {0x55, 0x34, 0x56, 0xab};
uchar disp1[10] = {0};
//转为液晶显示
void irwork(void
{   uchar i;
    disp1[0] = InputData[0]/16;
    disp1[1] = InputData[0]%16;
    disp1[2] = InputData[1]/16;
    disp1[3] = InputData[1]%16;
    disp1[4] = InputData[2]/16;
    disp1[5] = InputData[2]%16;
    disp1[6] = InputData[3]/16;
    disp1[7] = InputData[3]%16;
    disp1[8] = '\0';
    for(i = 0; i < 8; i++){
        if(disp1[i] >= 10)
            switch (disp1[i]
        {
            case 10:disp1[i] = 'A';
                break;
            case 11:disp1[i] = 'B';
                break;
            case 12:disp1[i] = 'C';
                break;
            case 13:disp1[i] = 'D';
                break;
            case 14:disp1[i] = 'E';
                break;
            case 15:disp1[i] = 'F';
                break;
        }
        else{
            disp1[i] = disp1[i]+'0';
        }
    }
}
/*****************************************
函数功能：主函数
*****************************************/
```

```c
main(void)
{   InitLcd1602();                      //初始化液晶
    while(1){
        irwork();
        LcdShowStr(0, 0, disp1);        //发送的数据送液晶显示
    }
}
```

irwork 函数还可以进行简化，代码如下：

```c
unsigned char Disp3[8] = {0, 0, 1, 1, 2, 2, 3, 3};   //新增的，用于控制选取 4 个十六进制数
                                                      //转为液晶显示

void irwork(void)
{   uchar i, j;
    for(j = 0; j < 8); j++                 //循环 n 次
    {
        if((j%2 == 0{                       //分离出十位上的数
            disp1[j] = InputData[Disp3[j]]/16;
        }
        else{                               //分离出个位上的数
            disp1[j] = InputData[Disp3[j]]%16;
        }
    }
    for(i = 0; i < 8; i++){
        if(disp1[i] >= 10)
            switch (disp1[i])
            {
                case 10:disp1[i] = 'A';
                    break;
                case 11:disp1[i] = 'B';
                    break;
                case 12:disp1[i] = 'C';
                    break;
                case 13:disp1[i] = 'D';
                    break;
                case 14:disp1[i] = 'E';
                    break;
                case 15:disp1[i] = 'F';
                    break;
            }
        else{
```

```
            disp1[i] = disp1[i]+'0';
        }
    }
}
```

【任务实施】

在 Proteus 软件中按图 8-15 绘制电路图。在 Keil C51 中新建工程,命名任务 8-2,输入程序并调试运行。

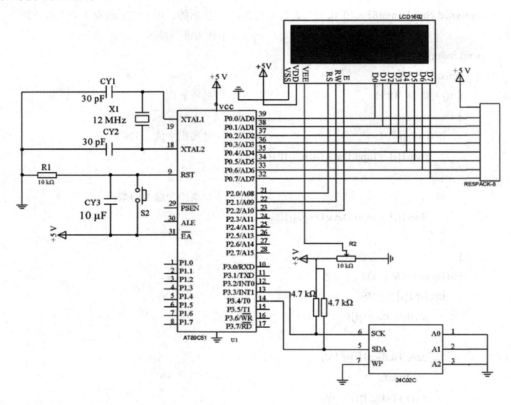

图 8-15 AT24C02 多字节收发电路图

对应的代码部分是实现单片机向 AT24C02 发送 4 组数据,再将这 4 组数据从 AT24C02 取出送液晶显示。

在 Keil C51 中调试下列代码:

lcd1602.c 对应的代码参阅任务 1。

main.c 对应的代码如下:

```
#include <reg51.h>              //包含 51 单片机寄存器定义的头文件
#include <intrins.h>            //包含_nop_()函数定义的头文件
#define uchar   unsigned char
#define uint unsigned int
sbit SDA = P3^4;                //将串行数据总线 SDA 位定义在为 P3.4 引脚
```

```c
sbit SCL = P3^3;                    //将串行时钟总线SDA位定义在为P3.3引脚
extern void InitLcd1602();
extern void LcdShowStr(uchar x, uchar y, uchar *str);
unsigned char Disp1[10];
unsigned char Disp2[10];
unsigned char Disp3[8] = {0, 0, 1, 1, 2, 2, 3, 3};
uchar code InputData[4] = {0x55, 0x34, 0x56, 0xab};
uchar OutputData[4] = {0};
bit ack_mk;                         //应答标志位,有应答为1,无应答为0
/******************************************
函数功能: 延时5 μs
******************************************/
void Delay5us()
{_nop_(); _nop_(); _nop_(); _nop_(); }
void DelayMS(uint ValMS)
{
    uint uiVal, ujVal;
    for(uiVal = 0; uiVal < ValMS; uiVal++)
        for(ujVal = 0; ujVal < 120; ujVal++);
}
/******************************************
函数功能: 开始数据传送
******************************************/
void Start()
// 开始位
{
    SDA = 1;            // SDA 初始化为高电平"1"
    SCL = 1;            //开始数据传送时,要求SCL为高电平"1"
    Delay5us();         //延时5 μs
    SDA = 0;            // SDA 的下降沿被认为是开始信号
    Delay5us();         //延时5 μs
    SCL = 0;            // SCL 为低电平时,SDA 上的数据才允许变化(即允许以后的数据传递)
}


/******************************************
函数功能: 结束数据传送
******************************************/
void Stop()
// 停止位
```

```c
{
    SDA = 0;                //SDA 初始化为低电平"0"_n
    SCL = 1;                //结束数据传送时,要求 SCL 为高电平"1"
    Delay5us();             //延时 5 μs
    SDA = 1;                // SDA 的上升沿被认为是结束信号
    Delay5us();             //延时 5 μs
    SDA = 0;
    SCL = 0;
}
//单片机接收时单片机产生应答信号
void I2C_Ack(void){
    SCL = 0;                //为产生脉冲准备
    SDA = 0;                //产生应答信号
    Delay5us();             //延时 5 μs
    SCL = 1; Delay5us();
    SCL = 0; Delay5us();    //产生高脉冲
    SDA = 1;                //释放总线
}
//单片机非应答信号
void I2C_nAck(void){
    SCL = 0;                //为产生脉冲准备
    SDA = 1;                //产生应答信号
    Delay5us();             //延时 5 μs
    SCL = 1; Delay5us();
    SCL = 0; Delay5us();    //产生高脉冲
}
/**********************************************
函数功能:发送一字节
**********************************************/
void    SendByte(uchar c)
{   uchar n ;
    for(n = 0; n < 8; n++)  //一字节为 8 位,循环 8 次
    {   if(c&0x80)          //先高后低,将数据线 SDA 置 1 或清零
            SDA = 1;
        else
            SDA = 0;
        SCL = 1;            // SCL 为高,通知从机开始接收数据
        Delay5us();
        SCL = 0;            // SCL 变低,准备发送下一位数据
```

```
            c = c << 1;             //准备下一位要发送的数据
        }
        SDA = 1;                    //一字节发送完后释放数据线
        Delay5us();
        SCL = 1;                    // SCL 由低变高,产生一个时钟
        Delay5us();
        if(SDA == 1)                //如果 SDA=1,则发送失败
            ack_mk = 0;
        else
            ack_mk = 1;             //如果 SDA = 0,则发送成功
        SCL = 0;                    // SCL 变低
}
/*********************************************
函数功能:接收一字节
*********************************************/
uchar RcvByte()
{   uchar n, c;
    {   for(n = 0; n < 8; n++)     //一字节为 8 位,循环 8 次,先高后低
        { SDA = 1};                //置数据线 SDA 为高,进入接收方式
        SCL = 1;                   // SCL 由低变高,产生一个时钟
        if (SDA == 0)              //根据数据线 SDA 的状态,将 c 的最高位清零或置 1
            c = c&0x7f;
        else
            c = c|0x80;
        c = _crol_(c, 1);          //将 c 循环左移一位,为接收下一位准备
        SCL = 0; //时钟线 SCL 清零
        }
        return(c);
    }
}
/*********************************************
函数功能:发送多字节
*********************************************/
bit SendStr(uchar sla, uchar suba, uchar *s, uchar n)
{
    uchar i;
    Start();                       //发起始信号,启动总线
    SendByte(sla);                 //发送器件地址
    if(ack_mk == 0)return(0);      //没能应答,操作失败
```

```c
        SendByte(suba);                  //发送器件子地址
    if(ack_mk == 0) return(0);           //没能应答,操作失败
    for(i = 0; i < n; i++)               //循环 n 次
    {   SendByte(*s);
        if(ack_mk == 0) return(0);       //没能应答,操作失败
            s++;                         //指向下一个字节
    }
    Stop();                              //发结束信号,结束本次数据传送
    return(1);
}
```
/***
函数功能:接收多字节
**/
```c
bit RcvStr(uchar sla, uchar suba, uchar *s, uchar n)
{   uchar i;
    Start();                             //发起始信号,启动总线
    SendByte(sla);                       //发送器件地址
    if(ack_mk == 0)return(0);            //如果没能应答,操作失败
        SendByte(suba);                  //发送器件子地址
    if(ack_mk == 0)return(0);            //如果没能应答,操作失败
        Start();                         //再次发起始信号
        SendByte(sla+1);                 // sla+1 表示进行读操作
    if(ack_mk == 0)return(0);            //如果没能应答,操作失败
    for(i = 0; i < n; i++)               //对前 no-1 个字节发应答信号
    {   *s++ = RcvByte();                //接收数据
        if(i != (n-1)
            I2C_Ack();                   //发送应答信号
    }
    I2C_nAck();                          //发送非应答信号
    Stop();                              //发结束信号,结束本次数据传送
    return(1);
}
```
/***
函数功能:将十六进制数组转化为字符数组,方便 1602 显示
入口参数:*p 指到十六进制数组,*disppaly 指到字符数组,
uchar n 为发送给 AT24C02 数组元素的 2 倍,待发送数组元素
为 4,那么 n 接收到的实参则为 8。
**/
```c
void Irwork(uchar *p, uchar *disppaly, uchar n)
```

```c
{   uchar i, j;
    for(j = 0; j < n; j++)              //循环 n 次
    {
        if((j%2 == 0){                  //分离出十位上的数
            dispplay[j] = p[Disp3[j]]/16;
        }
        else{                           //分离出个位上的数
            dispplay[j] = p[Disp3[j]]%16;
        }
    }
    for(i = 0; i < 8; i++){             // 8 个数字需要转为为字符
        if(dispplay[i] >= 10)           //大于 10 直接存储对应的 A~F
            switch (dispplay[i])
            {
                case 10:dispplay[i] = 'A';
                    break;
                case 11:dispplay[i] = 'B';
                    break;
                case 12:dispplay[i] = 'C';
                    break;
                case 13:dispplay[i] = 'D';
                    break;
                case 14:dispplay[i] = 'E';
                    break;
                case 15:dispplay[i] = 'F';
                    break;
            }
        else{
            dispplay[i] = dispplay[i]+'0';    //如果是 0~9 中的一个数，则转化为字符存储
        }
    }
}
/***********************************************
函数功能：主函数
***********************************************/
main(void)
{   InitLcd1602();                      //初始化液晶
    while(1){
    SendStr(0xa0, 0x37, InputData, 4);  //发送数据
```

```
        Irwork(InputData, Disp2, 8);              //发送数据转化为字符数组
        DelayMS(10);
        RcvStr(0xa0, 0x37, OutputData, 4);        //接收数据
        DelayMS(10);
        Irwork(OutputData, Disp1, 8);             //接收数据转化为字符数组
        LcdShowStr(0, 0, Disp2);                  //发送的数据送液晶显示
        LcdShowStr(0x40, 0, Disp1);               //接收的数据送液晶显示
        }
    }
```

【进阶提高】

由于电子密码锁综合性较强，故把整个系统的实现放在了进阶提高中，供学有余力的读者消化掌握。在 Proteus 软件中按图 8-16 绘制电路图。在 Keil C51 中新建工程，命名任务 8-2 进阶，输入程序并调试运行。

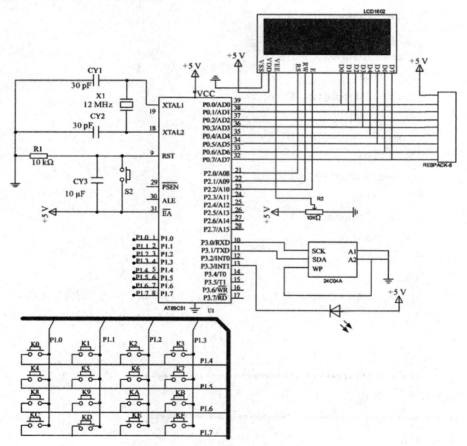

图 8-16 电子密码锁电路图

限于篇幅原因，本任务对应的源程序请参阅本书的配套资源部分。

四、项目总结

本项目实现了电子密码锁系统设计,主要用到了 I^2C 总线的知识。

I^2C 总线以启动信号 START 来掌管总线,以停止信号 STOP 来释放总线;每次通信以 START 开始,以 STOP 结束;启动信号 START 后紧接着发送一个地址字节,其中 7 位为被控器件的地址码,一位为读/写控制位 R/W,R/W 位为 0 表示由主控向被控器件写数据,R/W 为 1 表示由主控向被控器件读数据;当被控器件检测到收到的地址与自己的地址相同时,在第 9 个时钟期间反馈应答信号;每个数据字节在传送时都是高位(MSB)在前。

五、教学检测

8-1　I^2C 总线向 AT24C02 写一节内容,时序要注意哪些过程?

8-2　I^2C 总线向 AT24C02 读一节内容,时序要注意哪些过程?

8-3　I^2C 总线寻址约定有哪些规定?

8-4　I^2C 总线的 SDA 和 SCL 的定义和作用是什么?

项目九 数字电压表设计

一、学习目标

1. 了解 D/A 和 A/D 变换原理。
2. 掌握 ADC0809 使用方法。
3. 掌握 DAC0832 使用方法。
4. 掌握 PCF8591 的 A/D 及 D/A 变换使用方法。

项目九课件

二、学习任务

在自动检测和自动控制等领域中,经常需要对温度、电压、压力等连续变化的物理量,即模拟量进行测量和控制,而计算机只能处理数字量,因此就出现了计算机信号的数/模(D/A)和模/数(A/D)转换以及计算机与 A/D 和 D/A 转换芯片的连接问题。

三、任务分解

本项目可分解为以下两个学习任务:
(1) 用 ADC0808 实现电压表;
(2) 用 PCF8591 实现电压表。

任务一 用 ADC0808 实现电压表

【任务描述】

数字电压表(Digital Voltmeter)简称 DVM,它是采用数字化测量技术,把连续的模拟量(直流输入电压)转换成不连续、离散的数字形式并加以显示的仪表。传统的指针式电压表功能单一、精度低,不能满足数字化时代的需求,采用单片机的数字电压表,精度高、抗干扰能力强、可扩展性强、集成方便。目前,由各种单片 A/D 转换器构成的数字电压表,已被广泛用于电子及电工测量、工业自动化仪表、自动测试系统等智能化测量领域,显示出强大的生命力。

使用芯片 ADC0809 将输入的模拟量进行 A/D 变换,然后送数码管显示。

【任务分析】

熟悉 ADC0809 模数转换原理,掌握其驱动方法。

【相关知识】

一、ADC0809 芯片介绍

ADC0809 是带有 8 位 A/D 转换器、8 路多路开关以及微处理机兼容的控制逻辑的 CMOS 组件。它是逐次逼近式 A/D 转换器(限于篇幅,对逐次逼近式 A/D 转换器原理不作介绍,请参阅相关资料),可以和单片机直接接口。

1. 主要特性

(1) 8 路 8 位 A/D 转换器,即分辨率为 8 位;
(2) 具有转换起停控制端;
(3) 转换时间为 100 μs;
(4) 单个 +5 V 电源供电;
(5) 模拟输入电压范围为 0～+5 V,不需零点和满刻度校准;
(6) 工作温度范围为 −40～+85℃;
(7) 低功耗,约 15 mW。

2. 内部结构

ADC0809 是 CMOS 单片型逐次逼近式 A/D 转换器,它由 8 位模拟开关、地址锁存与译码器、A/D 转换器、三态输出锁存缓冲器等其他一些电路组成,如图 9-1 所示。

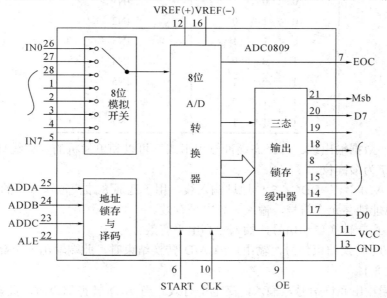

图 9-1 ADC0809 内部结构框图

因此,ADC0809 可处理 8 路模拟量输入,且有三态输出能力,既可与各种微处理器相连,也可单独工作,其输入输出与 TTL 兼容。

3. 外部特性(引脚功能)

ADC0809 芯片有 28 条引脚,如图 9-2 所示,采用双列直插式封装。

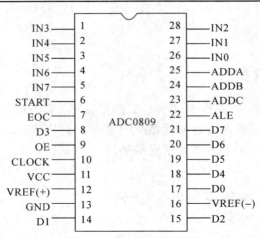

图 9-2 ADC0809 引脚图

下面说明各引脚功能。

IN0～IN7：8 路模拟量输入端。8 路模拟量分时输入，共用一个 A/D 转换器进行转换，这是一种经济的多路数据采集方法。通道选择如表 9-1 所示。

表 9-1 通道选择表

C	B	A	被选择的通道
0	0	0	IN0
0	0	1	IN1
0	1	0	IN2
0	1	1	IN3
1	0	0	IN4
1	0	1	IN5
1	1	0	IN6
1	1	1	IN7

D7～D0：数据输出线。为三态缓冲输出形式，可以和单片机的数据线直接相连。D0 为最低位，D7 为最高位。

ADDA、ADDB、ADDC：3 位地址输入线，用于选通 8 路模拟输入中的一路。

ALE：地址锁存允许信号，输入，高电平有效。

START：A/D 转换启动信号，输入，高电平有效。

EOC：A/D 转换结束信号，输出，当 A/D 转换结束时，此端输出一个高电平(转换期间一直为低电平)。

OE：数据输出允许信号，输入，高电平有效。当 A/D 转换结束时，此端输入一个高电平，才能打开输出三态门，输出数字量。

CLK：时钟脉冲输入端。要求时钟频率不高于 640 kHz。

VREF(+)、VREF(−)：基准电压。

VCC：电源，单一 +5 V。

GND：地。

ADC0809 的工作过程是：首先输入 3 位地址，并使 ALE = 1，将地址存入地址锁存器中。此地址经译码选通 8 路模拟输入之一到比较器。START 上升沿将逐次逼近寄存器复位。下降沿启动 A/D 转换，之后 EOC 输出信号变低，指示转换正在进行。直到 A/D 转换完成，EOC 变为高电平，指示 A/D 转换结束，结果数据已存入锁存器，这个信号可用作中断申请。当 OE 输入高电平时，输出三态门打开，转换结果的数字量输出到数据总线上，如图 9-3 所示。

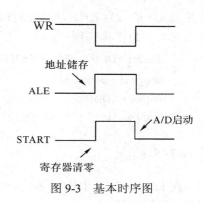

图 9-3　基本时序图

二、ADC0809 与 51 单片机的接口电路

图 9-4 给出了 ADC0809 与 51 单片机的接口电路。ALE 信号经 D 触发器二分频作为时钟信号，如时钟频率为 6 MHz，则 ALE 脚的输出频率为 1 MHz，二分频后为 500 kHz，符合 0809 对时钟频率的要求。

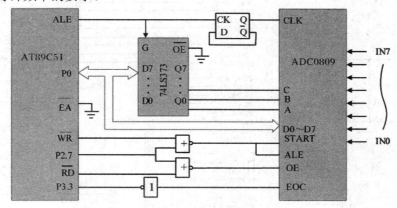

图 9-4　ADC0809 与单片机的连接

ADC0809 具有输出三态锁存器，8 位数据输出引脚可直接与数据总线相连。地址译码引脚 C、B、A 分别与地址总线 A2、A1、A0 相连，以选通 IN0～IN7 中的一个。P2.7(A15) 作为片选信号，在启动 A/D 转换时，由 WR*和 P2.7 控制 ADC 的地址锁存和转换启动，由于 ALE 和 START 连在一起，因此 0809 在锁存通道地址的同时，启动并进行转换。

在读取转换结果时，用低电平的读信号和 P2.7 脚经 1 级或非门后，产生的正脉冲作为 OE 信号，用以打开三态输出锁存器。

单片机如何来控制 ADC0809？ADC0809 的启动信号 START 由片选线 P2.7 与写信号 WR 的"或非"产生。这要由一条向 ADC0809 写操作指令来启动转换：

#define ADDIN0 XBYTE[0x7FF8]//定义 ADC0809 的口地址
　　ADDIN0 = 0x00; //启动 A/D 转换

转换结束后，0809 发出转换结束 EOC 信号，该信号可供查询，也可作为向单片机发出的中断请求信号。首先送出口地

9-1　ADC0809 基本原理

址并当 $\overline{RD}$ 信号有效(OE 信号即有效)时,将数据送上数据总线,供单片机读取。

例如,数据传送程序:

```
#define ADDIN0 XBYTE[0x7FF8]      //定义 ADC0809 的口地址
unsigned char addata;
addata = ADDIN0;                   //读取 A/D 转换数据
```

转换数据的传送有定时方式、查询方式以及中断方式。

【任务实施】

在 Proteus 软件中按图 9-5 绘制电路图。在 Keil C51 中新建工程,命名任务 9-1,输入程序并调试运行。

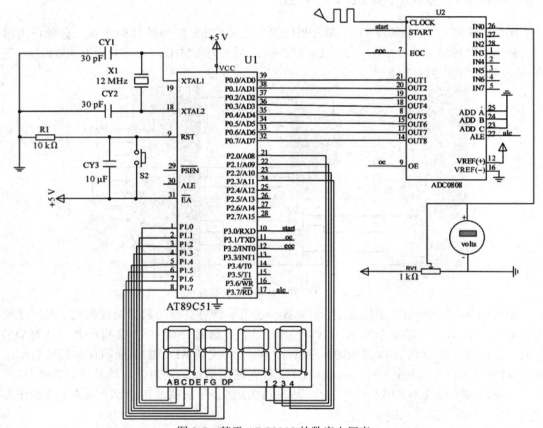

图 9-5 基于 ADC0808 的数字电压表

说明:使用 ADC0808、ADC0809 之类的 A/D,一般都从单片机的 ALE 引脚直接取信号,ALE 信号的频率约为晶振频率的 1/6(方波),假定晶振为 12 MHz,则 ALE 出来的方波频率为 2 MHz,然后用 74HC74 进行两次二分频,也就是除以 4,获得 500 kHz 的方波,就可以送 A/D 的 CLK 了。也可以使用单片机定时器产生 500 kHz 的方波作为 ADC0809 的时钟,这里为简化程序,直接在 Proteus 中使用方波信号激励源,产生频率直接填为 500 kHz。

基于 ADC0809 的数字电压表对应的程序代码如下:

```c
#include<reg52.h>
#define uchar unsigned char
#define uint  unsigned int
uchar code DuanArr[] = {0xbf, 0x86, 0xdb, 0xcf, 0xe6, 0xed, 0xfd, 0x87, 0xff, 0xef}; //有小数点的编码
uchar code dispbitcode[] = {0x3f, 0x06, 0x5b, 0x4f, 0x66, 0x6d, 0x7d, 0x07, 0x7f, 0x6f};
uchar code shiftbitcode[] = {0xf7, 0xfb, 0xfd, 0xfe};
uchar getdata, dispbuf[4];
uint i, j, temp;
sbit ST = P3^0;
sbit OE = P3^1;
sbit EOC = P3^2;
sbit ALE = P3^7;
void Delay(unsigned int i);
void delay1(uchar x)
{
    uchar i, j;
    for(i = x; i > 0; i--)
        for(j = 114; j > 0; j--);
}
void Delay(unsigned int i)
{
    unsigned int j;
    for(; i > 0; i--)
    {
        for(j = 0; j < 125; j++)
        {;}
    }
}
void Display()
{   for(i = 0; i < 4; i++)
    {   if(i == 2)
        {
            P1 = DuanArr[dispbuf[i]];
        }
        else{
            P1 = dispbitcode[dispbuf[i]];
        }
        P2 = shiftbitcode[i];
        Delay(10);
```

9-2 ADC0809 输出电压控制直流电机

```
                P1 = 0x00;
            }
        }
        void main()
        {   while(1)
            {   ST = 0;
                delay1(10);
                ST = 1;                     //上升沿时内部寄存器清零
                delay1(10);
                ALE = 1;
                ST = 0;                     //下降沿时开始 A/D 转换
                OE = 1;                     //允许读出转换结果
                while(EOC == 0);
                OE = 1;
                getdata = P0;
                OE = 0;
                temp = getdata*1.0/255*500;
                dispbuf[0] = temp%10;
                dispbuf[1] = temp/10%10;
                dispbuf[2] = temp/100%10;
                dispbuf[3] = temp/1000;
                Display();
            }
        }
```

【进阶提高】

一、DAC0832 芯片介绍

有 A/D 变换就必然有 D/A 变换，怎么将数字量转化为模拟量输出呢？下面就常用芯片 DAC0832 的使用作一介绍。

DAC0832 是采样频率为 8 位的 D/A 转换芯片，集成电路内有两级输入寄存器，使 DAC0832 芯片具备双缓冲、单缓冲和直通三种输入方式，以便适于各种电路的需要(如要求多路 D/A 异步输入、同步转换等。

DAC0832 是采用 CMOS 工艺制成的单片直流输出型 8 位 D/A 转换器。如图 9-6 所示，它的 D/A 转化模块主要由倒 T 型 R-2R 电阻网络、模拟开关、运算放大器和参考电压 V_{REF} 四大部分组成。运算放大器输出的模拟量 V_0 为

$$V_0 = -\frac{V_{REF} \cdot R}{2^N R} (D_{N-1} \cdot 2^{N-1} + D_{N-2} \cdot 2^{N-2} + \cdots + D_0 \cdot 2^0)$$

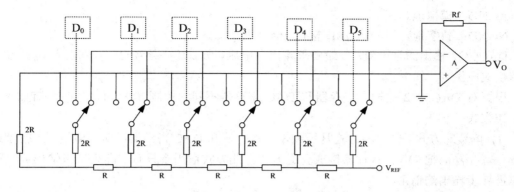

图 9-6　DAC0832 的 D/A 转化模块

由上式可见，输出的模拟量与输入的数字量$(D_{N-1} \cdot 2^{N-1} + \cdots + D_0 \cdot 2^0)$成正比，这就实现了从数字量到模拟量的转换。一个 8 位 D/A 转换器有 8 个输入端(其中每个输入端是 8 位二进制数的一位)，有一个模拟输出端。输入可有 $2^8 = 256$ 个不同的二进制组态，输出为 256 个电压之一，即输出电压不是整个电压范围内的任意值，而只能是 256 个可能值。图 9-7 是 DAC0832 的逻辑框图和引脚排列。

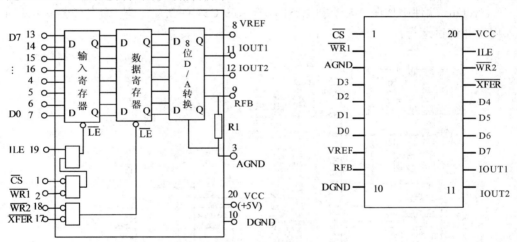

图 9-7　DAC0832 的逻辑框图和引脚排列

D0～D7：数字信号输入端。
ILE：输入寄存器允许，高电平有效。
CS：片选信号，低电平有效。
WR1：写信号 1，低电平有效。
XFER：传送控制信号，低电平有效。
WR2：写信号 2，低电平有效。
IOUT1、IOUT2：DAC 电流输出端。
RFB：集成在片内的外接运放的反馈电阻。
VREF：基准电压(−10～10 V)。
VCC：源电压(+5～+15 V)。

AGND：模拟地。

NGND：数字地，可与 AGND 接在一起使用。

DAC0832 输出的是电流，一般要求输出是电压，所以还必须经过一个外接的运算放大器转换成电压。

根据对 DAC0832 的输入寄存器和 DAC 寄存器不同的控制方法，DAC0832 有如下 3 种工作方式：

(1) 单缓冲方式。单缓冲方式是控制输入寄存器和 DAC 寄存器同时接收资料，或者只用输入寄存器而把 DAC 寄存器接成直通方式。此方式适用于只有一路模拟量输出或几路模拟量异步输出的情形。

(2) 双缓冲方式。双缓冲方式是先使输入寄存器接收资料，再控制输入寄存器的输出资料到 DAC 寄存器，即分两次锁存输入资料。此方式适用于多个 D/A 转换同步输出的情形。

(3) 直通方式。直通方式是资料不经两级锁存器锁存，即 $\overline{WR1}$、$\overline{WR2}$、$\overline{XFER}$、$\overline{CS}$ 均接地，ILE 接高电平。此方式适用于连续反馈控制线路，不过在使用时，必须通过另加 I/O 接口与 CPU 连接，以匹配 CPU 与 D/A 转换。

在 Proteus 软件中按图 9-8 绘制电路图。在 Keil C51 中新建工程，命名任务 9-1 进阶 1，输入程序并调试运行。

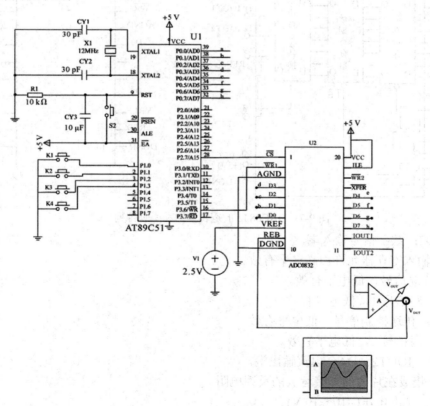

图 9-8 DAC0832 数模转换

DAC0832 对应的程序代码如下：

```c
#include <reg51.h>
#include <intrins.h>
#include<ABSACC.H>
#define uchar unsigned char
#define  data_OUT   XBYTE[0x7FFF]// 定义 DAC0832 端口地址
//产生方波等所需要的数字量
char code dat[] = {0x80, 0x83, 0x86, 0x89, 0x8d, 0x90, 0x93, 0x96, 0x99, 0x9c, 0x9f, 0xa2, 0xa5, 0xa8,
                   0xab, 0xae, 0xb1, 0xb4, 0xb7, 0xbc, 0xbf, 0xc2, 0xc5, 0xc7, 0xca, 0xcc, 0xcf, 0xd1,
    0xd4, 0xd6, 0xd8, 0xda, 0xdd, 0xdf, 0xe1, 0xe3, 0xe5, 0xe7, 0xe9, 0xea, 0xec, 0xee, 0xf1,
    0xf2, 0xf4, 0xf5, 0xf6, 0xf7, 0xf8, 0xf9, 0xfa, 0xfa, 0xfb, 0xfc, 0xfd, 0xfd, 0xfe, 0xff, 0xff,
    0xff, 0xff, 0xff, 0xff, 0xff, 0xff, 0xff, 0xff, 0xff, 0xff, 0xff, 0xff, 0xfe, 0xfd, 0xfd, 0xfc,
    0xfb, 0xfa, 0xf9, 0xf8, 0xf7, 0xf6, 0xf5, 0xf4, 0xf3, 0xf2, 0xf1, 0xef, 0xee, 0xec, 0xea, 0xe9, 0xe7,
    0xe5, 0xe3, 0xe1, 0xde, 0xdd, 0xda, 0xd8, 0xd6, 0xd4, 0xd1, 0xcf, 0xcc, 0xca, 0xc7, 0xc5, 0xc2,
    0xbf, 0xbc, 0xba, 0xb7, 0xb4, 0xb1, 0xae, 0xab, 0xa8, 0xa5, 0xa2, 0x9f, 0x9c, 0x99, 0x96,
    0x93, 0x90, 0x8d, 0x89, 0x86, 0x83, 0x80, 0x80, 0x7c, 0x79, 0x76, 0x72, 0x6f, 0x6c, 0x69, 0x66,
    0x63, 0x60, 0x5d, 0x5d, 0x5a, 0x57, 0x55, 0x51, 0x4e, 0x4c, 0x48, 0x45, 0x43, 0x40, 0x3d, 0x3a,
    0x3a, 0x38, 0x35, 0x33, 0x30, 0x2e, 0x2b, 0x29, 0x27, 0x25, 0x22, 0x20, 0x1e, 0x1c, 0x1a, 0x18,
    0x16, 0x15, 0x13, 0x11, 0x10, 0x0e, 0x0d, 0x0b, 0x0a, 0x09, 0x08, 0x07, 0x06, 0x05, 0x04, 0x03,
    0x02, 0x02, 0x01, 0x00, 0x00, 0x00, 0x00, 0x00, 0x00, 0x00, 0x00, 0x00, 0x00, 0x00, 0x00, 0x01,
    0x02, 0x02, 0x03, 0x04, 0x05, 0x06, 0x07, 0x08, 0x09, 0x0a, 0x0b, 0x0d, 0x0e, 0x10, 0x11, 0x13,
    0x15, 0x16, 0x18, 0x1a, 0x1c, 0x1e, 0x20, 0x22, 0x25, 0x27, 0x29, 0x2b, 0x2e, 0x30, 0x33,
    0x35, 0x38, 0x3a, 0x3d, 0x40, 0x43, 0x45, 0x48, 0x4c, 0x4e, 0x51, 0x55, 0x57, 0x5a, 0x5d, 0x60,
    0x63, 0x66, 0x69, 0x6c, 0x6f, 0x72, 0x76, 0x79, 0x7c, 0x80};
bit flag = 0;
void delay(unsigned   int N)
{
    int i;
    for(i = 0; i < N; i++);
}

void conversion_once_0832(unsigned char out_data)
{
    data_OUT = out_data;       //输出数据
    delay(10);                 //延时等待转换
}
uchar   keyscan()
{
    uchar key;
```

```c
        if(P1 != 0xff)
        {
            delay(61);
            key = P1;
            if(key != 0xff)
                flag = ~flag;
                return(key);
        }
    }
    void triangle()
    {
        uchar k;
        for(k = 0; k < 255; k++)
            conversion_once_0832(k);
        for(; k > 0; k--)
            conversion_once_0832(k);
    }
    void pulse()
    {
        conversion_once_0832(0xff);
        delay(1000);
        conversion_once_0832(0x00);
        delay(1000);
    }
    void fun3()
    {
        uchar j;
        for(j = 0; j < 255; j++)
            conversion_once_0832(j);
    }
    void fun4()
    {
        uchar i;
        for(i = 0; i < 255; i++)
        {
            conversion_once_0832(dat[i]);
        }
    }
    void main()
```

```
    {
        uchar temp;
        while(1)
        {
            temp = keyscan();
            switch(temp)
            {
                case 0xfe:
                    do{
                        triangle();
                    }while(keyscan()&&(flag == 1)); break;
                case 0xfd: do{
                    pulse();
                }while(keyscan()&&(flag == 1)); break;
                case 0xfb: do{
                    fun3();
                }while(keyscan()&&(flag == 1)); break;
                case 0xf7: do{
                    fun4();
                }while(keyscan()&&(flag == 1)); break;
                default: break;
            }
        }
    }
```

二、用 ADC0808 进行直流电机转速控制

小型直流电机的外形如图 9-9 所示。直流电机的工作原理非常简单，按照其工作电压的正负极来决定转向，正向加电，电机正转，反向加电，电机反转。

下面给出一般直流电机驱动电路，如图 9-10 所示。

当三极管的基极电压小于死区电压时，三极管截止，则电动机不转动；当基极电压大于死区电压而小于饱和电压时，三极管处于放大状态。随着基极电压的改变，改变了直流电动机两端的压降也就改变了电机的转速。具体原理为：基极的电压大小不一样，三极管的电压放大倍数也不一样，从而起到调速作用，改变直流电动机的旋转速度。

图 9-9　直流电机实物图

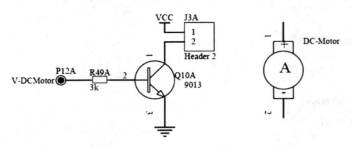

图 9-10 直流电机驱动电路

关于电机调速控制方案有多种，这里给出几种常见的方案：

方案一：采用电阻网络或数字电位器调整电动机的分压，从而达到调速的目的。但是电阻网络只能实现有级调速，而数字电阻的元器件价格比较昂贵。更主要的问题在于一般电动机的电阻很小，但电流很大；分压不仅会降低效率，而且实现很困难。

方案二：采用继电器对电动机的开或关进行控制，通过开关的切换对电机的速度进行调整。这个方案的优点是电路较为简单，缺点是继电器的响应时间慢、机械结构易损坏、寿命较短、可靠性不高。

方案三：采用由达林顿管组成的 H 型 PWM 电路。用单片机控制达林顿管使之工作在占空比可调的开关状态，精确调整电动机转速。这种电路由于工作在管子的饱和截止模式下，效率非常高；H 型电路保证了可以简单地实现转速和方向的控制；电子开关的速度很快，稳定性也极佳，因此是一种广泛采用的 PWM 调速技术。

方案四：用 ADC0808 芯片实现。这里给出方案四的实现电路和程序。

在 Proteus 软件中按图 9-11 绘制电路图。在 Keil C51 中新建工程，命名任务 9-1 进阶 2，输入程序并调试运行。

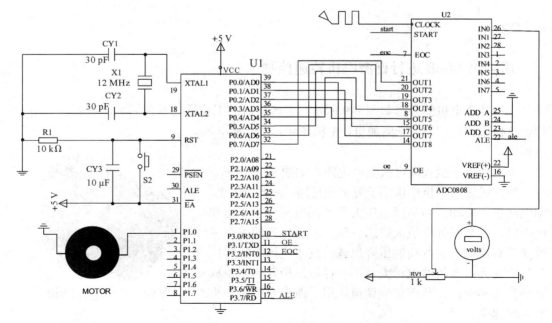

图 9-11 ADC0808 控制电机转速

程序代码如下:

```c
#include<reg52.h>
unsigned int temp;
sbit ST = P3^0;         //定义 ADC0808/0809 启动转换命令
sbit OE = P3^1;         //定义 ADC0808/0809 数据输出允许位
sbit EOC = P3^2;        //定义 ADC0808/0809 转换结束信号
sbit CLK = P3^3;        //定义 ADC0808/0809 时钟脉冲输入位
sbit P36 = P3^6;
sbit    MOTOR = P1^0;   //直流电机转速控制
/*由 delay 参数确定延迟时间*/
void mDelay(unsigned char delay)
{
    unsigned int i;
    for(; delay > 0; delay--)
        for(i = 0; i < 124; i++);
}
void main()
{
    while(1)
    {
        ST = 0;
        OE = 0;
        ST = 1;
        ST = 0;
        P36 = 0;
        while(EOC == 0);
        OE = 1;
        temp = P0;           //读取 A/D 转换结果
        MOTOR = 1;
        mDelay(temp);
        MOTOR = 0;           // A/D 转换结果送电机
        temp = 255-temp;
        mDelay(temp);
        OE = 0;
    }
}
```

任务二 用 PCF8591 实现电压表

【任务描述】

本项目的目的就是使用单片机 AT89C51、PCF85919 转换器、数码管设计一块数字电压表。该电压表能准确测量 0～5 V 之间的直流电压值，其测量最小分辨率为 0.02 V。项目在实施过程中需要解决以下关键问题：

(1) PCF8591 芯片的转换特性以及它与单片机的接口电路；

(2) LED 数码管显示原理及接口电路设计。

【任务分析】

熟悉 PCF8591 的硬件结构及 PCF8591 的驱动方法。

【知识链接】

这里对带 I^2C 总线的 A/D 以及 D/A 转换芯片 PCF8591 作一介绍。PCF8591 是单片、单电源低功耗 8 位 CMOS 数据采集器件，具有 4 个模拟输入、一个输出和一个串行 I^2C 总线接口。3 个地址引脚 A0、A1 和 A2 用于编程硬件地址，允许将最多 8 个器件连接至 I^2C 总线而不需要额外硬件。器件的地址、控制和数据通过两线双向 I^2C 总线传输。器件功能包括多路复用模拟输入、片上跟踪和保持功能、8 位模数转换和 8 位数模转换。最大转换速率取决于 I^2C 总线的最高速率。

1. 主要特性

(1) 单电源供电；

(2) 工作电压：2.5～6 V；

(3) 待机电流低；

(4) I^2C 总线串行输入/输出；

(5) 通过 3 个硬件地址引脚编址；

(6) 采样速率取决于 I^2C 总线速度；

(7) 4 个模拟输入可编程为单端或差分输入；

(8) 自动增量通道选择；

(9) 模拟电压范围：VSS～VDD；

(10) 片上跟踪与保持电路；

(11) 8 位逐次逼近式 A/D 转换；

(12) 带一个模拟输出的乘法 DAC。

2. 引脚说明

PCF8591 共包含 16 个引脚，如图 9-12 所示，引脚说明如下：

ANI0～ANI3：为模拟信号输入端，不使用的输入端应接地；

A0～A2：地址输入端；

GND、VCC：地和电源端(+5 V)；

SDA：I^2C 数据输入与输出端；

SCL：I^2C 时钟输入端；

EXT：内外部时钟选择端，使用内部时钟时接地，使用外部时钟时接 +5 V；

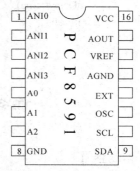

图 9-12 PCF8591 引脚图

OSC：外部时钟输入、内部时钟输出端，不使用时应悬空；

AGND：模拟信号地，如果有比较复杂的模拟电路，那么 AGND 部分在布局布线上要特别处理；

VREF：基准电压输入端；

AOUT：D/A 转换后的电压输出端。

3. 功能说明

PCF8591 是具有 I^2C 总线接口的 8 位 A/D 及 D/A 转换器，具有 4 路 A/D 输入，1 路 D/A 输出。PCF8591 采用典型的 I^2C 总线接口器件寻址方法，即总线地址由器件地址(1001、1001 为固定值)、引脚地址(由 A0～A2 接地或 +5 V 来确定，接地代表 0，接 +5 V 代表 1，即此 3 位用户可以自定义)、方向位(即 R/W)组成。因此，在 I^2C 总线系统中最多可接 8 个这样的器件。

器件地址字节由器件地址、引脚地址、方向位组成，它是通信时主机发送的第一字节数据，主要作用是器件地址和读写控制，如表 9-2 所示。

表 9-2 器件地址字节

D7	D6	D5	D4	D3	D2	D1	D0
1	0	0	1	A2	A1	A0	R/W

R/W = 1 表示读操作，R/W = 0 表示写操作。如将 A0～A2 接地，则读地址为 91H，写地址为 90H。

控制字节寄存器用于控制 PCF8951 的输入方式、输入通道、D/A 转换等，是通信时主机发送的第二字节数据，其格式如表 9-3 所示。

表 9-3 控制字节寄存器

D7	D6	D5	D4	D3	D2	D1	D0
未用 (写 0)	D/A 输出允许位 0 为禁止； 1 为允许	A/D 输入方式选择位 00：4 路单端输入； 01：3 路差分输入； 10：单端与差分； 11：2 路差分输入		未用 (写 0)	自动增益选择位 0 为禁用 1 为启用	AD 通道选择位 00：选择通道 0； 01：选择通道 1； 10：选择通道 2； 11：选择通道 3	

假若 D7～D0 = 0X00，表示写入控制字 00，即模拟量输出关闭，选择通道 0，不自动增加通道，模拟量输入为方式 0。

器件地址必须是起始条件后作为第一个字节发送。发送给 PCF8591 的第二个字节被存储在控制寄存器，用于控制寄存器的功能。发送给 PCF8591 的第三个字节被存储到 DAC 数据寄存器，并使用片上 D/A 转换成相应的模拟电压。

一个 A/D 转换周期总是开始于发送一个有效读模式地址给 PCF8591 之后。A/D 转换周期在应答时钟脉冲的后沿被触发。

操作分四步：

(1) 发送地址字节，选择该器件。

(2) 发送控制字节，选择相应通道。

(3) 重新发送地址字节，选择该器件。
(4) 接收目标通道的数据。
这里涉及的通信格式主要有表 9-4 和表 9-5 两种情况。

表 9-4 向 PCF8591 写入数据格式

第一字节	第二字节	第三字节
写入器件地址(90H)	写入控制字节	要写入的数据
向 PCF8591 写入格式(高位在前)		

表 9-5 从 PCF8591 读取数据格式

第一字节	第二字节	第三字节	第四字节
写入器件地址(90H 写)	写入控制字节	写入器件地址(91H 读)	读出一字节数据
从 PCF8591 读数据格式(高位在前)			

【任务实施】

在 Proteus 软件中按图 9-13 绘制电路图。在 Keil C51 中新建工程，命名任务 9-2，输入程序并调试运行。

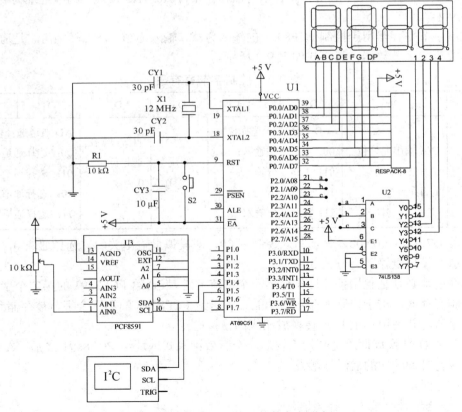

图 9-13 基于 PCF8591 的数字电压表

基于 PCF8591 的数字电压表对应的程序代码如下：

```c
#include<reg52.h>
#define uint unsigned int
#define uchar unsigned char
sbit sda = P1^4; //自定义由普通 IO 口模拟 I²C
sbit scl = P1^5;
uchar buffer[3];
uchar code DuanArr[] = {0xbf, 0x86, 0xdb, 0xcf, 0xe6, 0xed, 0xfd, 0x87, 0xff, 0xef}; //有小数点的编码
uchar code Disp_Tab[] = {0x3f, 0x06, 0x5b, 0x4f, 0x66, 0x6d, 0x7d, 0x07, 0x7f, 0x6f}; //共阴，无小数
                                                                                       点的编码
void Delay(uint n)
{
    uint i, j;
    for(i = n; i > 0; i--)
        for(j = 110; j > 0; j--);
}
void delay()          //延时几微秒。在很多函数里都会调用延时函数，至少要大于 4.7 μs
{; ; }                //将这个函数写在调用它的函数之前就不用声明了
void init()           //初始化总线。将总线都拉高以释放
{
    scl = 1;
    delay();          // I²C 总线使用时一般都要延时 5 μs 左右
    sda = 1;
    delay();
}
void start()          //启始信号。时钟信号为高电平期间，数据总线产生下降沿
{                     //为什么要下降沿，且 sda 先要为 1，因为先要保证数据线为空才能工作
    sda = 1;          //先释放数据总线。高电平释放
    delay();
    scl = 1;
    delay();
    sda = 0;
    delay();
}
void stop()
{
    sda = 0;          //先要有工作状态才能释放，sda = 0 时在工作状态
    delay();
    scl = 1;
```

```c
        delay();
        sda = 1;                    //释放数据总线
        delay();
    }
    void respons()                  //应答函数
    {
        uchar i = 0;
        scl = 1;                    //每个字节发送完后的第 9 个时钟信号的开始
        delay();
        while((sda == 1)&&(i < 255))    //此处 i 的定义使用了 uchar,只需一个小于 255 的数即可
        i++;                        //此处的 sda 是从机的
        scl = 0;                    //表示主器件默认从器件已经收到而不再等待。之后,时钟由高电平变为低电
                                    //平,所以 scl = 0。此时第 9 个时钟信号结束
    }
    void writebyte(uchar d)         //写一字节,每次左移一位
    {
        uchar i, temp;
        temp = d;
        for(i = 0; i < 8; i++)
        {
            temp = temp << 1;
            scl = 0;                //数据传输期间要想 sda 可变,先把时钟拉低。此处要给 sda 赋值
            delay();
            sda = CY;               // CY 为左移移入 PSW 寄存器中的 CY 位
            delay();
            scl = 1;                // sda 中已存有数据,保持数据稳定
            delay();
        }
        scl = 0;                    //此处是写数据,处于数据传输过程中。只有在时钟信号为低电平期间
        delay();                    //数据总线才可以变化
        sda = 1;                    //要想释放数据总线,就必须先把时钟拉低
        delay();
        /*此处释放总线写在末尾是因为调用它时,前面有起始函数释放了总线*/
    }

    uchar readbyte()
    {
        uchar i, k;
        scl = 0;
```

```c
        delay();
        sda = 1;
        delay();
        /*此处释放总线放在前面是因为一般都是先写后读，保险起见，释放一下总线*/
        for(i = 0; i < 8; i++)
        {
            scl = 1;        //一个时钟信号的开始
            delay();
            k = (k << 1) | sda;   //实质是把 sda 的数据，最先传来的放在最高位，依次往下排
            scl = 0;        //一个时钟信号结束
            delay();
        }
        return k;
}
void display(uint n)
{   uchar i, buffer[3];
    buffer[0] = n/100;
    buffer[1] = n/ 10 % 10;
    buffer[2] = n % 10;
    for( i = 0; i < 3; i++)
    {
        if((i == 0)){
            P0 = DuanArr[buffer[i]];
        }else{
        P0 = Disp_Tab[buffer[i]]; }
        P2 = i+5;
        Delay(5);
        P0 = 0x00; //去掉消隐
    }
}
uchar read(uchar addr)
{   uchar dat;
    start();
    writebyte(0x90);     //从此处的发送地址和方向位 0 到从机
    respons();           //此处的从机产生应答，属于"伪写"，用于确定和哪台机子通信
    writebyte(addr);
    respons();
    start();
    writebyte(0x91);     //从此处开始，从机向主机写数据，读的方向位为 1
```

```
        respons();
        dat = readbyte();
        stop();
        return dat;              //读得的数据要返回
    }
    void main()
    {   uchar ADC_Val = 0;
        float fADC_Val;
        init();
        while(1)
        {   ADC_Val = read(0x00); //写入控制字 0x00,即模拟量输出关闭,选择通道 0 等操作
            fADC_Val = (float)ADC_Val * 5 / 256.0;      // 参考电压为 5 V
            display((uint)(fADC_Val * 100));            // 将浮点数转换成无符号整型,以便数码管显示
        }
    }
```

【进阶提高】

将本任务中转化成的数字量进行 DA 变化,通过电压表来观测。在 Proteus 软件中按图 9-14 绘制电路图。在 Keil C51 中新建工程,命名任务 9-2 进阶,输入程序并调试运行。

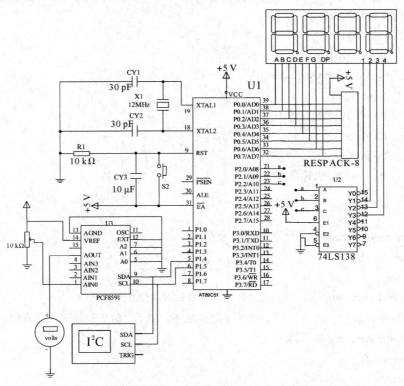

图 9-14 基于 PCF8591 的 A/D 和 D/A 验证

限于篇幅原因，本任务对应的源程序请参阅本书的配套资源部分。

四、项目总结

本项目通过设计制作一个数字电压表，分别用传统的 ADC0809 芯片以及带 I^2C 总线的 PCF8591 芯片来实现。ADC0809 在 Proteus 模拟中使用了 ADC0808 替代，同时要注意 ADC0808 的 CLOCK 信号直接使用了 Proteus 方波信号激励源，产生频率直接填为 500kHz。使用 DAC0832 的直通方式，只要数据送到 DAC0832 的数据口，就会把数据转换为相应的电压。在软件中可以通过设置外部中断及一个标志位来选择波形信号的类型。

五、教学检测

9-1　什么是 D/A 转换器？简述 T 形电阻网络转换器的工作原理。

9-2　本项目提及的 D/A、A/D 转换器各有哪几种工作方式？分别叙述其工作原理。

项目十　单片机简易万年历设计

一、学习目标

1. 了解红外线工作原理。
2. 掌握 SPI 总线协议。
3. 掌握 DS1302 驱动方法。
4. 掌握 LCD128×64 驱动显示中文的方法。

项目十课件

二、学习任务

随着电子技术的发展，人类不断研究、不断创新，万年历目前已经不再局限于以书本形式出现。以电脑软件或者电子产品形式出现的万年历被称为电子万年历。与传统书本形式的万年历相比，电子万年历得到了越来越广泛的应用，采用电子时钟作为时间显示已经成为一种时尚。目前市场上各式各样的电子时钟数不胜数，但多数是只针对时间显示，功能单一，不能完全满足人们的日常生活需求。

三、任务分解

本项目可分解为以下两个学习任务：
(1) DS1302 时钟数码管显示；
(2) 简易万年历设计。

任务一　DS1302 时钟数码管显示

【任务描述】

随着社会、科技的发展，人类得知时间的方式，从观察太阳、摆钟到现在的电子钟，不断研究、创新。为了在观测时间的同时，能够了解与人类密切相关的信息，比如星期、日期等，电子时钟诞生了，它集时间、日期、星期等功能于一身，具有读取方便、显示直观、功能多样、电路简单等诸多优点，符合电子仪器仪表的发展趋势，具有广阔的市场前景。

本任务使用实时时钟芯片 DS1302 设计一简易万年历，可以显示日期和时间，还可以调时。

【任务分析】

DS1302 时钟芯片是美国 Dallas 公司推出的具有涓细电流充电功能的低功耗实时时钟

芯片，它可以对年、月、日、星期、时、分、秒进行计时，还具有闰年补偿等多种功能，而且 DS1302 的使用寿命长，误差小；数字显示采用 LED 显示屏来实现，可以同时显示年、月、日、星期、时、分、秒和温度等信息。此外，该电子时钟还具有时间校准等功能。

【相关知识】

一、SPI 总线简介

1. 技术性能

SPI 接口是 Motorola 首先提出的全双工三线同步串行外围接口，采用主从模式(Master Slave)架构；支持多 Slave 模式应用，一般仅支持单 Master。时钟由 Master 控制，在时钟移位脉冲下，数据按位传输，高位在前，低位在后(MSB first)；SPI 接口有 2 根单向数据线，为全双工通信，目前应用中的数据速率可达几 Mb/s 的水平。总线结构如图 10-1 所示。

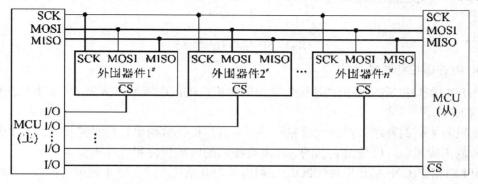

图 10-1 SPI 总线结构图

SPI 通信本质上是一个串行移位过程，原理非常简单，如图 10-2 所示，SPI 主从器件构成一个环形总线结构，在主机输出的 SCLK 时钟控制下，两个移位寄存器进行数据交换。

2. 接口定义

SPI 接口共有 4 根信号线，分别是：设备选择线、时钟线、串行输出数据线、串行输入数据线，如图 10-2 所示。

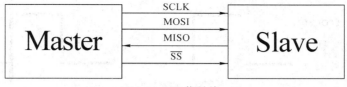

10-2 SPI 信号线

(1) MOSI：主器件数据输出，从器件数据输入。
(2) MISO：主器件数据输入，从器件数据输出。
(3) SCLK：时钟信号，由主器件产生。
(4) $\overline{SS}$：从器件使能信号，由主器件控制。

3. 内部结构

SPI 接口的内部结构如图 10-3 所示。

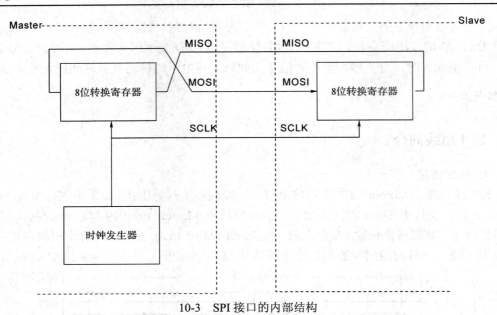

图 10-3　SPI 接口的内部结构

4. 时钟极性和时钟相位

在 SPI 操作中，最重要的两项设置就是时钟极性(CPOL 或 UCCKPL)和时钟相位(CPHA 或 UCCKPH)。

主机和从机的发送数据是同时完成的，两者的接收数据也是同时完成的。所以为了保证主从机正确通信，应使得它们的 SPI 具有相同的时钟极性和时钟相位。

SPI 的相位(CPHA)和极性(CPOL)分别可以为 0 或 1，对应的 4 种组合构成了 SPI 的 4 种模式(mode)，如图 10-4 所示。

模式 0：CPOL = 0，CPHA = 0；
模式 1：CPOL = 0，CPHA = 1；
模式 2：CPOL = 1，CPHA = 0；
模式 3：CPOL = 1，CPHA = 1。

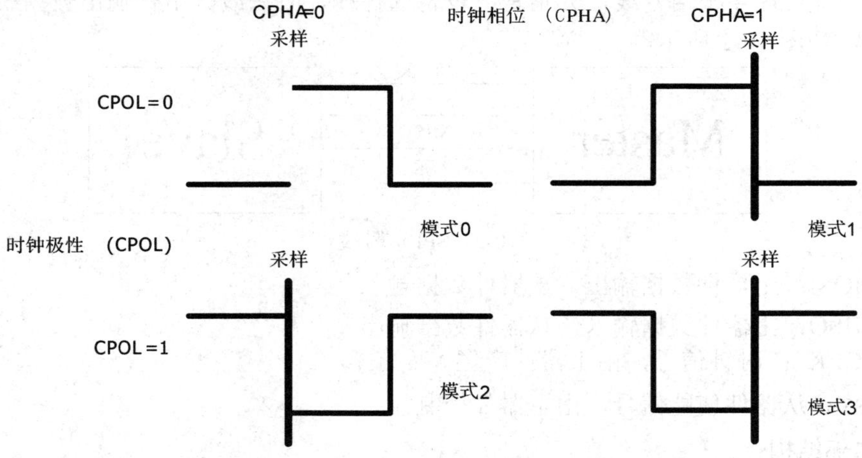

图 10-4　SPI 四种工作方式的划分

时钟极性(CPOL)：用来确定时钟信号空闲时的电平，即 SPI 空闲时，时钟信号 SCLK 的电平(1：空闲时高电平；0：空闲时低电平)。

时钟相位(CPHA)：用来确定采样时刻，即 SPI 在 SCLK 第几个边沿开始采样(0：第一个边沿开始；1：第二个边沿开始)。

SD 卡的 SPI 接口常用的是模式 0 和模式 3，这两种模式都在时钟上升沿采样传输数据，区别是在空闲时，模式 0 时钟的电平状态为低电平，模式 3 时钟的电平状态为高电平，如图 10-5 所示。

CPHA(时钟相位)位是用来确定采样时刻的：如果 CPHA = 1，则在每个时钟周期 SCK 的第一个跳变沿(又称为时钟前沿，据 CPOL(时钟极性不同，可以为上升沿或下降沿)输出数据(数据变化)，第二个跳变沿(时钟后沿)进行数据位的采样；如果 CPHA = 0，则在每个时钟周期 SCK 的第一个跳变沿(时钟前沿)进行数据位采样，数据在时钟后沿输出数据。

SPI 接口时钟配置归纳为：在主设备配置 SPI 接口时钟的时候一定要明确从设备的时钟要求，因为主设备的时钟极性和相位都是以从设备为基准的。因此在时钟极性的配置上一定要确定从设备是在时钟的上升沿还是下降沿接收数据，是在时钟的下降沿还是上升沿输出数据。

5. 数据传输

在一个 SPI 时钟周期内，将完成如下操作：

(1) 主机通过 MOSI 线发送 1 位数据，从机通过该线读取这 1 位数据；

(2) 从机通过 MISO 线发送 1 位数据，主机通过该线读取这 1 位数据。

上述操作是通过移位寄存器实现的。主机和从机各有一个移位寄存器，且二者连接成环。随着时钟脉冲，数据按照从高位到低位的方式依次移出主机寄存器和从机寄存器，并且依次移入从机寄存器和主机寄存器。当寄存器中的内容全部移出时，相当于完成了两个寄存器内容的交换，如图 10-5 所示。

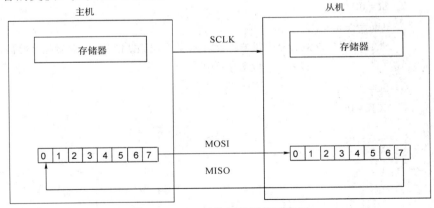

图 10-5　SPI 三信号线通信示意图

6. SPI 输入输出时序实例

SPI 接口在内部硬件实际上是两个简单的移位寄存器，传输的数据为 8 位，在主器件产生的从器件使能信号和移位脉冲下，按位传输，高位在前，低位在后。如图 10-6 所示，在 SCK 的下降沿上数据改变(虚线 1)，上升沿一位数据(虚线 2)被存入移位寄存器。图 10-6 和图 10-7

中标注的数字编号1～13，表示不同的延时时间，具体可以参阅 SPI 协议的相关资料。

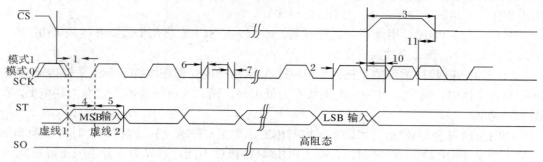

图 10-6　SPI 输入时序

下面结合图 10-6，给出 SPI 输入(单片机是向 SPI 设备写入)底层子程序范例，暂时没有考虑片选信号：

```
sbit SCK = P1^1;          // SPI 的设备时钟线
sbit SI = P1^2;           //SPI 设备的数据输入线
sbit S0 = P1^3;           // SPI 设备的数据输出线
void Send_spi(unsigned char data)
{   unsigned char n;
    for(n = 0; n < 8; n++)   //循环 8 次，产生 8 个时钟周期，一次写 1 bit 到数据先，从高到低的顺序
    {
        SCK = 0;          // SCK 出现下降沿，允许数据变化
        if(data)
            SI = 1;
        else
            SI = 0;
        data = data << 1;
        SCK = 1;          // SCK 上升沿器件要求 SI 数据线数据稳定，一位数据开始被存入 SPI
                          //   设备的移位寄存器中
        SCK = 1;
        SCK = 0;
    }
}
```

图 10-7　SPI 输出时序

接下来给出 SPI 输出（单片机接收 SPI 设备发出的数据）程序：

```
unsigned char Receive_spi(void)
    {   unsigned char n;
        unsigned char receivedata = 0;      //定义一字节接收变量 receivedata
        SCK = 0;                            //最开始先拉低
        for(n = 0; n < 8; n++)
        {   SCK = 1                         //再将 SCK 拉高，便可以读
            databuffer = receivedata << 1;
            if(SO == 1)
                databuffer = receivedata|0x01;  //读出数据从低到高的顺序
        }
        return receivedata;
    }
```

输入和输出线其实可以合并成一根线，即这里的 SI 和 SO 总线可以只用一根线来完成数据的输入和输出，记为 I/O。在 DS1302 时钟芯片中关于 SPI 三总线有实例，请参阅下述内容。

二、DS1302 介绍

DS1302 是 Dallas 公司生产的一种实时时钟芯片。它通过串行方式与单片机进行数据传送，能够向单片机提供包括秒、分、时、日、月、年等在内的实时时间信息，并可对月末日期、闰年天数自动进行调整；它还拥有用于主电源和备份电源的双电源引脚，在主电源关闭的情况下，也能保持时钟的连续运行。另外，它还能提供 31 字节的用于高速数据暂存的 RAM。

DS1302 时钟芯片内主要包括移位寄存器、控制逻辑电路、振荡器。DS1302 与单片机系统的数据传送依靠 RST、I/O、SCLK 三根端线即可完成。其工作过程可概括为：首先系统 RST 引脚驱动至高电平，然后在 SCLK 时钟脉冲的作用下，通过 I/O 引脚向 DS1302 输入地址/命令字节，随后再在 SCLK 时钟脉冲的配合下，从 I/O 引脚写入或读出相应的数据字节。因此，其与单片机之间的数据传送是十分容易实现的。DS1302 的引脚排列及内部结构如图 10-8 所示。DS1302 引脚说明：

X1、X2：32.768 kHz 晶振引脚；
GND：地线；
RST：复位端；
I/O：数据输入/输出端口；
SCLK：串行时钟端口；
VCC1：慢速充电引脚；
VCC2：电源引脚。

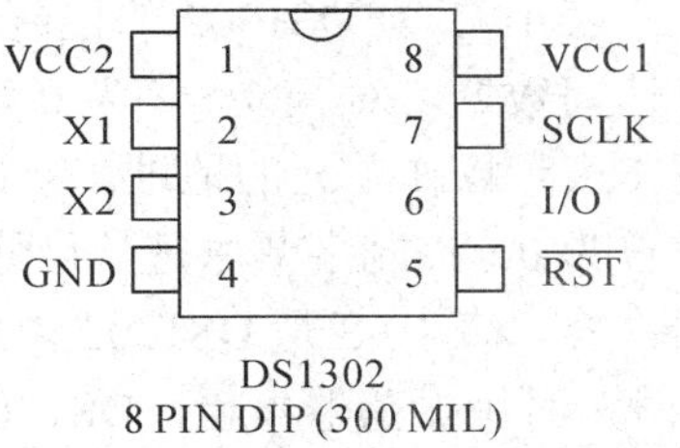

图 10-8 DS1302 管脚

1. DS1302 接口电路设计

1）DS1302 的接口电路及工作原理

图 10-9 为 DS1302 的接口电路，其中 VCC1 为后备电源，VCC2 为主电源。VCC1 在

单电源与电池供电的系统中提供低电源及低功率的电池备份。VCC2 在双电源系统中提供主电源。在这种运用方式中，VCC1 连接备份电源，以便在没有主电源的情况下能保存时间信息以及数据。

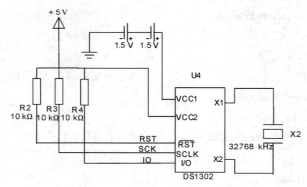

图 10-9　DS1302 接口电路

DS1302 由 VCC1 或 VCC2 两者中的较大者供电。当 VCC2 > VCC1+0.2 V 时，VCC2 给 DS1302 供电；当 VCC2 < VCC1 时，DS1302 由 VCC1 供电。

DS1302 在每次进行读、写程序前都必须初始化，先把 SCLK 端置"0"，接着把 RST 端置"1"，最后才给予 SCLK 脉冲；读/写时序如图 10-10 所示。

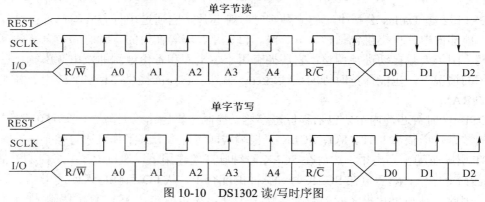

图 10-10　DS1302 读/写时序图

2) DS1302 的控制字

表 10-1 为 DS1302 的控制字，此控制字的位 7 必须置 1，若为 0 则不能对 DS1302 进行读写数据。对于位 6，为 0 表示存取日历时钟数据，为 1 表示存取 RAM 数据。位 5 至位 1 表示操作单元的地址。位 0 是读/写操作位，进行读操作时，该位为 1；进行写操作时，该位为 0。控制字节总是从最低位开始输入/输出的。表 10-2 为 DS1302 的日历、时钟寄存器内容。表 10-3 是 DS1302 内部主要寄存器功能表。"CH"是时钟暂停标志位，当该位为 1 时，时钟振荡器停止，DS1302 处于低功耗状态；当该位为 0 时，时钟开始运行。"WP"是写保护位，在任何的对时钟和 RAM 的写操作之前，"WP"必须为 0。当"WP"为 1 时，写保护位防止对任意寄存器的写操作。

表 10-1　DS1302 的控制字格式

| 1 | RAM/CK | A4 | A3 | A2 | A1 | A0 | RD/WR |

表 10-2　日历、时钟寄存器及其控制字对照表

寄存器名称	7	6	5	4	3	2	1	0
	1	RAM/CK	A4	A3	A2	A1	A0	RD/W
秒寄存器	1	0	0	0	0	0	0	1/0
分寄存器	1	0	0	0	0	0	1	1/0
时寄存器	1	0	0	0	0	1	0	1/0
日寄存器	1	0	0	0	0	1	1	1/0
月寄存器	1	0	0	0	1	0	0	1/0
周寄存器	1	0	0	0	1	0	1	1/0
年寄存器	1	0	0	0	1	1	0	1/0
写保护寄存器	1	0	0	0	1	1	1	1/0
慢充电寄存器	1	0	0	1	0	0	0	1/0
时钟突发秒寄存器	1	0	1	1	1	1	1	1/0

表 10-3　DS1302 内部主要寄存器功能表

DS1302 内部主要寄存器功能									
名称	命令字		取值范围	各位内容					
	读	写		7	6	5	4	3	2	1	0
秒寄存器	80H	81H	00-59	CH	10SEC			SEC			
分寄存器	82H	83H	00-59	0	10MIN			MIN			
时寄存器	84H	85H	1-12 或 0-23	12/24	0	A/P	HR	HR			
日寄存器	86H	87H	1-28, 29, 30, 31	0	0	10DATE || DATE			
月寄存器	88H	89H	1-12	0	0	0	10M	MONTH			
周寄存器	8AH	8BH	1-7	0	0	0	0	0	DAY		
年寄存器	8CH	8DH	0-99	10YEAR				YEAR			
写保护寄存器	8FH	8EH		WP	0	0	0	0	0	0	0

3) 数据输入/输出(I/O)

在控制指令字输入后的下一个 SCLK 时钟的上升沿时，数据被写入 DS1302，数据输入从低位即位 0 开始。同样，在紧跟 8 位的控制指令字后的下一个 SCLK 脉冲的下降沿读出 DS1302 的数据，读出数据时从低位 0 到高位 7，如图 10-11 所示。

据图 10-10 向 DS1302 写单字节的程序如下：

```
void write_ds1302_byte(uchar dat)
{
    uchar i;
    for(i = 0; i < 8; i++)
    {
```

```
            sck = 0;
            io = dat&0x01;
            dat = dat >> 1;
            sck = 1;
        }
    }
```

据图 10-10 向 DS1302 写多字节的程序如下：

```
    void write_ds1302(uchar add, uchar dat)
    {
        rst = 0;
        _nop_();
        sck = 0; _nop_();
        rst = 1;
        _nop_();
        write_ds1302_byte(add);
        write_ds1302_byte(dat);
        rst = 0;
        _nop_();
        io = 1;
        sck = 1;
    }
```

据图 10-10 读 DS1302 的程序如下：

```
    uchar read_ds1302(uchar add)
    {
        uchar i, value;
        rst = 0;
        _nop_();
        sck = 0;
        _nop_();
        rst = 1;
        _nop_();
        write_ds1302_byte(add);
        for(i = 0; i < 8; i++)
        {
            value = value >> 1;
            sck = 0;
            if(io)
                value = value | 0x80;
            sck = 1;
```

```
          }
          rst = 0;
          _nop_();
          sck = 0;
          _nop_();
          sck = 1;
          io = 1;
          return value;
     }
```

4) DS1302 的寄存器

DS1302 有 12 个寄存器,其中有 7 个寄存器与日历、时钟相关,存放的数据位为 BCD 码形式,其日历、时间寄存器及其控制字见表 10-4。

表 10-4 DS1302 的日历、时间寄存器

写寄存器	读寄存器	bit7	bit6	bit5	bit4	bit3	bit2	bit1	bit0
80H	81H	CH	10 秒			秒			
82H	83H	10 分				分			
84H	85H	12/$\overline{24}$	0	10 AM/PM	时			
86H	87H	0	0	10 日		日			
88H	89H	0	0	0	10 月	月			
8AH	8BH	0	0	0	0	0	星期		
8CH	8DH	10 年				年			
8EH	8FH	WP	0	0	0	0	0	0	0

此外,DS1302 还有年份寄存器、控制寄存器、充电寄存器、时钟突发寄存器及与 RAM 相关的寄存器等。时钟突发寄存器可一次性顺序读写除充电寄存器外的所有寄存器内容。DS1302 与 RAM 相关的寄存器分为两类:一类是单个 RAM 单元,共 31 个,每个单元组态为一个 8 位的字节,其命令控制字为 C0H~FDH,其中奇数为读操作,偶数为写操作;另一类为突发方式下的 RAM 寄存器,此方式下可一次性读写所有 RAM 的 31 个字节,命令控制字为 FEH(写)、FFH(读)。

10-1 DS1302 基本使用

【任务实施】

在 Proteus 软件中按图 10-11 绘制电路图。在 Keil C51 中新建工程,命名任务 10-1,输入程序并调试运行。

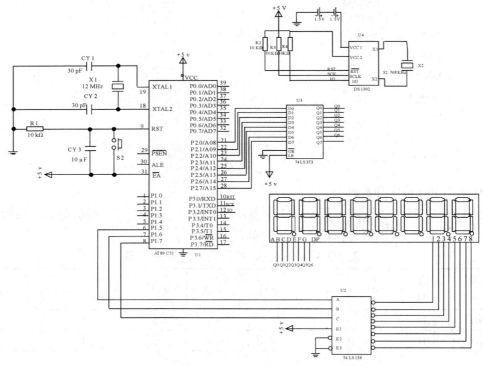

图 10-11　单片机驱动 DS1302 数码管显示电路图

单片机驱动 DS1302 数码管显示对应的程序代码如下：

```
#include <reg51.h>
#include <intrins.h>
#define uchar unsigned char
#define uint unsigned int
sbit sck = P3^0;
sbit io = P3^1;
sbit rst = P3^2;
unsigned char table1[] = {0x3f, 0x06, 0x5b, 0x4f, 0x66, 0x6d, 0x7d, 0x07, 0x7f, 0x6f, 0x40};
unsigned char table2[] = {0xe0, 0xc0, 0xa0, 0x80, 0x60, 0x40, 0x20, 0x00};
uchar time_data[7] = {10, 6, 4, 17, 11, 58, 30};          //年周月日时分秒
uchar write_add[7] = {0x8c, 0x8a, 0x88, 0x86, 0x84, 0x82, 0x80};
uchar read_add[7] = {0x8d, 0x8b, 0x89, 0x87, 0x85, 0x83, 0x81};
uchar disp[8];
void write_ds1302_byte(uchar dat);
void write_ds1302(uchar add, uchar dat);
uchar read_ds1302(uchar add);
void set_rtc(void);
void read_rtc(void);
void time_pros(void);
```

```c
void display(void);
void delay(unsigned int a)
{       while(a--);
}
void write_ds1302_byte(uchar dat)        //写一字节子程序
{   uchar i;
    for(i = 0; i < 8; i++)
    {
        sck = 0;
        io = dat&0x01;
        dat = dat >> 1;
        sck = 1;
    }
}
void write_ds1302(uchar add, uchar dat)        //向 DS1302 写数据
{
    rst = 0;
    _nop_();
    sck = 0; _nop_();
    rst = 1;
    _nop_();
    write_ds1302_byte(add);
    write_ds1302_byte(dat);
    rst = 0;
    _nop_();
    io = 1;
    sck = 1;
}
uchar read_ds1302(uchar add)//读一字节数据
{
    uchar i, value;
    rst = 0;
    _nop_();
    sck = 0;
    _nop_();
    rst = 1;
    _nop_();
    write_ds1302_byte(add);                //写地址
    for(i = 0; i < 8; i++)                 // 8 次循环读出数据线上的数据
```

```c
        {
            value = value >> 1;
            sck = 0;
            if(io)
                value = value | 0x80;
            sck = 1;
        }
        rst = 0;
        _nop_();
        sck = 0;
        _nop_();
        sck = 1;
        io = 1;
        return value;                    //返回读到的值
}
void set_rtc(void)
{
    uchar i, j;
    for(i = 0; i < 7; i++)
    {
        j = time_data[i]/10;
        time_data[i] = time_data[i]%10;
        time_data[i] = time_data[i]+j*16;
    }
    write_ds1302(0x8e, 0x00);        //去除写保护
    for(i = 0; i < 7; i++)
    {
        write_ds1302(write_add[i], time_data[i]);
    }
    write_ds1302(0x8e, 0x80);        //加写保护
}
void read_rtc(void)                  //设置初始时间
{
    uchar i;
    for(i = 0; i < 7; i++)
    {
        time_data[i] = read_ds1302(read_add[i]);
    }
}
```

```c
void time_pros(void)              //分离出数码管显示所需数据
{
    disp[0] = time_data[6]%16;
    disp[1] = time_data[6]/16;
    disp[2] = 0x40;
    disp[3] = time_data[5]%16;
    disp[4] = time_data[5]/16;
    disp[5] = 0x40;
    disp[6] = time_data[4]%16;
    disp[7] = time_data[4]/16;
}
void display(void)                //数码管显示
{
    uchar i;
    for(i = 0; i < 8; i++)
    {
        P1 = table2[i];
        if(i == 2 || i == 5){
            P2 = table1[10];
        }else{
            P2 = table1[disp[i]];
        }
        delay(200);
    }
}
void main()
{
    while(1)
    {
    read_rtc();
        time_pros();
        display();
    }
}
```

10-2　DS1302 时间写入

【进阶提高】

将上面任务中的数码管改用液晶 LCD1602 显示。在 Proteus 软件中按图 10-12 绘制电路图。在 Keil C51 中新建工程，命名任务 10-1 进阶，输入程序并调试运行。

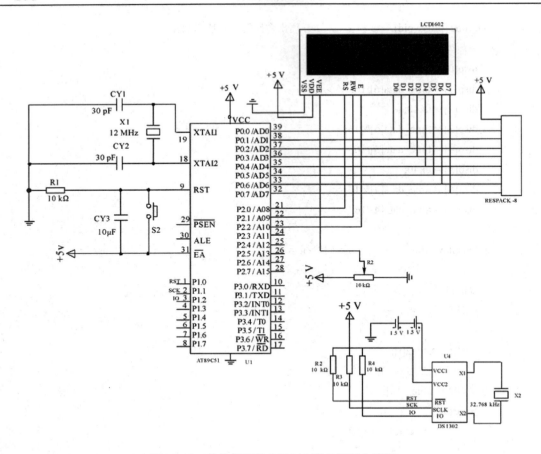

图 10-12 单片机驱动 DS1302 液晶显示电路图

main.c 程序代码如下：

```c
#include<reg51.h>
#include<lcd1602.h>
#include<ds1302.h>
#define uchar unsigned char
uchar hour, minute, second, week, day, month, year;
void main()
{   uchar i;
    Initial_LCD();              //液晶初始化
    Initial_DS1302();           //DS1302 初始化
    set_rtc();                  //对时操作
    while(1)
    {
       TimeToStr();
       LCD_WRITE_COM(0x80);    //液晶第一行显示
       for(i = 0; i < 16; i++)
```

```c
            {
                LCD_WRITE_DATA(TimeString[i]);
                delay(5);
            }
        }
    }
```

lcd1602.h 文件代码：

```c
    sbit LCD_E = P2^2;              //液晶使能端
    sbit LCD_RS = P2^0;             //液晶数据命令选择端
    sbit LCD_RW = P2^1;             //液晶读写选择端
    void delay(unsigned char z);    //延时函数申明
    void LCD_WRITE_COM(unsigned char com); //液晶写命令函数申明
    void LCD_WRITE_DATA(unsigned char date); //液晶写数据函数申明
    void Initial_LCD(); //液晶初始化函数申明
    /***************************************
    LCD 延时函数，不判断忙，延时机制操作 LCD
    ***************************************/
    void delay(unsigned char z)//延时函数
    {
        unsigned char x, y;
        for(x = z; x > 0; x--)
            for(y = 110; y > 0; y--);
    }
    /***************************************
    LCD 写命令函数
    ***************************************/
    void LCD_WRITE_COM(unsigned char com)//写命令函数
    {
        LCD_RS = 0;
        LCD_RW = 0;
        LCD_E = 1;
        P0 = com;
        delay(5);
        LCD_E = 0;
    }
    /***************************************
    LCD 写数据函数
    ***************************************/
    void LCD_WRITE_DATA(unsigned char date)//写数据函数
```

```c
{
    LCD_RS = 1;
    LCD_RW = 0;
    LCD_E = 1;
    P0 = date;
    delay(5);
    LCD_E = 0;
}
/*******************************
LCD 初始化函数
*******************************/
void Initial_LCD()//液晶初始化函数
{
    LCD_WRITE_COM(0x38); //设置 16×2 显示，5×7 点阵，8 位数据接口
    LCD_WRITE_COM(0x0c); //设置开显示，不显示光标
    LCD_WRITE_COM(0x06); //写一个字符后地址指针加 1
}
```

ds1302.h 文件代码：

```c
/*******************************
DS1302 读写相关寄存器地址宏定义
*******************************/
#define WRITE_SECOND            0x80
#define WRITE_MINUTE            0x82
#define WRITE_HOUR              0x84
#define WRITE_DAY               0x86
#define WRITE_MONTH             0x88
#define WRITE_YEAR              0x8C
#define WRITE_PROTECT           0x8E
#define WRITE_WEEK              0x8A
#define WRITE_CURRENT           0x90
#define READ_SECOND             0x81
#define READ_MINUTE             0x83
#define READ_HOUR               0x85
#define READ_DAY                0x87
#define READ_MONTH              0x89
#define READ_WEEK               0x8B
#define READ_YEAR               0x8D
sbit RST = P1^2; //DS1302 片选
sbit DIO = P1^1; //DS1302 数据信号
```

```c
sbit SCLK = P1^0;      //DS1302 时钟信号
sbit ACC_7 = ACC^7;    //位寻址寄存器定义
unsigned char time_data[7] = {10, 6, 4, 17, 11, 58, 59}; //10 年 6 周 4 月 17 日 11 时 58 分 59 秒
unsigned char write_add[7] = {0x8c, 0x8a, 0x88, 0x86, 0x84, 0x82, 0x80};    //年周月日时分秒写寄
                                                                             //存器地址
unsigned char TimeString[16];
unsigned char hour, minute, second, week, day, month, year;
void Initial_DS1302();                              //DS1302 初始化函数申明
unsigned char read_1302(unsigned char addr);        // DS1302 读数据函数申明
void write_1302(unsigned char addr, unsigned char date);  // DS1302 写数据函数申明
void TimeToStr(void);
/**************************************
DS1302 写入函数
**************************************/
void write_1302(unsigned char addr, unsigned char date)   //地址、数据发送子程序
{
    unsigned char i, temp;
    RST = 0;                    // RST 引脚为低，数据传送中止
    SCLK = 0;                   //清零时钟总线
    RST = 1;                    // RST 引脚为高，逻辑控制有效
    for(i = 8; i > 0; i--)      //发送地址，循环 8 次移位
    {
        SCLK = 0;
        temp = addr;
        DIO = (bit)(temp&0x01);     //每次传送低字节
        addr >>= 1; //右移一位
        SCLK = 1;
    }
    for(i = 8; i > 0; i--)          //发送数据
    {
        SCLK = 0;
        temp = date;
        DIO = (bit)(temp&0x01);
        date >>= 1;
        SCLK = 1;
    }
    RST = 0;
}
```

```c
unsigned char read_1302(unsigned char addr)    //读取数据
{
    unsigned char i, temp, date1, date2;
    RST = 0;
    SCLK = 0;
    RST = 1;
    for(i = 8; i > 0; i--)        //循环 8 次移位，写入要读的寄存器地址
    {
        SCLK = 0;
        temp = addr;
        DIO = (bit)(temp&0x01);        //每次传送低字节
        addr >>= 1; //右移一位
        SCLK = 1;
    }
    for(i = 8; i > 0; i--)
    {
        ACC_7 = DIO;
        SCLK = 1;
        ACC >>= 1;
        SCLK = 0;
    }
    RST = 0;
    date1 = ACC;
    date2 = date1/16;        //数据进制转换
    date1 = date1%16;                //十六进制转十进制
    date1 = date1+date2*10;
    return(date1) ;
}
/*************************************
设置时间，对时函数
*************************************/
void set_rtc(void){
    unsigned char i, j;
    for(i = 0; i < 7; i++)
    {   j = time_data[i]/10;
        time_data[i] = time_data[i]%10;
        time_data[i] = time_data[i]+j*16;        //拼接成 BCD 码
    }
    write_1302(0x8e, 0x00);                //去掉写保护
```

```c
        for(i = 0; i < 7; i++)
        {
            write_1302(write_add[i], time_data[i]);
        }
        write_1302(0x8e, 0x80);                //防止误操作,加上写保护
}
/************************************
时间转字符串
************************************/
void TimeToStr(void)
{
    hour = read_1302(0x85);
    TimeString[5] = hour/10+'0';
    TimeString[6] = hour%10+'0';               //分解2位数的十位和个位
    TimeString[7] = ':';
    minute = read_1302(0x83);
    TimeString[8] = minute/10+'0';
    TimeString[9] = minute%10+'0';
    TimeString[10] = ':';
    second=read_1302(0x81);
    TimeString[11] = second/10+'0';
    TimeString[12] = second%10+'0';
}
/************************************
初始化DS1302,暂停标志位CH置0,启动DS1302
************************************/
void Initial_DS1302()
{
    write_1302(WRITE_SECOND,read_1302(READ_SECOND)&0x7f);   //把秒寄存器的暂
                                        //停标志位CH置0,启动DS1302,为1则暂停
}
```

任务二　简易万年历设计

【任务描述】

在许多的单片机系统中,通常进行一些与时间有关的控制,这就需要使用实时时钟。例如在测量控制系统中,特别是长时间无人值守的测控系统中,经常需要记录某些具有特

殊意义的数据及其出现的时间。在系统中采用实时时钟芯片能很好地解决这个问题。本任务要求使用 DS1302 显示年月日和时分秒，并且做到可以调时。

【任务分析】

熟练使用液晶、按键等技术，使用单片机驱动 DS1302 调时并显示。

【相关知识】

要实现严格意义上的万年历，即显示农历(含有中文)，就需要用到点阵型 LCD。这里就点阵型 LCD 作一简要介绍。

一、128×64 点阵型 LCD 简介

点阵式液晶显示模块(LCD)广泛应用于单片机控制系统，比数码管、段式液晶模块能显示更多、更直观的信息，如汉字、曲线、图片等。点阵液晶显示模块集成度很高，一般都内置控制芯片、行驱动芯片和列驱动芯片，点阵数量较大的 LCD 会配置 RAM 芯片，带汉字库的 LCD 还内嵌汉字库芯片，有负压输出的 LCD 设有负压驱动电路等。单片机读写 LCD 实际上就是对 LCD 的控制芯片进行读写命令和数据。编程驱动 LCD 时，不需要对 LCD 的结构和点阵行列驱动原理深入了解，只要理解 LCD 接口的定义和 LCD 控制芯片的读写时序和命令就可以了。

LCD12864 属于点阵图形液晶显示模块，不但能显示字符，还能显示汉字和图形，分为带汉字库和不带汉字库两种，价格也有差别。带汉字库的 LCD12864 使用起来非常方便，不需要编写复杂的汉字显示程序，只要按时序写入两个字节的汉字机内码，汉字就能显示出来了，驱动程序简单许多。

常见的 LCD12864 使用的控制芯片是 ST7920。ST7920 一般和 ST7921(列驱动芯片)配合使用，做成显示 2 行每行 16 个汉字的显示屏 LCD25632，或者是做成 4 行每行 8 个汉字的显示屏 LCD12864。LCD12864 的读写时序和 LCD1602 是一样的，完全可以照搬 LCD1602 驱动程序的读写函数。需要注意的是，LCD12864 分成上半屏和下半屏，而且两半屏之间的点阵内存映射地址不连续，给驱动程序的图片显示函数的编写增加了难度。

为简单起见，下面以带中文字库的 FYD12864-0402B 为例进行介绍。

1. 概述

FYD12864-0402B 是一种具有 4 位/8 位并行、2 线或 3 线串行多种接口方式，内部含有国标一级、二级简体中文字库的点阵图形液晶显示模块；其显示分辨率为 128×64，内置 8192 个 16×16 点汉字和 128 个 16×8 点的 ASCII 字符集。利用该模块灵活的接口方式和简单、方便的操作指令，构成了全中文人机交互图形界面，可以显示 8×4 行 16×16 点阵的汉字，也可完成图形显示。低电压低功耗是其又一显著特点。由该模块构成的液晶显示方案与同类型的图形点阵液晶显示模块相比，不论硬件电路结构或显示程序都要简洁得多，且该模块的价格也略低于相同点阵的图形液晶模块。

FYD12864-0402B 的基本特性如下：

(1) 低电源电压(VDD 为 +3.0～5.5 V)；
(2) 显示分辨率：128×64 点；
(3) 内置汉字字库，提供 8192 个 16×16 点阵汉字(简繁体可选)；
(4) 内置 128 个 16×8 点阵字符；
(5) 2 MHz 时钟频率；
(6) 显示方式：STN、半透、正显；
(7) 驱动方式：1/32DUTY，1/5BIAS；
(8) 视角方向：6 点；
(9) 背光方式：侧部高亮白色 LED，功耗仅为普通 LED 的 1/5～1/10；
(10) 通信方式：串行、并口可选；
(11) 内置 DC-DC 转换电路，无需外加负压；
(12) 无需片选信号，从而简化软件设计；
(13) 工作温度：0～+55℃，存储温度：−20～+60℃。

2. 方框图

LCD12864 硬件结构图如图 10-13 所示。

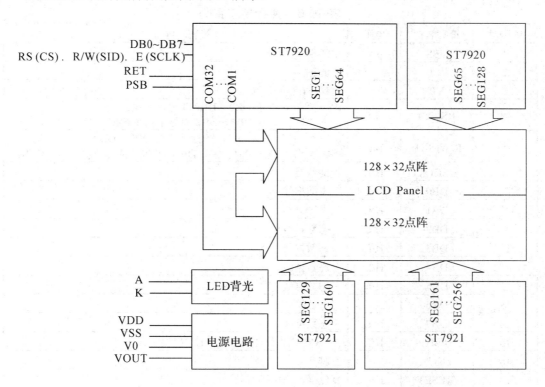

图 10-13 LCD12864 硬件结构图

3. 模块接口说明

(1) 串口接口管脚信号如表 10-5 所示。

表 10-5 串口接口管脚信号

管脚号	名 称	LEVEL	功 能
1	VSS	0V	电源地
2	VDD	+5 V	电源正(3.0 V~5.5 V)
3	V0	—	对比度(亮度)调整
4	CS	H/L	模组片选端,高电平有效
5	SID	H/L	串行数据输入端
6	CLK	H/L	串行同步时钟:上升沿时读取 SID 数据
15	PSB	L	L:串口方式[①]
17	/RESET	H/L	复位端,低电平有效[②]
19	A	VDD	背光源电压 +5 V[③]
20	K	VSS	背光源负端 0 V[③]

注:① 如在实际应用中仅使用串口通信模式,可将 PSB 接固定低电平。② 模块内部接有上电复位电路,因此在不需要经常复位的场合可将此端悬空。③ 如背光和模块共用一个电源,可以将模块上的 JA、JK 用焊锡短接。

(2) 并行接口管脚信号如表 10-6 所示。

表 10-6 并行接口管脚

管脚号	管脚名称	电平	管脚功能描述
1	VSS	0 V	电源地
2	VCC	3.0 + 5 V	电源正
3	V0	—	对比度(亮度)调整
4	RS(CS)	H/L	RS = "H",表示 DB7~DB0 为显示数据; RS = "L",表示 DB7~DB0 为显示指令数据
5	R/W(SID)	H/L	R/W = "H",E = "H",数据被读到 DB7~DB0; R/W = "L",E = "H→L",DB7~DB0 的数据被写到 IR 或 DR
6	E(SCLK)	H/L	使能信号
7	DB0	H/L	三态数据线
8	DB1	H/L	三态数据线
9	DB2	H/L	三态数据线
10	DB3	H/L	三态数据线
11	DB4	H/L	三态数据线
12	DB5	H/L	三态数据线
13	DB6	H/L	三态数据线
14	DB7	H/L	三态数据线
15	PSB	H/L	H:8 位或 4 位并口方式;L:串口方式[①]
16	NC	—	空脚
17	/RESET	H/L	复位端,低电平有效[②]
18	VOUT	—	LCD 驱动电压输出端
19	A	VDD	背光源正端(+5 V)[③]
20	K	VSS	背光源负端[③]

注:① 如在实际应用中仅使用并口通信模式,可将 PSB 接固定高电平。② 模块内部接有上电复位电路,因此在不需要经常复位的场合可将此端悬空。③ 如背光和模块共用一个电源。

4. 模块主要硬件构成说明

1) 控制信号及读忙状态信号说明

(1) RS、R/W 的配合选择决定控制界面的 4 种模式如表 10-7 所示。

表 10-7　RS、R/W 的配合选择决定控制界面的 4 种模式

RS	R/W	功 能 说 明
L	L	MCU 写指令到指令暂存器(IR)
L	H	读出忙标志(BF)及地址记数器(AC)的状态
H	L	MCU 写入数据到数据暂存器(DR)
H	H	MCU 从数据暂存器(DR)中读出数据

(2) E 使能信号说明如表 10-8 所示。

表 10-8　使能信号说明

E 状态	执行动作	结　果
高→低	I/O 缓冲→DR	配合/W 进行写数据或指令
高	DR→I/O 缓冲	配合 R 进行读数据或指令
低/低→高	无动作	

(3) 忙标志 BF。BF 标志提供内部工作情况。BF＝1 时，模块在进行内部操作，此时模块不接收外部指令和数据；BF＝0 时，模块为准备状态，随时可接收外部指令和数据。

利用 STATUS RD 指令，可以将 BF 读到 DB7 总线，从而检验模块的工作状态。

2) 字型产生 ROM(CGROM)

字型产生 ROM(CGROM)提供 8192 个触发器用于模块屏幕显示开和关的控制。DFF＝1 为开显示(DISPLAY ON)，DDRAM 的内容就显示在屏幕上；DFF＝0 为关显示(DISPLAY OFF)。DFF 的状态是由指令 DISPLAY ON/OFF 和 RST 信号控制的。

3) 显示数据 RAM(DDRAM)

模块内部的显示数据 RAM 提供 64×2 个位元组的空间，最多可控制 4 行 16 字(64 个字)的中文字型显示，当写入显示数据 RAM 时，可分别显示 CGROM 与 CGRAM 的字型；此模块可显示三种字型，分别是半角数字型(16×8)、CGRAM 字型及 CGROM 的中文字型。三种字型由在 DDRAM 中写入的编码选择，在 0000H~0006H 的编码中(其代码分别是 0000、0002、0004、0006 共 4 个)将选择 CGRAM 的自定义字型，02H~7FH 的编码中将选择半角数字的字型，至于 A1 以上的编码将自动结合下一个位元组，组成两个位元组的编码形成中文字型的编码 BIG5(A140~D75F)、GB(A1A0~F7FFH)。

4) 字型产生 RAM(CGRAM)

字型产生 RAM 提供图像定义(造字功能，可以提供四组 16×16 点的自定义图像空间，使用者可以将内部字型没有提供的图像字型自行定义到 CGRAM 中，便可和 CGROM 中定义的一样地通过 DDRAM 显示在屏幕中。

5) 地址计数器 AC

地址计数器 AC 用来储存 DDRAM/CGRAM 之一的地址，它可由设定指令暂存器来改

变,之后只要读取或是写入 DDRAM/CGRAM 的值时,地址计数器的值就会自动加一,当 RS 为"0"而 R/W 为"1"时,地址计数器的值会被读取到 DB6~DB0 中。

6) 光标/闪烁控制电路

此模块提供硬件光标及光标闪烁控制电路,由地址计数器的值来指定 DDRAM 中的光标或闪烁位置。

5. 指令说明

模块控制芯片提供两套控制命令:基本指令和扩充指令,如表 10-9 和表 10-10 所示。

表 10-9 指令表 1 (RE = 0:基本指令)

指令	指令码									功能
	RS	R/W	D7	D6	D5	D4	D3	D2	D1	D0	
清除显示	0	0	0	0	0	0	0	0	0	1	将 DDRAM 填满"20H",并且设定 DDRAM 的地址计数器(AC)到"00H"
地址归位	0	0	0	0	0	0	0	0	1	X	设定 DDRAM 的地址计数器(AC)到"00H",并且将游标移到开头原点位置;这个指令不改变 DDRAM 的内容
显示状态开/关	0	0	0	0	0	0	1	D	C	B	D = 1:整体显示 ON; C = 1:游标 ON; B = 1:游标位置反白允许
进入点设定	0	0	0	0	0	0	0	1	I/D	S	指定在数据的读取与写入时,设定游标的移动方向及指定显示的移位
游标或显示移位控制	0	0	0	0	0	1	S/C	R/L	X	X	设定游标的移动与显示的移位控制位;这个指令不改变 DDRAM 的内容
功能设定	0	0	0	0	1	DL	X	RE	X	X	DL = 0/1:4/8 位数据; RE = 1:扩充指令操作; RE = 0:基本指令操作
设定 CGRAM 地址	0	0	0	1	AC5	AC4	AC3	AC2	AC1	AC0	设定 CGRAM 地址
设定 DDRAM 地址	0	0	1	0	AC5	AC4	AC3	AC2	AC1	AC0	设定 DDRAM 地址(显示位址) 第一行:80H~87H; 第二行:90H~97H
读取忙标志和地址	0	1	BF	AC6	AC5	AC4	AC3	AC2	AC1	AC0	读取忙标志(BF 可以确认内部动作是否完成,同时可以读出地址计数器 AC 的值
写数据到 RAM	1	0	数据								将数据 D7~D0 写入到内部的 RAM (DDRAM/CGRAM/IRAM/GRAM)
读出 RAM 的值	1	1	数据								从内部 RAM 读取数据 D7~D0 (DDRAM/CGRAM/IRAM/GRAM)

表 10-10　指令表 2 (RE=1：扩充指令)

指令	指令码									功　能
	RS	R/W	D7	D6	D5	D4	D3	D2	D1	D0	
待命模式	0	0	0	0	0	0	0	0	0	1	进入待命模式，执行其他指令都可终止待命模式
卷动地址开关开启	0	0	0	0	0	0	0	0	1	SR	SR = 1：允许输入垂直卷动地址；SR = 0：允许输入 IRAM 和 CGRAM 地址
反白选择	0	0	0	0	0	0	0	1	R1	R0	选择 2 行中的任一行作反白显示，并可决定反白与否。初始值 R1R0 = 00，第一次设定为反白显示，再次设定变回正常
睡眠模式	0	0	0	0	0	0	1	SL	X	X	SL = 0：进入睡眠模式；SL = 1：脱离睡眠模式
扩充功能设定	0	0	0	0	1	CL	X	RE	G	0	CL = 0/1：4/8 位数据；RE = 1：扩充指令操作；RE = 0：基本指令操作；G = 1/0：绘图开关
设定绘图 RAM 地址	0	0	1	0 AC6	0 AC5	0 AC4	AC3 AC3	AC2 AC2	AC1 AC1	AC0 AC0	设定绘图 RAM，先设定垂直(列)地址 AC6AC5…AC0，再设定水平(行)地址 AC3AC2AC1AC0，将以上 16 位地址连续写入即可

注：当 IC1 在接受指令前，微处理器必须先确认其内部处于非忙碌状态，即读取 BF 标志时，BF 须为零，方可接受新的指令；如果在送出一个指令前并不检查 BF 标志，那么在前一个指令和这个指令中间必须延长一段较长的时间，即等待前一个指令确实执行完成。

6. 读写时序图

(1) 数据传输过程如图 10-14 所示。

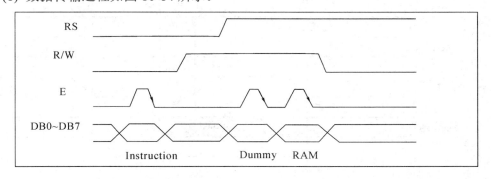

Timing Diagram of 8-bit Parallel Bus Mode Data Transfer

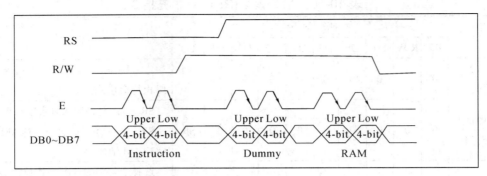

图 10-14 8 位和 4 位数据线的传输过程

串口数据线模式数据传输过程如图 10-15 所示。

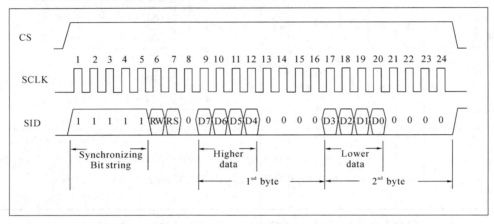

图 10-15 串口数据线模式数据传输过程

(2) 时序图。

单片机写资料到液晶(8 位数据线模式)，如图 10-16 所示。

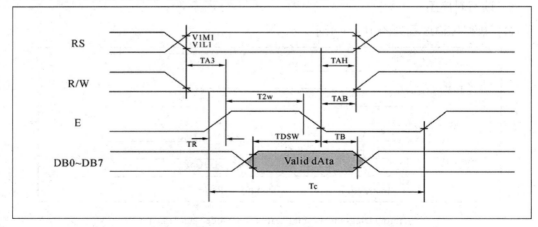

图 10-16 单片机写资料到液晶(8 位数据线模式)

单片机从液晶读资料(8 位数据线模式)，如图 10-17 所示。

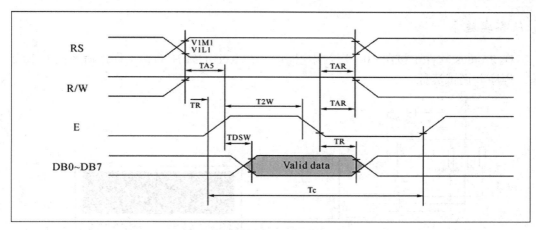

10-17 单片机从液晶读资料(8位数据线模式)

二、液晶初始化

LCD12864 液晶的初始化如图 10-18 所示。

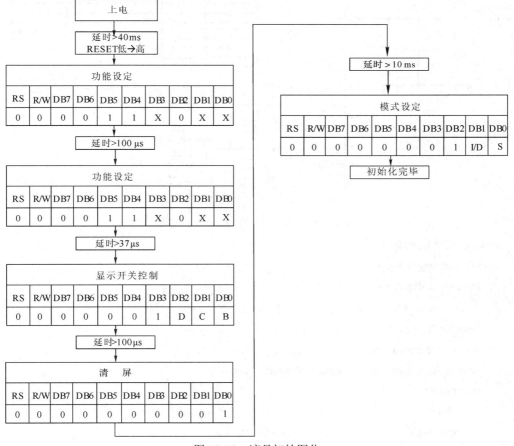

图 10-18 液晶初始图化

【任务实施】

在 Proteus 软件中按图 10-19 绘制电路图。在 Keil C51 中新建工程，命名任务 10-2，输入程序并调试运行。

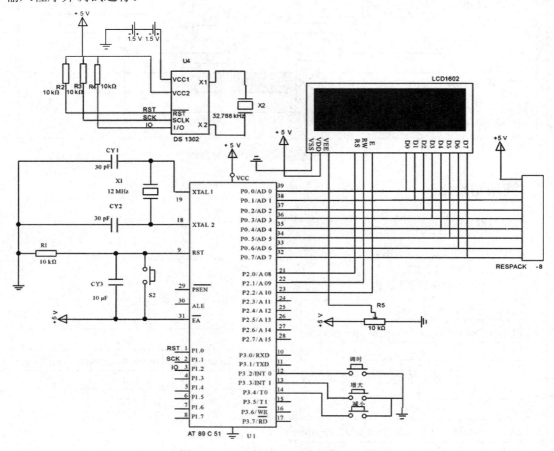

图 10-19　驱动 DS1302 液晶显示电路

main.c 文件代码如下：

```
#include<reg51.h>
#include<lcd1602.h>
#include<ds1302.h>
#include<keyscan.h>
#define uchar unsigned char
uchar hour, minute, second, week, day, month, year;
void main()
{   uchar i;
    Initial_LCD();              //液晶初始化
    Initial_DS1302();           // DS1302 初始化
```

```
        set_rtc();                          //对时操作
        while(1)
        {
            keyscan();          //按键扫描
            if(flag == 0)       //当标志位为 0 时,允许读取 DS1302 数据,将数据送入液晶显示
            {
                TimeToStr();
                DateToStr();
                LCD_WRITE_COM(0x80+0x40);           //液晶第二行显示
                for(i = 0; i < 16; i++)
                {
                    LCD_WRITE_DATA(TimeString[i]);
                    delay(5);
                }
                LCD_WRITE_COM(0x84);                //液晶第一行显示
                for(i = 0; i < 10; i++)
                {
                    LCD_WRITE_DATA(DateString[i]);
                    delay(5);
                }
            }
        }
    }
```

lcd1602.h 文件代码:

```
    sbit LCD_E = P2^2;                      //液晶使能端
    sbit LCD_RS = P2^0;                     //液晶数据命令选择端
    sbit LCD_RW = P2^1;                     //液晶读写选择端
    void delay(unsigned char z;             //延时函数申明
    void LCD_WRITE_COM(unsigned char com;       //液晶写命令函数申明
    void LCD_WRITE_DATA(unsigned char date;         //液晶写数据函数申明
    void Initial_LCD;                       //液晶初始化函数申明
    /******************************
    LCD 延时函数,不判断忙,延时机制操作 LCD
    ******************************/
    void delay(unsigned char z)//延时函数
```

```c
{
    unsigned char x, y;
    for(x = z; x > 0; x--)
        for(y = 110; y > 0; y--);
}
/*****************************************
LCD 写命令函数
*****************************************/
void LCD_WRITE_COM(unsigned char com)        //写命令函数
{
    LCD_RS = 0;
    LCD_RW = 0;
    LCD_E = 1;
    P0 = com;
    delay(5);
    LCD_E = 0;
}
/*****************************************
LCD 写数据函数
*****************************************/
void LCD_WRITE_DATA(unsigned char date)      //写数据函数
{
    LCD_RS = 1;
    LCD_RW = 0;
    LCD_E = 1;
    P0 = date;
    delay(5);
    LCD_E = 0;
}
/*****************************************
LCD 初始化函数
*****************************************/
void Initial_LCD()                            //液晶初始化函数
{
    LCD_WRITE_COM(0x38);                      //设置 16×2 显示，5×7 点阵，8 位数据接口
```

```c
        LCD_WRITE_COM(0x0c);              //设置开显示,不显示光标
        LCD_WRITE_COM(0x06);              //写一个字符后地址指针加1
}
```

ds1302.h 文件代码:

```c
/****************************************
DS1302 读写相关寄存器地址宏定义
****************************************/
#define WRITE_SECOND        0x80
#define WRITE_MINUTE        0x82
#define WRITE_HOUR          0x84
#define WRITE_DAY           0x86
#define WRITE_MONTH         0x88
#define WRITE_YEAR          0x8C
#define WRITE_PROTECT       0x8E
#define WRITE_WEEK          0x8A
#define WRITE_CURRENT       0x90
#define READ_SECOND         0x81
#define READ_MINUTE         0x83
#define READ_HOUR           0x85
#define READ_DAY            0x87
#define READ_MONTH          0x89
#define READ_WEEK           0x8B
#define READ_YEAR           0x8D
sbit RST = P1^2;  //DS1302 片选
sbit DIO = P1^1;  //DS1302 数据信号
sbit SCLK = P1^0; //DS1302 时钟信号
sbit ACC_7 = ACC^7; //位寻址寄存器定义
unsigned char time_data[7] = {10, 6, 4, 17, 11, 58, 59}; //10年6周4月17日11时58分59秒
unsigned char write_add[7] = {0x8c, 0x8a, 0x88, 0x86, 0x84, 0x82, 0x80};   //年周月日时分秒写
                                                                           //寄存器地址
unsigned char DateString[10];
unsigned char TimeString[16];
unsigned char hour, minute, second, week, day, month, year;
void Initial_DS1302();                            // DS1302 初始化函数申明
unsigned char read_1302(unsigned char addr);      // DS1302 读数据函数申明
```

```c
void write_1302(unsigned char addr, unsigned char date);    // DS1302 写数据函数申明
void TimeToStr(void);
void DateToStr(void);
/*******************************************
DS1302 写入函数
********************************************/
void write_1302(unsigned char addr, unsigned char date)     //地址、数据发送子程序
{
    unsigned char i, temp;
    RST = 0;                            // RST 引脚为低,数据传送中止
    SCLK = 0;                           //清零时钟总线
    RST = 1;                            // RST 引脚为高,逻辑控制有效
    for(i = 8; i > 0; i--)              //发送地址,循环 8 次移位
    {
        SCLK = 0;
        temp = addr;
        DIO = (bit)(temp&0x01);         //每次传送低字节
        addr >>= 1;                     //右移一位
        SCLK = 1;
    }
    for(i = 8; i > 0; i--)              //发送数据
    {
        SCLK = 0;
        temp = date;
        DIO = (bit)(temp&0x01);
        date >>= 1;
        SCLK = 1;
    }
    RST = 0;
}
unsigned char read_1302(unsigned char addr)                 //读取数据
{
    unsigned char i, temp, date1, date2;
    RST = 0;
    SCLK = 0;
```

```c
        RST = 1;
        for(i = 8; i > 0; i--)                  //循环 8 次移位,写入要读的寄存器地址
        {
            SCLK = 0;
            temp = addr;
            DIO = (bit)(temp&0x01);             //每次传送低字节
            addr >>= 1;                         //右移一位
            SCLK = 1;
        }
        for(i = 8; i > 0; i--)
        {
            ACC_7 = DIO;
            SCLK = 1;
            ACC >>= 1;
            SCLK = 0;
        }
        RST = 0;
        date1 = ACC;
        date2 = date1/16;                       //数据进制转换
        date1 = date1%16;                       //十六进制转十进制
        date1 = date1+date2*10;
        return(date1);
}
/*****************************************
设置时间,对时函数
*****************************************/
void set_rtc(void){
    unsigned char i, j;
    for(i = 0; i < 7; i++)
    {   j = time_data[i]/10;
        time_data[i] = time_data[i]%10;
        time_data[i] = time_data[i]+j*16;       //拼接成 BCD 码
    }
    write_1302(0x8e, 0x00);                     //去掉写保护
    for(i = 0; i < 7; i++)
```

```c
        {
            write_1302(write_add[i], time_data[i]);
        }
        write_1302(0x8e, 0x80);               //防止误操作,加上写保护
}
/******************************************
时间和日期转字符串
******************************************/
void DateToStr(void)
{   DateString[0] = '2';
    DateString[1] = '0';
    year = read_1302(0x8d);
    DateString[2] = year/10+'0';
    DateString[3] = year%10+'0';
    DateString[4] = '-';
    month = read_1302(0x89);
    DateString[5] = month/10+'0';
    DateString[6] = month%10+'0';
    DateString[7] = '-';
    day=read_1302(0x87);
    DateString[8] = day/10+'0';
    DateString[9] = day%10+'0';
}
void TimeToStr(void)
{
    week = read_1302(0x8b);
    TimeString[0] = 'w';
    TimeString[1] = 'e';
    TimeString[2] = 'e';
    TimeString[3] = 'k';
    TimeString[5] = ':';
    TimeString[6] = week+'0';
    hour = read_1302(0x85);
    TimeString[8] = hour/10+'0';
    TimeString[9] = hour%10+'0';              //分解2位数的十位和个位
```

```c
    TimeString[10] = ':';
    minute = read_1302(0x83);
    TimeString[11] = minute/10+'0';
    TimeString[12] = minute%10+'0';
    TimeString[13] = ':';
    second = read_1302(0x81);
    TimeString[14] = second/10+'0';
    TimeString[15] = second%10+'0';
}
/**************************************
初始化 DS1302，暂停标志位 CH 置 0，启动 DS1302
**************************************/
void Initial_DS1302()
{
    write_1302(WRITE_SECOND，read_1302(READ_SECOND)&0x7f); //把秒寄存器的暂停标志
                                    //位 CH 置 0，启动 DS1302，为 1 则暂停
}
```

keyscan.h 文件代码：

```c
sbit key0 = P3^2; //调时
sbit key1 = P3^3; //增大
sbit key2 = P3^4; //减小
unsigned char hour, minute, second, week, day, month, year;
unsigned char num, flag;
/**************************************
按键扫描子程序
**************************************/
void keyscan()
{
    if(key0 == 0)//确认调时按下
    {
        delay(20);
        if(key0 == 0)//调时确实按下
        {
            while(!key0); //释放
            num++; //按下次数记录
            switch(num)
```

```c
            {
                case 1:    flag = 1;    //修改时间，液晶禁止从 DS1302 读数据
                    LCD_WRITE_COM(0x0f);    //光标开始闪烁
                    LCD_WRITE_COM(0x80+6);              //第 1 次按下，光标定位到年位置
                    break;
                case 2:    LCD_WRITE_COM(0x80+9);       //第 2 次按下，光标定位到月位置
                    break;
                case 3:    LCD_WRITE_COM(0x80+12);      //第 3 次按下，光标定位到日位置
                    break;
                case 4:    LCD_WRITE_COM(0x80+0x40+6);  //第 4 次按下，光标定位到星期位置
                    break;
                case 5:    LCD_WRITE_COM(0x80+0x40+8);  //第 5 次按下，光标定位到时位置
                    break;
                case 6:    LCD_WRITE_COM(0x80+0x40+11); //第 6 次按下，光标定位到分位置
                    break;
                case 7:    LCD_WRITE_COM(0x80+0x40+14); //第 7 次按下，光标定位到秒位置
                    break;
                case 8:    LCD_WRITE_COM(0x0c);                 //不显示光标
                    write_1302(WRITE_PROTECT, 0x00);            //禁止写保护
                    write_1302(0x80, (second/10*16)+second%10); //将调节后的秒写入 DS1302
                    write_1302(0x82, (minute/10*16)+minute%10); //将调节后的分写入 DS1302
                    write_1302(0x84, (hour/10*16)+hour%10);     //将调节后的时写入 DS1302
                    write_1302(0x8a, (week/10*16)+week%10);     //将调节后的星期写入 DS1302
                    write_1302(0x86, (day/10*16)+day%10);       //将调节后的日写入 DS1302
                    write_1302(0x88, (month/10*16)+month%10);   //将调节后的月写入 DS1302
                    write_1302(0x8c, (year/10*16)+year%10);     //将调节后的年写入 DS1302
                    write_1302(WRITE_PROTECT, 0x80);            //开写保护
                    flag = 0;           //时间修改完毕，允许液晶从 DS1302 读数据
                    num = 0;                                    //第 8 次按下，记录清零
                    break;
            }
        }
    }
    if(num != 0)
    {
        if(key1 == 0)                         //确认增大键按下
        {
            delay(20);
```

```c
if(key1 == 0)                              //增大键确实按下
{
    while(!key1);
    switch(num)
    {
        case 1:    year++;                         //调节年
            if(year == 100) year = 0;
            LCD_WRITE_NYR(6, year);
            LCD_WRITE_COM(0x80+6);
            break;
        case 2:    month++;                        //调节月
            if(month == 13) month = 0;
            LCD_WRITE_NYR(9, month);
            LCD_WRITE_COM(0x80+9);
            break;
        case 3:    day++;                          //调节日
            if(day == 32)day = 0;
            LCD_WRITE_NYR(12, day);
            LCD_WRITE_COM(0x80+12);
            break;
        case 4:    week++;
            if(week == 8) week = 0;
            LCD_WRITE_WEEK(week);             //将调节后的星期送入液晶显示
            LCD_WRITE_COM(0x80+0x40+6);       //光标回到指定处
            break;
        case 5:    hour++;
            if(hour == 24) hour = 0;
            LCD_WRITE_SFM(8, hour);           //将调节后的小时送入液晶显示
            LCD_WRITE_COM(0x80+0x40+8);       //光标回到指定处
            break;
        case 6:    minute++;
            if(minute == 60) minute = 0;
            LCD_WRITE_SFM(11, minute);        //将调节后的分送入液晶显示
            LCD_WRITE_COM(0x80+0x40+11);      //光标回到指定处
            break;
        case 7:    second++;
            if(second == 60) second = 0;
            LCD_WRITE_SFM(14, second);        //将调节后的秒送入液晶显示
            LCD_WRITE_COM(0x80+0x40+14);      //光标回到指定处
            break;
```

```c
                    default:break;
                }
            }
        }
        if(key2 == 0)                                    //确认减小键按下
        {   delay(20);
            if(key2 == 0)                                //减小键确实按下
            {
                while(!key2);
                switch(num)
                {
                    case 1:   year--;                    //调节年
                        if(year == -1) year = 99;
                            LCD_WRITE_NYR(6, year);
                            LCD_WRITE_COM(0x80+6);
                        break;
                    case 2:   month--;                   //调节月
                        if(month == -1) month = 12;
                            LCD_WRITE_NYR(9, month);
                            LCD_WRITE_COM(0x80+9);
                        break;
                    case 3:   day--;                     //调节日
                        if(day == -1) day = 31;
                            LCD_WRITE_NYR(12, day);
                            LCD_WRITE_COM(0x80+12);
                        break;
                    case 4:   week--;                    //调节星期
                        if(week == 0) week = 7;
                            LCD_WRITE_WEEK(week);
                            LCD_WRITE_COM(0x80+0x40+6);
                        break;
                    case 5:   hour--;                    //调节时
                        if(hour == -1) hour = 23;
                            LCD_WRITE_SFM(8, hour);
                            LCD_WRITE_COM(0x80+0x40+8);
                        break;
                    case 6:   minute--;                  //调节分
                        if(minute == -1) minute = 59;
                            LCD_WRITE_SFM(11, minute);
                            LCD_WRITE_COM(0x80+0x40+11);
```

```
                break;
        case 7:     second--;                              //调节秒
            if(second == -1)second = 59;
                LCD_WRITE_SFM(14, second);
                LCD_WRITE_COM(0x80+0x40+14);
            break;
        default:break;
        }
    }
    }
    }
}
```

【进阶提高】

使用 LCD128*64A 显示"我的中国心"等中文，在 Proteus 软件中按图 10-20 绘制电路图。在 Keil C51 中新建工程，命名任务 10-2 进阶，输入程序并调试运行。

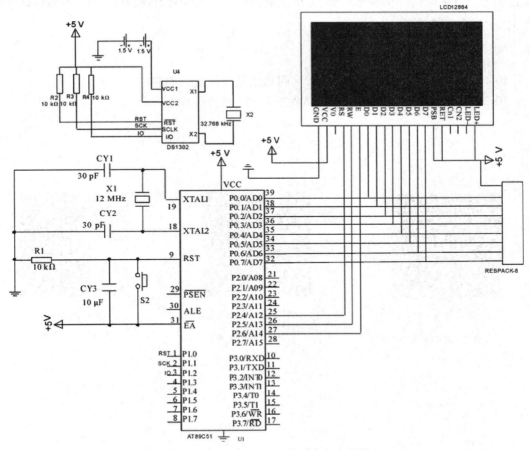

图 10-20　LCD12864A 显示中文电路图

注意，这里使用的 LCD12864A 元件 Proteus7.8 版本以下没有，请自行用搜索引擎搜索，或参阅本书配套资源，配套资源中有安装方法。

限于篇幅原因，本任务对应的源程序请参阅本书配套的资源部分。

四、项目总结

本项目介绍了 SPI 总线的使用以及 DS1302 时钟芯片的使用。DS1302 是美国 Dallas 公司推出的一种高性能、低功耗的实时时钟芯片，附加 31 字节静态 RAM，采用 SPI 三线接口与 CPU 进行同步通信，并可采用突发方式一次传送多个字节的时钟信号和 RAM 数据。实时时钟可提供秒、分、时、日、星期、月和年，一个月小于 31 天时可以自动调整，且具有闰年补偿功能；工作电压宽达 2.5～5.5 V；采用双电源供电(主电源和备用电源)，可设置备用电源充电方式，提供了对后备电源进行涓细电流充电的能力。对 DS1302 进行操作：① 通过向 DS1302 的 0x8e(BIT7 即最高位写入 0)地址写入 0x00，将写保护去掉，这样我们才能将日期、时间的初值写入各个寄存器；② 对 80H、82H、84H、86H、88H、8AH、8CH 进行初值的写入，同时也通过秒寄存器将位 7 的 CH 值改成 0，这样 DS1302 就开始走时运行了；③ 将写保护寄存器再写为 80H，防止误改写寄存器的值；④ 不断读取 80H～8CH 的值，将它们格式化后显示到 LCD 或数码管上。在点对点通信中，SPI 不需进行寻址操作。

五、教学检测

10-1　SPI 如果用了四总线，那么这四总线是如何定义的呢？

10-2　简述 SPI 总线如何写一字节到 DS1302 时钟芯片？

单片机原理
考试题及答案

单片机实用技术
上机考试及答案

单片机原理
复习题及答案

附录 A C51 中的关键字

附表 A-1 ANSIC 标准关键字

关键字	用途	说明
auto	存储种类说明	用以说明局部变量，缺省值为此
break	程序语句	退出最内层循环
case	程序语句	switch 语句中的选择项
char	数据类型说明	单字节整型数或字符型数据
const	存储类型说明	在程序执行过程中不可更改的常量值
continue	程序语句	转向下一次循环
default	程序语句	switch 语句中的失败选择项
do	程序语句	构成 do...while 循环结构
double	数据类型说明	双精度浮点数
else	程序语句	构成 if...else 选择结构
enum	数据类型说明	枚举
extern	存储种类说明	在其他程序模块中说明了的全局变量
flost	数据类型说明	单精度浮点数
for	程序语句	构成 for 循环结构
goto	程序语句	构成 goto 转移结构
if	程序语句	构成 if...else 选择结构
int	数据类型说明	基本整型数
long	数据类型说明	长整型数
register	存储种类说明	使用 CPU 内部寄存的变量
return	程序语句	函数返回
short	数据类型说明	短整型数
signed	数据类型说明	有符号数，二进制数据的最高位为符号位
sizeof	运算符	计算表达式或数据类型的字节数
static	存储种类说明	静态变量
struct	数据类型说明	结构类型数据
swicth	程序语句	构成 switch 选择结构
typedef	数据类型说明	重新进行数据类型定义
union	数据类型说明	联合类型数据
unsigned	数据类型说明	无符号数数据
void	数据类型说明	无类型数据
volatile	数据类型说明	该变量在程序执行中可被隐含地改变
while	程序语句	构成 while 和 do...while 循环结构

附表 A-2　C51 编译器的扩展关键字

关键字	用途	说明
bit	位标量声明	声明一个位标量或位类型的函数
sbit	位标量声明	声明一个可位寻址变量
sfr	特殊功能寄存器声明	声明一个特殊功能寄存器
sfr16	特殊功能寄存器声明	声明一个 16 位的特殊功能寄存器
data	存储器类型说明	直接寻址的内部数据存储器
bdata	存储器类型说明	可位寻址的内部数据存储器
idata	存储器类型说明	间接寻址的内部数据存储器
pdata	存储器类型说明	分页寻址的外部数据存储器
xdata	存储器类型说明	外部数据存储器
code	存储器类型说明	程序存储器
interrupt	中断函数说明	定义一个中断函数
reentrant	再入函数说明	定义一个再入函数
using	寄存器组定义	定义芯片的工作寄存器

附录 B Proteus 常用元件中英文对照表

元件中文名	元件英文名	元件中文名	元件英文名
单片机	AT89C51	BCD 码数码管	7SEG-BCD
晶振	CRYSTAL	数码管无公共端	7SEG-DIGITAL
电阻	RES	7 段共阳数码管	7SEG-COM-ANODE
排阻	RX8 或 RESPACK	7 段共阴数码管	7SEG-COM-CATHODE
上拉电阻	PULLUP	一位共阳数码管	7SEG-MPX1-CA
变阻器	VARISTOR	一位共阴数码管	7SEG-MPX1-CC
滑动电阻（1kΩ）	POT	四位共阳数码管	7SEG-MPX4-CA
滑动电阻	POT -HG	四位共阴数码管	7SEG-MPX4-CC
光敏电阻	TORCH_LDR 或 LDR	开关	SW-SPST 或 SW-
电容	CAP 或 CAPACITOR	按钮	BUTTON
电解电容	CAP-ELEC	拨码开关	DIPSW
极性电容	CAP-POL	FUSE	FUSE
可调电容	CAP-VAR	开关	SWITCH
电感	INDUCTOR	时钟信号源	CLOCK
带铁芯电感	IND- IRON	扬声器	SPEAK
可调电感	SATIND	驱动门	7407
PNP 三极管	PNP	与非门	74LS00
NPN 三极管	NPN	非门	74LS04
N 沟道场效应管	JFET N	与门	74LS08
P 沟道场效应管	JFET P	3 线—8 线译码器	74LS138
光敏三极管	OPTOCOUPLER-NPN	与门	AND
二极管	DIODE	与非门	NAND
稳压二极管	DIODE SCHOTTKY	或门	OR
变容二极管	DIODE VARACTOR	非门	NOT
发光二极管	LED-	灯	LAMP
运放	OPAMP	电机	MOTOR
电源	POWER	步进电机	MOTOR-STEPPER
地	GROUND	液晶	LM016L
直流电源	BATTERY	中文显示液晶	12864
变压器	TRAN-	串口	COMPIM
逻辑状态	LOGICSTATE	缓冲器	BUFFER
整流桥（二极管）	BRIDGE	晶闸管	SCR
H 桥	L298	红外信号接收组件	IRLink
点阵	MATRIX	4 线—16 线译码器	74HC154

附录C ASCII 编码对照表

ASCII 值		字符	ASCII 值		字符	ASCII 值		字符
Decimal	Hex		Decimal	Hex		Decimal	Hex	
000	000	NUL	032	020	(空格)	064	040	@
001	001	SOH(^A)	033	021	!	065	041	A
002	002	STX(^B)	034	022	"	066	042	B
003	003	ETX(^C)	035	023	#	067	043	C
004	004	EOT(^D)	036	024	$	068	044	D
005	005	ENQ(^E)	037	025	%	069	045	E
006	006	ACK(^F)	038	026	&	070	046	F
007	007	BEL(Bell)	039	027	'	071	047	G
008	008	BS(^H)	040	028	(	072	048	H
009	009	HT(^I)	041	029	)	073	049	I
010	00A	LF(^J)	042	02A	*	074	04A	J
011	00B	VT(^K)	043	02B	+	075	04B	K
012	00C	FF(^L)	044	02C	,	076	04C	L
013	00D	CR(^M)	045	02D	-	077	04D	M
014	00E	SO(^N)	046	02E	.	078	04E	N
015	00F	SI(^O)	047	02F	/	079	04F	O
016	010	DLE(^P)	048	030	0	080	050	P
017	011	DC1(^Q)	049	031	1	081	051	Q
018	012	DC2(^R)	050	032	2	082	052	R
019	013	DC3(^S)	051	033	3	083	053	S
020	014	DC4(^T)	052	034	4	084	054	T
021	015	NAK(^U)	053	035	5	085	055	U
022	016	SYN(^V)	054	036	6	086	056	V
023	017	ETB(^W)	055	037	7	087	057	W
024	018	CAN(^X)	056	038	8	088	058	X
025	019	EM(^Y)	057	039	9	089	059	Y
026	01A	SUB(^Z)	058	03A	:	090	05A	Z
027	01B	ESC	059	03B	;	091	05B	[
028	01C	FS	060	03C	<	092	05C	\
029	01D	GS	061	03D	=	093	05D	]
030	01E	RS	062	03E	>	094	05E	^
031	01F	US	063	03F	?	095	05F	_

续表一

ASCII 值		字符	ASCII 值		字符	ASCII 值		字符
Decimal	Hex		Decimal	Hex		Decimal	Hex	
096	060	`	130	082	é	164	0A4	ñ
097	061	a	131	083	â	165	0A5	Ñ
098	062	b	132	084	ä	166	0A6	ª
099	063	c	133	085	à	167	0A7	º
100	064	d	134	086	å	168	0A8	¿
101	065	e	135	087	ç	169	0A9	®
102	066	f	136	088	ê	170	0AA	¬
103	067	g	137	089	ë	171	0AB	½
104	068	h	138	08A	è	172	0AC	¼
105	069	i	139	08B	ï	173	0AD	¡
106	06A	j	140	08C	î	174	0AE	«
107	06B	k	141	08D	ì	175	0AF	»
108	06C	l	142	08E	Ä	176	0B0	─
109	06D	m	143	08F	Å	177	0B1	─
110	06E	n	144	090	É	178	0B2	─
111	06F	o	145	091	æ	179	0B3	¦
112	070	p	146	092	Æ	180	0B4	¦
113	071	q	147	093	ô	181	0B5	Á
114	072	r	148	094	ö	182	0B6	Â
115	073	s	149	095	ò	183	0B7	À
116	074	t	150	096	û	184	0B8	©
117	075	u	151	097	ù	185	0B9	¦
118	076	v	152	098	ÿ	186	0BA	¦
119	077	w	153	099	Ö	187	0BB	+
120	078	x	154	09A	Ü	188	0BC	+
121	079	y	155	09B	ø	189	0BD	¢
122	07A	z	156	09C	£	190	0BE	¥
123	07B	{	157	09D	Ø	191	0BF	+
124	07C	|	158	09E	×	192	0C0	+
125	07D	}	159	09F	ƒ	193	0C1	-
126	07E	~	160	0A0	á	194	0C2	-
127	07F	DEL	161	0A1	í	195	0C3	+
128	080	Ç	162	0A2	ó	196	0C4	-
129	081	ü	163	0A3	ú	197	0C5	+

续表二

ASCII 值		字符	ASCII 值		字符	ASCII 值		字符
Decimal	Hex		Decimal	Hex		Decimal	Hex	
198	0C6	ã	219	0DB	─	240	0F0	
199	0C7	Ã	220	0DC	─	241	0F1	±
200	0C8	+	221	0DD	¦	242	0F2	─
201	0C9	+	222	0DE	Ì	243	0F3	¾
202	0CA	-	223	0EF	─	244	0F4	¶
203	0CB	-	224	0E0	Ó	245	0F5	§
204	0CC	¦	225	0E1	ß	246	0F6	÷
205	0CD	-	226	0E2	Ô	247	0F7	,
206	0CE	+	227	0E3	Ò	248	0F8	°
207	0DF	¤	228	0E4	õ	249	0F9	¨
208	0D0	ð	229	0E5	Õ	250	0FA	•
209	0D1	Đ	230	0E6	µ	251	0FB	¹
210	0D2	Ê	231	0E7	þ	252	0FC	³
211	0D3	Ë	232	0E8	Þ	253	0FD	²
212	0D4	È	233	0E9	Ú	254	0FE	─
213	0D5	ı	234	0EA	Û	255	0FF	
214	0D6	Í	235	0EB	Ù			
215	0D7	Î	236	0EC	ý			
216	0D8	Ï	237	0ED	Ý			
217	0D9	+	238	0EE	─			
218	0DA	+	239	0FF	´			

教学检测答案

项 目 一

1-1 AT89C51 单片机内部包含哪些主要逻辑功能部件?

答：微处理器(CPU)、数据存储器(RAM)、程序存储器(ROM/EPROM)、特殊功能寄存器(SFR)、并行 I/O 口、串行通信口、定时器/计数器及中断系统。

1-2 程序状态字寄存器 PSW 的作用是什么？其中状态标志有哪几位？它们的含义是什么？

答：PSW 的作用是保存数据操作的结果标志，其中状态标志有：CY(PSW.7)：进位标志；AC(PSW.6)：辅助进位标志，又称半进位标志；F0、F1(PSW.5、PSW.1)：用户标志；OV(PSW.2)：溢出标志；P(PSW.0)：奇偶标志。

1-3 开机复位后，CPU 使用的是哪组工作寄存器？它们的地址如何？CPU 如何指定和改变当前工作寄存器组？

答：开机复位后使用的是 0 组工作寄存器，它们的地址是 00H～07H，对程序状态字 PSW 中的 RS1 和 RS0 两位进行编程设置，可指定和改变当前工作寄存器组。RS1、RS0 = 00H 时，当前工作寄存器被指定为 0 组；RS1、RS0 = 01H 时，当前工作寄存器被指定为 1 组；RS1、RS0 = 10H 时，当前工作寄存器被指定为 2 组；RS1、RS0 = 11H 时，当前工作寄存器被指定为 3 组。

1-4 AT89C51 的时钟周期、机器周期、指令周期是如何定义的？当振荡频率为 12 MHz 时，一个机器周期为多少微秒？

答：时钟周期也称为振荡周期，定义为时钟脉冲的倒数，是计算机中最基本的、最小的时间单位。

机器周期是用来衡量指令或程序执行速度的最小单位。它的确定原则是以最小指令周期为基准的，即一个最小指令周期为一个机器周期。

CPU 取出一条指令至该指令执行完所需的时间称为指令周期，因不同的指令执行所需的时间可能不同，故不同的指令可能有不同的指令周期。

当振荡频率为 12 MHz 时，一个机器周期为 1 μs。

1-5 AT89C51 的 4 个 I/O 口作用是什么？8051 的片外三总线是如何分配的？

答：AT89C51 单片机有 4 个 8 位并行 I/O 端口，分别记作 P0、P1、P2、P3 口。

(1) 在访问片外扩展存储器时，P0 口分时传送低 8 位地址和数据，P2 口传送高 8 位地址。P1 口通常作为通用 I/O 口供用户使用。P3 口具有第二功能，为系统提供一些控制信号。

在无片外扩展存储器的系统中，这 4 个口均可作为通用 I/O 端口使用。在作为通用 I/O 端口使用时，这 4 个口都是准双向口。

(2) 在访问片外扩展存储器时，片外三总线的分配如下：

P0 口传送低 8 位地址经锁存器所存构成低 8 位地址总线，高 8 位地址总线由 P2 口构成。

P0 口作为单片机系统的低 8 位地址/数据线分时复用，在低 8 位地址锁存后，P0 口作为双向数据总线。

由 P3 口的第二功能输出数据存储器的读、写控制信号与片外程序存储器读选通信号，访问程序存储器控制信号，地址锁存允许信号构成控制总线。

1-6 注释是程序必要的组成部分吗？为何要使用注释？

答：注释不是程序必要的组成部分，添加注释是为了程序阅读人员更容易快速读懂程序，使得程序具有可读性。

1-7 指出下面程序段完成的功能。

```
int a[];
for(i=10; i > 0; i--)
    a[i]=i;
```

答：定义一维数组 a，同时 a[9]~a[0] 的值初始化为 10~0。

项 目 二

2-1 什么是按键抖动？去抖动有哪些方法？

答：在键按下或弹起时，接触片会抖动，导致按键通断很多次，所以需要去抖。去抖方法很多，硬件可以加电容，软件可以多次判断。

软件方面：读进按键后延时，再读取按键，相当于判断按键是否在一段时间按下。一般人的按键动作是毫秒级别的。硬件方面：设计去抖动的电路，可以接电容或 RS 触发器等，然后设置恰当的充放时间常数，该常数的值不能太大，否则按键不够灵敏。

2-2 去抖动用软件延时的方法，软件延时一般为多久？

答：通常的按键所用开关为机械弹性开关，当机械触点断开、闭合时，由于机械触点的弹性作用，一个按键开关在闭合时不会马上稳定地接通，在断开时也不会立刻断开。因而在闭合及断开的瞬间均伴随有一连串的抖动，为了不产生这种现象而采取的措施就是按键消抖。用软件方法去抖，即检测出按键闭合后执行一个延时程序，5~10 ms 的延时，让前沿抖动消失后再一次检测按键的状态，如果仍保持闭合状态电平，则确认为真正有键按下。当检测到按键释放后，也要给 5~10 ms 的延时，待后沿抖动消失后才能转入该键的处理程序。

答案图 2-1 所示的 RS 触发器为常用的硬件去抖。

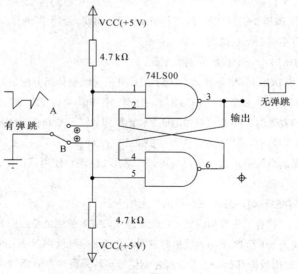

答案图 2-1

2-3 在本项目的图 2-15 基础上，在 6 个数码管上分别显示自己学号的后 6 位数字。

```c
#include<reg51.h>
char code code1[]={0xa4, 0xc6, 0x92, 0x82, 0x82, 0xf8};
sbit p1_0=P1^0;
char num;
void delay(int timer)
{
    while(timer)
    {
        --timer;
    }
}
void main()
{
    int i;
    while(1)
    {
     num =0xFE;
     for(i=0; i < 6; i++)
        {
            P1=num;
            P2=code1[i];
            delay(1000);
            num=(num << 1) | 1;
        }
    }
}
```

2-4 请自己设计电路，在 4 个数码管上稳定显示出 "A"、"C"、"E"、"P" 四个字符。

答：
```c
#include <reg51.h>
char code style[4]={0x88, 0xc6, 0x86, 0x8c};
void main()
{
    while(1)
    {
        P0=style[0];
        P2=style[1];
        P3=style[2];
        P1=style[3];
    }
}
```

项 目 三

3-1 简述中断、中断源、中断源的优先级及中断服务程序的含义。

答：在计算机执行程序的过程中，当出现某种情况时，由服务对象向 CPU 发出请求中断当前程序的信号，要求 CPU 暂时停止当前程序的执行，而转去执行相应的处理程序，待处理程序执行完毕后，再返回继续执行原来被中断的程序，这样的过程称为中断。把引起中断的原因或触发中断请求的来源称为中断源。

AT89C51 单片机的中断源可以设置两个优先级——高优先级和低优先级。每个中断源优先级的设定由 IP 的各控制位决定。

CPU 响应中断后即转至一段程序入口，准备执行这段程序，这段程序叫做中断服务程序。从中断服务程序的第一条指令开始到返回指令为止，这个过程称为中断处理或中断服务。不同的中断源服务的内容及要求各不相同，其处理过程也有所区别。一般情况下，中断服务程序包括三部分：一是保护现场，二是中断服务，三是恢复现场。

3-2 51 系列单片机能提供几个中断源？它们的入口地址各是多少？

答：51 系列单片机提供 5 个中断源，分别是：外部中断 0、定时器 T0 中断、外部中断 1、定时器 T1 中断、串行口接收/发送中断。

AT89C51 单片机中断源的入口地址

中断源	中断入口地址	自然优先级
外部中断 0	0003H	最高级
定时器 T0 中断	000BH	↓
外部中断 1	0013H	
定时器 T1 中断	001BH	
串行口接收/发送中断	0023H	最低级

3-3 51 系列单片机各中断源的优先级如何确定？同一优先级中各个中断源的优先级又如何确定？

答：AT89C51 单片机中断源可以设置两个优先级——高优先级和低优先级。每个中断源优先级的设定由 IP 的各控制位决定。IP 寄存器中的相应位为 1 时，所对应的中断就为高优先级；相应位是 0 时，所对应的中断就为低优先级。在同一优先级别下，按自然优先级进行确定优先响应顺序，即

外部中断 0→定时/计数器 T0→外部中断 1→定时/计数器 T1→串行口（从高到低）

3-4 使用外中断 0 来控制，去实现下表中的功能。

	P1.0	P1.1	P1.2	P1.3	P1.4	P1.5	P1.6	P1.7
无按键按下（循环）	●	●	○	○	●	●	○	○
	●	●	●	●	○	○	●	●
有按键按下	●	●	●	●	○	○	○	○

表注：K1 为按键，P1 口对应 8 个发光二极管的状态。

答：#include<reg51.h>

　　//sbit k1=P2^0;

　　int count=0;

```c
void delay(unsigned char i);
void int0Proc() interrupt 0
{
    count++;
    P1=0xf0;
}
void main()
{
    EA=1;
    EX0=1;
    IT0=1;
    P1=0xcc;
    while(1)
    {
        if(count%2==0)
        {
            if(P1==0xcc)
            {
                P1=0x30;
                delay(500);
            }
            else
            {
                P1=0xcc;
                delay(500);
            }
        }
    }
}

void delay(unsigned char i)
{
    unsigned char j, k;
    for(k=0; k < i; k++)
        for(j=0; j < 255; j++);
}
```

3-5 单片机的 P0 和 P1 口各驱动两只共阳数码管，用外部中断 1 实现加计数功能，并将计数值输出到数码管上显示。

答：#include<stdio.h>

```c
#include<reg51.h>
sbit p1_0=P1^0; //k1
sbit p1_1=P1^1; //k2

char count=0;
char utime=0;
char code tab[10]={0xC0, 0xF9, 0xA4, 0xB0, 0x99, 0x92, 0x82, 0xF8, 0x80, 0x90};

void delay(int time)
{
    while(time)
    {
        time--;
    }
}
void display()
{
    P0=tab[count/10];       //显示十位
    P2=tab[count%10];       //显示个位
}

void int1Part() interrupt 2
{
    //TR0=1;
    ++count;
    if(count > 99)
    {
        count=0;
    }
    display();
}

void main()
{
    P0=0xff;
    P2=0xff;

    EA=1;                   //总开关
    EX1=1;                  //中断开关
```

```
        IT1=1;
        while(1)
        {
        }
    }
```

项目四

4-1 定时器/计数器各种方式有何区别？

答：定时器/计数器各种方式的区别如下表所示：

M1	M0	方式	说　明
0	0	0	13 位定时器/计数器
0	1	1	16 位定时器/计数器
1	0	2	自动装入时间常数的 8 位定时器/计数器
1	1	3	对 T0 分为两个 8 位独立计数器；对 T1 置方式 3 时停止工作(无中断重装 8 位计数器)

4-2 编写定时器/计数器程序有何规律？

答：(1) 根据题目要求先给定时器方式寄存器 TMOD 送一个方式控制字，以设定定时器/计数器的相应工作方式。

(2) 根据实际需要给定时器/计数器选送定时器初值或计数器初值，以确实需要定时的时间和需要计数的初值。

(3) 根据需要给中断允许寄存器 IE 选送中断控制字和给中断优先级寄存器 IP 选送中断优先级字，以开放相应中断和设定中断优先级。

(4) 给定时器控制寄存器 TCON 送命令字，以启动或禁止定时器/计数器的运行。

4-3 8051 单片机内部有几个定时器/计数器？它们由哪些特殊功能寄存器组成？

80C51 单片机片内设有 2 个定时器/计数器：定时器/计数器 T0 和定时器/计数器 T1。T0 由 TH0、TL0 组成，T1 由 TH1、TL1 组成。T0、T1 由特殊功能寄存器 TMOD、TCON 控制。

4-4 使用一个定时器，如何通过软硬结合方法实现较长时间的定时？

答：设定好定时器的定时时间，采用中断方式用软件设置计数次数，进行溢出次数累计，从而得到较长的时间。

4-5 应用单片机内部定时器 T0 工作在方式 1 下，从 P1.0 输出周期为 2 ms 的方波脉冲信号，已知单片机的晶振频率为 6 MHz。

解：　　　　$X = 2^{16} - t(f/12) = 2^{16} - 1 \times 10^{-3} \times 6 \times 10^6/12 = \text{0FEOCH}$

4-6 若 51 单片机的时钟频率 = 6 MHz，请利用定时器 T0 定时中断的方法，使 P1.1 输出占空比为 75% 的矩形脉冲。

解：由 $f_{osc} = 6$ MHz，可以知道机器周期为 2 μs。P1.1 输出占空比为 75% 的矩形脉冲，即 P1.0 输出高、低电平之比为 3∶1。题中仅给定占空比，故可自定义周期。若将定时器 T0 设定工作于 8 位计数初值，即方式 0 (或 2)的定时器，则可将 P1.0 输出高、低电平的时间定为 2 μs × 192(= 384 μs)和 2 μs × 64(= 128 μs)，即定时器 T0 每隔 384 μs 和 128 μs 交替中断。384 μs 和 128 μs 定时器的计数值分别为 192 和 64，计数初值分别为 40H 和 C0H。先使 P1.1 输出高电平，定时 384 μs。当 384 μs 定时时间到后，使 P1.0 输出低电平，并改变定时 128 μs。128 μs 定时时间到后再使 P1.0 输出高电平，并改变定时 384 μs。这样，不断循环。

```c
#include<reg51.h>    //定义头文件
#define uchar unsigned char
#define uint unsigned char
sbit P1_1=P1^1;
char flag=0;
void timer0(void) interrupt 1    //定时器 0 中断服务程序
{
    flag=flag+1;
    if(flag==1)
    {                            // 128 μs 低电平时间到，开始电平拉高
        P1_1=1;
    }
    if(flag==4)                  // 384 μs 高电平定时时间到，开始电平拉低
    {
        flag=0;
        P1_1=0;

    }
    TH0=0x1f;
    TL0=0xC0;                    //装入定时 128 μs 时间初值
}
void main(void)
{
    TMOD=0x00;                   //定时器 0 方式 2
    TH0=0x1f;
    TL0=0xc0;                    //装入时间常数 64，定时时间为 128 μs
    TR0=1;                       //启动定时器
    TF0=0;
    EA=1;
    P1_1=0;                      //开全局中断
    ET0=1;                       //开定时器 0 中断
    while(1);                    //主程序死循环，空等待
}
```

4-7 用 8 位数码管重新实现任务 3 的频率计。

解：用 8 位数码管实现任务 3 的频率计，其电路见图 4-14。

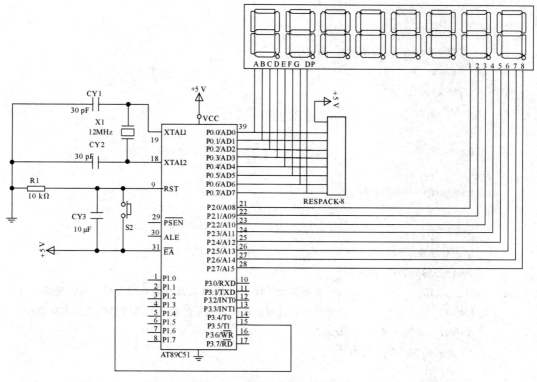

图 4-14 频率计的数码管实现

简易频率计电路对应的程序代码如下：

#include<reg51.h>

#include <stdio.h>

#define uchar unsigned char

uchar display_code[]={0xC0, 0xF9, 0xA4, 0xB0, 0x99, 0x92, 0x82, 0xF8, 0x80, 0x90, 0xff};
　//定义数组存放显示数据的编码

uchar display_data[8]={0, 0, 0, 0, 0, 0, 0, 0};　　//定义数组存放显示数据的各位

uchar c1, b1;

sbit P1_1=P1^1;

void delay(void)　　//延时

{

　　uchar i;

　　for(i=500; i > 0; i--);

}

void display()　　//显示程序

{

　　uchar i, k;

　　k=0x01;

　　for(i=0; i < 8; i++)

```c
        {
            P2=0;
            P0=display_code[display_data[i]];
            P2=k;
            k=k << 1;
            delay();
        }
        P2=0;
    }
    void convert()    //转换程序
    {
        uchar i, f2;
        long f, f1, k;
        f=c1*65536+TH1*256+TL1;
        f1=f-f%10;              //此变量是为了让8位LED的高位为0时不显示而设置的
        for(i=7; i > 0; i--)    //此循环将计数值转换为显示数组，从高位到低位依次存放在
        display_data[0]～display_data[7]
        {   display_data[i]=f%10;
            f=f/10;
        }
        display_data[0]=f;
        k=1e7;  //从这里开始到本子程序结束的语句完成让8位LED的高位为0时不显示
        for(i=0; i < 7; i++)
        {   f2=f1/k;
            if(f2==0)
            {
                display_data[i]=10;
                k=k/10;
            }
        }
    }
    void timer1(void) interrupt 3   //定时器1中断服务程序
    {
        c1++;
    }
    void timer0(void) interrupt 1   //定时器0中断服务程序
    {
        TH0=0xb1;               //装入时间常数
        TL0=0xe0;
```

```
        P1_1=!P1_1;        //P1.1 取反，从 P1.1 引脚输出 25 Hz 的方波信号，通过导线连接
                           //到 P3.5 引脚输入，以方便调试程序。若使用其他信号源，则去掉即可
        if (b1==49)
        {
            convert();
            c1=0;                        //将计数值清零
            b1=0;
            TH1=0;
            TL1=0;
        }
        else b1++;
    }
    void main(void)    //主函数
    {
        P1_1=0;
        c1=0;
        b1=0;
        TH1=0;
        TL1=0;
        TMOD=0x51;
        TH0=0Xb1;
        TL0=0Xe0;
        IE=0x8a;
        TCON=0x50;
        while(1)
        {
            display();
        }
    }
```

项 目 五

5-1 简述利用线反转方法进行按键检测的原理。

答：线反转法可以节省矩阵键盘识别的扫描次数，对于按键数量较多的矩阵键盘识别尤其有效。

线反转法的操作方法有以下几步：

(1) 行线输出全为 0，读出列线值。

(2) 列线输出上次读入的列线值。

(3) 读入行线值，并与前次列线值组合，生成组合码值。根据这个组合码来确定被按下的按键。

利用线反转方法检测按键电路如图 5-9 所示。

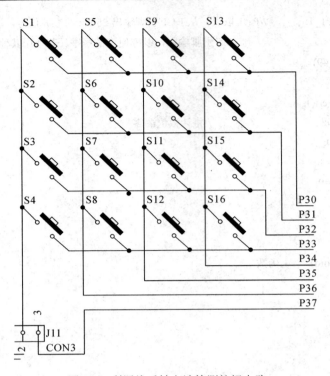

图 5-9 利用线反转方法检测按钮电路

令 P3=0x0f，再读取低 4 位的值，确定是否被拉成低电平。如果有，加入是 S1 这个键，则读取低 4 位的值为 1110；再令 P3=0xfe，读出高四位的数值为 0111。将 00001110 与 01111110 相或得到 01111110，即 7e，由此得到一个组合码。

5-2 简述利用行列扫描方法进行按键检测的原理。

答：扫描法的思想是，先把某一行置为低电平，其余各行置为高电平，检查各行线电平的变化，如果某列线电平为低电平，则可确定此行此列交叉点处的按键被按下。

项 目 六

6-1 什么是异步串行通信？它有哪些特点？

答：异步串行通信是指具有不规则数据段传送特性的串行数据传输，数据是以字符为单位传送的。

异步通信数据帧的第一位是开始位，在通信线上没有数据传送时处于逻辑"1"状态。当发送设备要发送一个字符数据时，首先发出一个逻辑"0"信号，这个逻辑低电平就是起始位。起始位通过通信线传向接收设备，当接收设备检测到这个逻辑低电平后，就开始准备接收数据位信号。因此，起始位所起的作用就是表示字符传送开始。当接收设备收到起始位后，紧接着就会收到数据位。数据位的个数可以是 5、6、7 或 8 位的数据。在字符数据传送过程中，数据位从最低位开始传输。数据发送完之后，可以发送奇偶校验位。奇偶校验位用于有限差错检测，通信双方在通信时需约定一致的奇偶校验方式。就数据传送而言，奇偶校验位是冗余位，但它表示数据的一种性质，这种性质用于检错，虽有限但很容易实现。在奇偶位或数据位之后发送的是停止位，可以是 1 位、1.5 位或 2 位。停止位是一个字符数据的结束标志。

特点：由于异步通信每传送一帧都有固定格式，通信双方只需按约定的帧格式来发送和接收数据，所以硬件结构比同步通信方式简单；此外，它还能利用校验位检测错误。

6-2 51系列单片机串行口由哪些功能部件组成？各有何作用？

答：51系列单片机的串行口由SCON、SBUF及若干门电路构成。SCON用于设置串行口的工作方式；SBUF用于存储串行通信时要发送的数据或已接收到的数据。

6-3 AT89C51的串行缓冲器只有一个地址，如何判断是发送信号还是接收信号？

答：通过不同的传送指令进行区分，如果发送数据就使用"SBUF=0xxx, A"，接收数据则使用"x=SBUF"。

6-4 AT89C51的串行口有几种工作方式？各工作方式下的数据格式及波特率有何区别？

答：AT89C51的串行口有4种工作方式。

方式0为同步移位寄存器方式，波特率为$f_{osc}/12$；

方式1为10位异步通信方式，波特率可调；

方式2为11位异步通信方式，波特率为$f_{osc}/32$或$f_{osc}/64$；

方式3为11位异步通信方式，波特率可调。

项 目 七

7-1 解释点阵的静态显示和动态显示。

答：静态显示是将一帧图像中的每一个二极管的状态分别用0和1表示，若为0，则表示LED无电流，即暗状态；若为1则表示二极管被点亮。若给每一个发光二极管一个驱动电路，一幅画面输入以后，所有LED的状态将保持到下一幅画面。对于静态显示方式，所需的译码驱动装置很多，引线多而复杂，成本高，且可靠性也较低。

动态显示是对一幅画面进行分割，对组成画面的各部分分别显示，是动态显示方式。动态显示可以避免静态显示的问题，但设计上如果处理不当，易造成亮度低、闪烁问题。因此合理的设计既应保证驱动电路易实现，又要保证图像稳定、无闪烁。动态显示采用多路复用技术的动态扫描显示方式，复用的程度不是无限增加的，因为利用动态扫描显示使我们看到一幅稳定画面的实质是利用了人眼的暂留效应、发光二极管发光时间的长短、发光的亮度等因素。我们通过实验发现，当扫描刷新频率(发光二极管的停闪频率)为50 Hz，发光二极管导通时间不小于1 ms时，显示亮度较好，无闪烁感。

7-2 区别点阵的行和列、共阴或共阳方法。

答：首先调出一个8×8点阵，将点阵端的管脚接VCC，另一端的管脚接GND，运行仿真程序，看点阵是不是能亮，亮了哪几个点，如果不亮就调换VCC和GND，这样测出点阵的行和列、共阴或共阳等引脚信息。

然后接上网络标识，行和行接同一个网络标志，列和列接在一起。

7-3 假若P1和P0驱动8×8点阵，试简要回答逐列扫描方式驱动原理。

答：P1口输出列码决定哪一列能亮(相当于位码)；P0口、P2口输出行码(列数据)，决定列上哪些LED亮(相当于段码)；能亮的列从左向右扫描完16列(相当于位码循环移位16次)即显示出一帧完整的图像。

7-4 在点阵显示的画面上，可能会有红绿小点闪烁，事实上那是Proteus中实时显示的电平信号，如何把闪烁的红绿点隐藏掉？

答：在"System"菜单下点击"Set Animation Options…"子菜单；打开"Anmated Circuits Configuration"对话框；然后将"Animation Options"选项下面的"Show Logic State of Pins?"复选框中去掉选中标志。改变设置以后，重新仿真运行。

7-5 使用本项目的图7-1，显示一个"但"字。

答：#include <reg51.h>
```
void delay1ms(unsigned int ms)
{
    unsigned int  i, j;
    for(j=0; j < ms; j++)
    for(i=0; i < 0x100; i++);
}
void main( )
{
    unsigned char code led[]={0x04, 0xFE, 0x81, 0xBE, 0xAA, 0xAA, 0xBE, 0x80};
    unsigned char w, i;                     //定义行变量 w 和行数变量 i
    while(1)
    {
        W = 0x01;                           //行变量指向第一行
        for(i = 0; i < 8; i++)
        {
            P1 = w;                         //行数据送 P1 口
            P0 = led[i];                    //列数据送 P0 口
            delay1ms(1);
            w <<= 1;                        //行变量左移指向下一行
        }
    }
}
```

项 目 八

8-1 I^2C 总线向 AT24C02 写一节内容，时序要注意哪些过程？

答：(1) 以启动信号 START 来掌管总线，以停止信号 STOP 来释放总线。

(2) 每次通信以 START 开始，以 STOP 结束。

(3) 启动信号 START 后紧接着发送一个地址字节，其中 7 位为被控器件的地址码，一位为读/写控制位 R/W。R /W 位为 0 表示由主控向被控器件写数据，R/W 为 1 表示由主控向被控器件读数据。

(4) 当被控器件检测到收到的地址与自己的地址相同时，在第 9 个时钟期间反馈应答信号。

(5) 每个数据字节在传送时都是高位(MSB)在前。

8-2 I^2C 总线向 AT24C02 读一节内容，时序要注意哪些过程？

答：(1) 主控在检测到总线空闲的状况下，首先发送一个 START 信号掌管总线；

(2) 发送一个地址字节(包括 7 位地址码和一位 R/W)；

(3) 当被控器件检测到主控发送的地址与自己的地址相同，时发送一个应答信号(ACK)；

(4) 主控收到 ACK 后释放数据总线，开始接收第一个数据字节；

(5) 主控收到数据后发送 ACK 表示继续传送数据，发送 NACK 表示传送数据结束；

(6) 主控发送完全部数据后，发送一个停止位 STOP，结束整个通信并且释放总线。

8-3 I^2C 总线寻址约定有哪些规定？

答：地址的分配方法有以下两种：

(1) 含 CPU 的智能器件，地址由软件初始化时定义，但不能与其他的器件有冲突；

(2) 不含 CPU 的非智能器件，由厂家在器件内部固化，不可改变。

高 7 位为地址码，可分为以下两部分：

(1) 高 4 位属于固定地址不可改变，由厂家固化的统一地址；

(2) 低 3 位为引脚设定地址，可以由外部引脚来设定(并非所有器件都可以设定)。

8-4 I^2C 总线的 SDA 和 SCL 的定义和作用是什么？

SDA 为数据信号线，CPU 和外设都有控制权，用于传输信息。

SCL 为时钟控制总线，只能由 CPU 发起，控制权在于 CPU，用于产生时钟。

项 目 九

9-1 什么是 D/A 转换器？简述 T 形电阻网络转换器的工作原理。

答：在计算机控制的实时控制系统中，有时被控对象需要用模拟量来控制，模拟量是连续变化的电量。此时，就需要将数字量转换为相应的模拟量，以便操纵控制对象。这一过程即为"数/模转换"D/A(Digit to Analog)。能实现 D/A 转换的器件称为 D/A 转换器或 DAC。

一个二进制数是由各位代码组合起来的，每位代码都有一定的权。为了将数字量转换成模拟量，应将每一位代码按权大小转换成相应的模拟输出分量，然后根据叠加原理将各代码对应的模拟输出分量相加，其综合就是与数字量成正比的模拟量，由此完成 D/A 转换。

为实现上述 D/A 转换，需要使用解码网络。解码网络的主要形式有二进制权电阻解码网络和 T 形电阻解码网络。

T 形电阻网络整个电路是由相同的电路环节所组成的，每个环节有两个电阻(R 和 2R)、一个开关，相当于二进制数的一位，开关由该位的代码所控制。由于电阻接成 T 形解码网络，故称 T 形解码网络。

答案图 9-1 为可以转换 4 位二进制数的 T 形电阻网络 D/A 原理图。图中无论从哪一个 R-2R 节点向上或向下看，等效电阻都是 2R。从 d0～d3 看进去的等效输入电阻都是 3R，于是每一开关流入的电流不可以看做相等，即 $I = V_{REF}/3R$。这样由开关 d0～d3，流入运算放大器的电流自上向下以 1/2 系数逐渐递减，依次为 1/2、1/4、1/8、1/16。设 $d_3d_2d_1d_0$ 为输入的二进制数字量，于是输出的电压值为：

$$V_0 = -R_{FB}\sum I_i = -\frac{R_{FB} \times V_{REF}}{3R} \times (d_3 \times 2^{-1} + d_2 \times 2^{-2} + d_1 \times 2^{-3} + d_0 \times 2^{-4})$$

$$= -\left[R_{FB}\left(\frac{V_{REF}}{3R}\right) \times 2^{-4}\right] \times (d_3 \times 2^3 + d_2 \times 2^2 + d_1 \times 2^1 + d_0 \times 2^0)$$

式中 d_0～d_3 取值为 0 或 1，0 表示切换开关与地相连，1 表示切换开关与参考电压 V_{REF} 接通，该位有电流输入。这就完成了由二进制数到模拟量电压信号的转换。由此公式可以看出 V_{REF} 和 V_0 的电压符号正好相反，即要使输出电压 V_0 为正，则 V_{REF} 必须为负。

9-2 本项目提及的 D/A、A/D 转换器各有哪几种工作方式？分别叙述其工作原理。

答：单缓冲器方式：输入寄存器的信号和 DAC 寄存器的信号同时控制，使一个数据直接写入 DAC 寄存器。

双缓冲器工作方式：输入寄存器的信号和 DAC 寄存器信号分开控制，这种方式适用于几个模拟量需同时输出的系统。

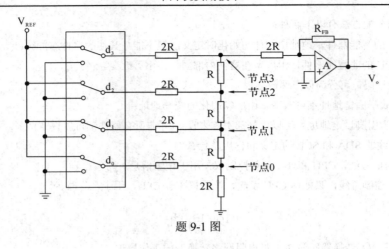

题 9-1 图

项 目 十

10-1 SPI 如果用了四总线，那么这四总线是如何定义的呢？

答： SPI 主要使用四个信号：MISO(主机输入/从机输出)、MOSI(主机输出/从机输入)、SCLK(串行时钟)、$\overline{CS}$ 或 $\overline{SS}$(外设片选或从机选择)。MISO 信号由从机在主机的控制下产生。$\overline{SS}$ 信号用于禁止或使能外设的收发功能。$\overline{SS}$ 为高电平时，禁止外设接收和发送数据；$\overline{SS}$ 为低电平时，允许外设接收和发送数据。

10-2 简述 SPI 总线如何写一字节到 DS1302 时钟芯片？

答：在进行操作之前先将 CE(也可说是 RST)置为高电平，然后单片机将控制字的位 0 放到 I/O 上，当 I/O 的数据稳定后，将 SCLK 置为高电平，DS1302 检测到 SCLK 的上升沿后就将 I/O 上的数据读取，然后单片机将 SCLK 置为低电平，再将控制字的位 1 放到 I/O 上。如此反复，将一个字节控制字的 8 个位传给 DS1302，接下来就是传一个字节的数据给 DS1302。当传完数据后，单片机将 CE 置为低电平，操作结束。